水稻低温萌发 QTLs 在水稻染色体上的分布情况

太梅尔阻高型冷夏的天气过程示意图

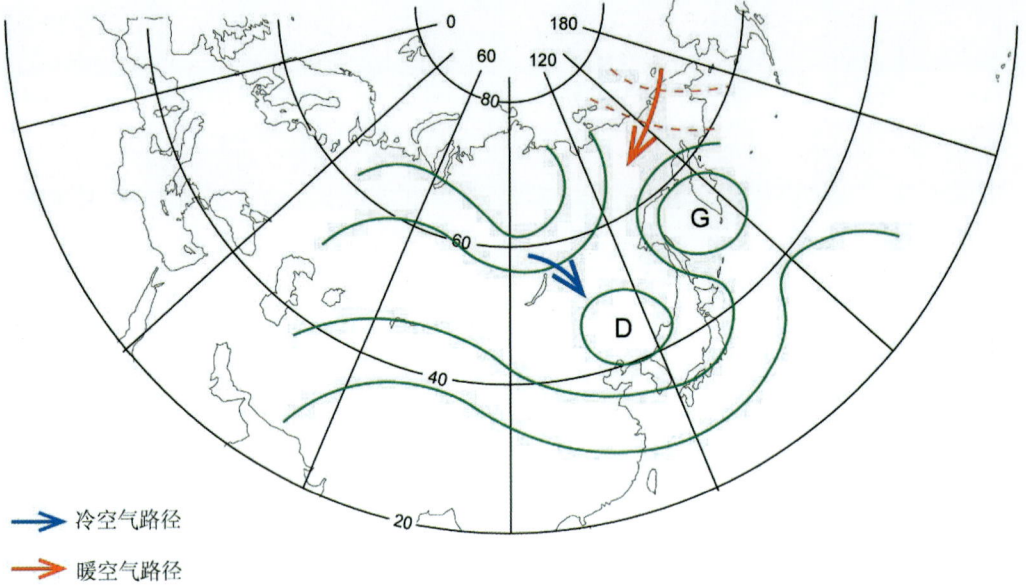

雅库茨克阻高型冷夏的天气过程示意图

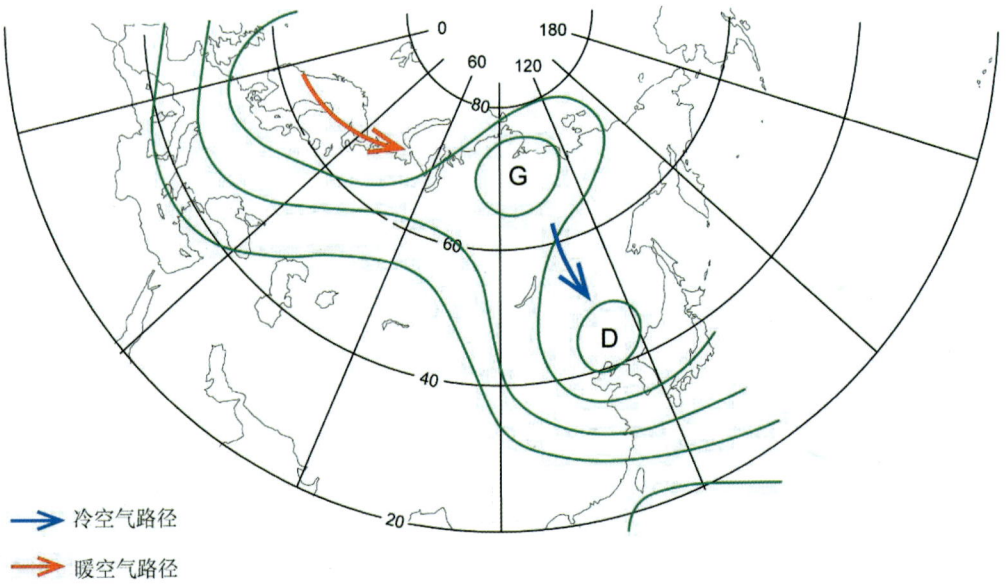

乌拉尔主槽东移高纬反气旋打通型冷夏的天气过程示意图

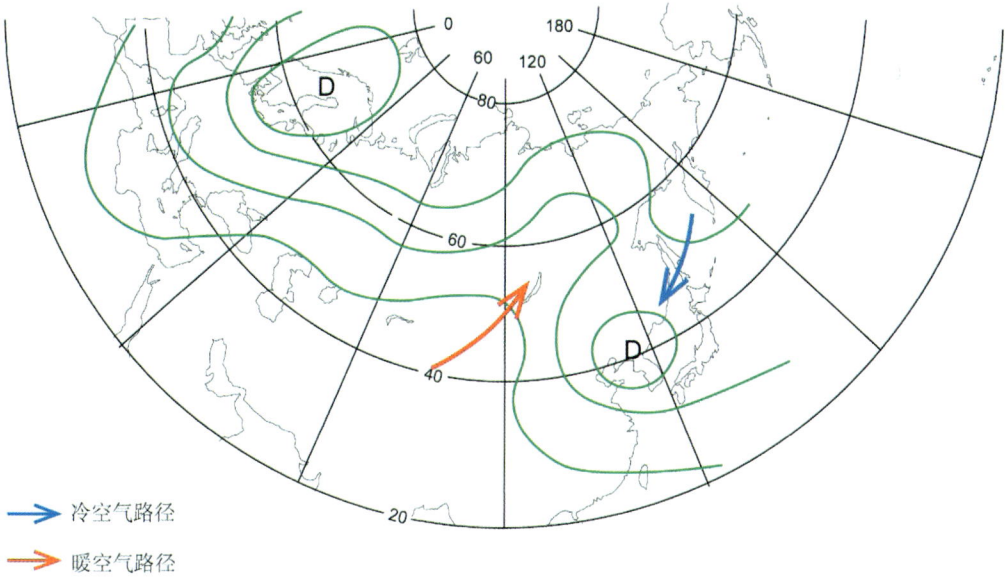

贝加尔湖暖脊型冷夏的天气过程示意图

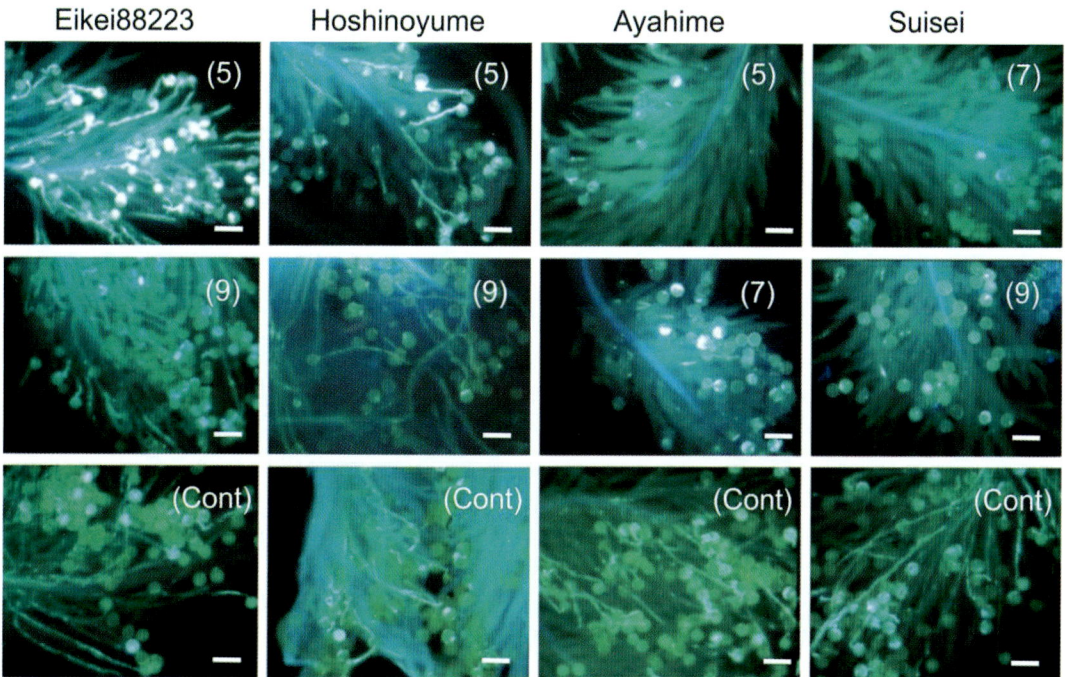

开花期低温处理后的花粉萌发和花粉管伸长情况

注：Cont：常温对照；（）内的数字表示低温处理日数。

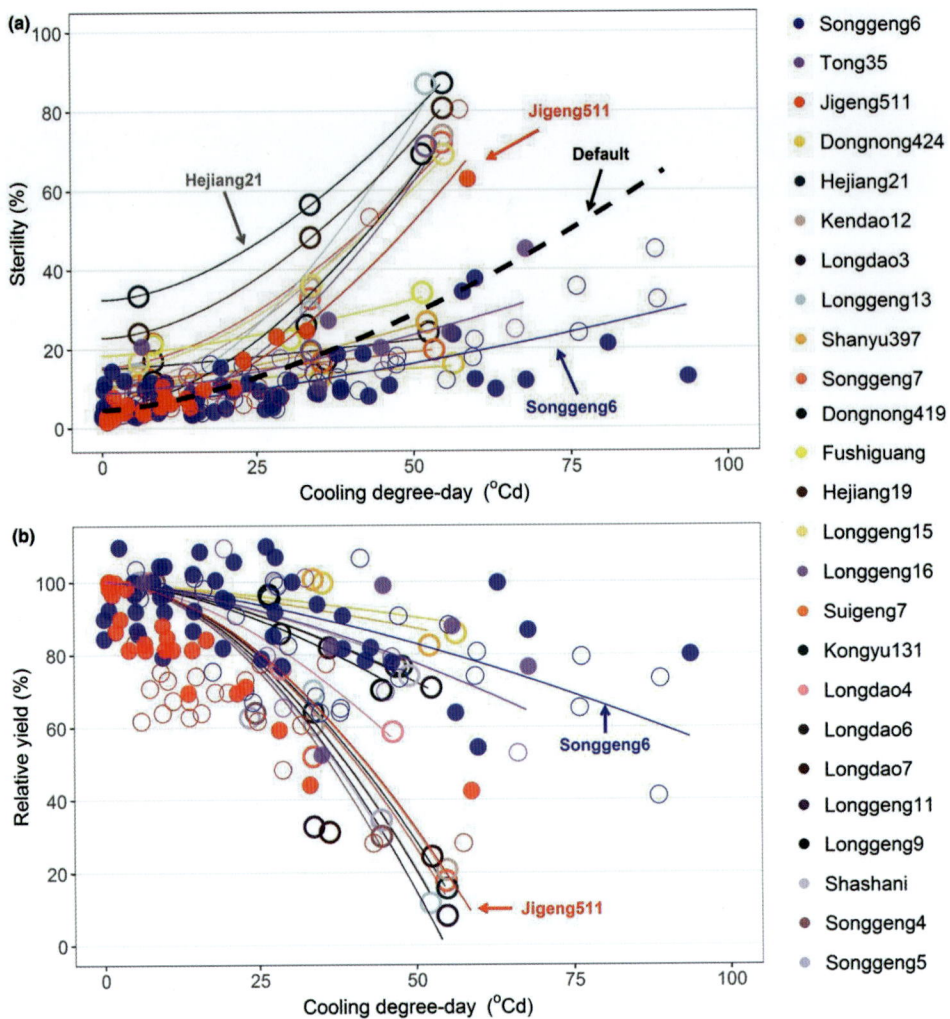

水稻不实率和产量对冷积温的响应曲线

寒地水稻品种苗期低温处理后表型

寒地水稻低温冷害的致灾机理与减灾保产关键技术

姜树坤　主编

黑龙江科学技术出版社

图书在版编目（ＣＩＰ）数据

寒地水稻低温冷害的致灾机理与减灾保产关键技术 /
姜树坤主编. -- 哈尔滨：黑龙江科学技术出版社，
2021.12

ISBN 978-7-5719-1220-8

Ⅰ.①寒… Ⅱ.①姜… Ⅲ.①寒冷地区－水稻－冷害
－灾害防治 Ⅳ.①S435.111.3

中国版本图书馆 CIP 数据核字(2021)第 243779 号

寒地水稻低温冷害的致灾机理与减灾保产关键技术
HANDI SHUIDAO DIWEN LENGHAI DE ZHIZAI JILI YU
JIANZAI BAOCHAN GUANJIAN JISHU
姜树坤　主编

责任编辑	梁祥崇	
封面设计	孔　璐	
出　　版	黑龙江科学技术出版社	
	地址：哈尔滨市南岗区公安街 70-2 号　邮编：150007	
	电话：（0451）53642106　传真：（0451）53642143	
	网址：www.lkcbs.cn	
发　　行	全国新华书店	
印　　刷	黑龙江龙江传媒有限责任公司	
开　　本	787 mm×1092 mm　1/16	
印　　张	11.75	
插　　页	4	
字　　数	250 千字	
版　　次	2021 年 12 月第 1 版	
印　　次	2021 年 12 月第 1 次印刷	
书　　号	ISBN 978-7-5719-1220-8	
定　　价	69.00 元	

《寒地水稻低温冷害的致灾机理与减灾保产关键技术》

编委会

前　言

黑龙江省是我国最大的商品粮基地，享有"中国粮仓"的美誉。自 2011 年，黑龙江省粮食产量跃居全国第一，截至 2021 年，连续实现了粮食生产十八连丰，保障了国家的粮食安全。但黑龙江地处我国最北部、纬度较高，热量资源有限且变幅较大，是中国最容易出现低温冷害天气的区域。虽然在气候变暖影响下，该区域热量资源有所提升，但水稻种植区域不断北移东扩，加之气候异常的概率也不断增大，使水稻发生低温冷害的风险陡增。因此，研究水稻低温冷害对保障国家粮食安全具有重要的战略意义。

1985-1993 年，黑龙江省人民政府与日本国政府合作，开展了"三江平原农业综合试验站"JICA 项目，黑龙江省农业科学院作为主要承担单位负责了低温冷害研究中心的建设工作。1987 年，在黑龙江省农业科学院耕作栽培研究所院内，建设了当时国内最大、精度最高的人工气候室。30 多年来，依托人工气候室这一大型高精度平台，我们团队几代人围绕寒地作物低温冷害开展了大量的研究工作。

2021 年，在黑龙江省省属科研院所科研业务费项目（CZKYF2021B009）的资助下，我们组织了黑龙江省农业科学院耕作栽培研究所、黑龙江省农业科学院黑河分院、黑龙江省农业科学院生物技术研究所、中国农业大学资源与环境学院、黑龙江省气象科学研究所以及黑龙江省气象服务中心等单位的科研人员，成立编写团队。系统梳理了我们团队以及国内外针对寒地水稻低温冷害问题，在气象学基础、致灾机理以及预警防控技术等方面的研究进展。总结成书，以飨读者。

全书共分为三篇，分别为上篇气象基础篇、中篇致灾机理篇和下篇预警防控篇。上篇包括第一章和第二章，在对水稻低温冷害进行概述的同时，重点总结了东北夏季低温形成的气象学原因。中篇包括第三章、第四章、第五章和第六章，详细梳理了水稻萌发期、芽期、苗期、分蘖期、孕穗期、开花期和灌浆期等不同发育阶段的温度响应、冷害评价方法、冷害致灾机理、生理基础和遗传机制等方面的国内外进展以及编写团队的最新成果。下篇包括第七章和第八章，这两章主要是低温冷害的预警诊断、预测和综合防控的内容。本书内容既有我们团队近 30 年从事寒地水稻低温冷害研究的系统总结，也有国内外的最新研究进展。

该书的主要特点体现在：第一、通俗性与理论性的结合，书中的内容既包含了适合一般水稻生产者了解水稻低温冷害研究历史，低温冷害类型和分布等简单知识的介绍，又以较大篇幅详细介绍了国内外关于低温冷害的最新研究进展，可以为研究者提供参考。第二、系统性与全面性的结合，本书围绕水稻冷害这一问题，从气象学原因开篇，再到详述致灾机理，最后以预警防控结尾，系统介绍了水稻冷害的研究与应用；同时，本书尝试从气象学、栽培学、生理学和遗传学等多角度全面总结水稻低温冷害的研究进展。

本书编写人员均是长期从事寒地水稻遗传改良、低温冷害以及农业气象等相关研究的科技骨干。编写人员了解学科发展前沿，学术思想活跃、敏捷，富有开拓进取的魄力和朝气。编者期望本书能够开拓读者思路、活跃读者思想。为深入开展水稻低温冷害研究提供参考，为解决我国 21 世纪粮食供求矛盾尽绵薄之力。

　　由于本书涉及农业气象、作物生理以及遗传育种等多个领域，学科面广，尽管我们尽了最大努力，力求保持其科学性和准确性，但仍感时间匆促，书中错误和疏漏在所难免，敬请广大读者批评指正。

著者

2021 年 12 月

目 录

上篇

气象基础篇

第一章 水稻低温冷害概述

水稻是世界上最重要的粮食作物之一，全球有将近一半的人口以稻米作为主要的食物来源。同时，水稻也是我国第一大粮食作物，种植面积约占粮食总面积的27%，产量约占粮食总产的37%，而且有60%以上人口以稻米为主食。水稻起源于热带、亚热带，相较小麦、大麦等作物，对低温更加敏感（刘次桃等，2018）。许多国家的水稻在生长期间都会受到低温冷害的影响，尤以澳大利亚南部、日本、巴西、韩国、朝鲜为甚，大规模冷害的发生会造成数十上百亿公斤粮食的损失（矫江等，2004；聂元元等，2011；Cruz et al.，2013；Borjas et al.，2016；Satoh et al.，2016）。我国多数稻作区也均有低温冷害发生，在华南和长江中下游的双季稻区，春季的"倒春寒"和秋季的"寒露风"常常引起低温冷害（吴立等，2016）。东北地区，尤其是黑龙江稻区平均每3至4年就会遭遇一次大范围的冷害，造成水稻大量减产，危害粮食安全（郭丽颖等，2017）。2002年黑龙江省多地发生低温灾害，受害面积约达100万 hm²，受害区域平均减产30%，减收稻谷180万 t，直接经济损失达16亿元。2019年黑龙江大部和吉林北部发生大面积的延迟型冷害，受灾面积高达300万 hm²，受灾区域稻米品质下降严重，平均精米率下降1~2 %（姜树坤等，2020）。

第一节 水稻低温冷害的基础知识

一、水稻低温冷害的概念

夏季低温冷害是东北地区水稻生产的主要气象灾害之一，关于水稻低温冷害的概念和定义，不同年代、不同地区的学者有过不同的说法，但基本的内涵是一致的。

（一）水稻低温冷害的概念

一般而言，水稻低温冷害是指水稻遭遇了低于其正常生长发育适宜温度一段时间后，其生长发育延迟，甚至发生生理性障碍，进而造成不同程度减产的一种气象灾害现象。水稻正常生长发育所需的温度因水稻的类型、生长发育进程而不同，同时水稻的生理状况等也与其能承受的低温有密切关系。与霜冻、干旱、洪涝等自然灾害不同，低温冷害一般不容易引起人们的注意，很多时候直至秋收减产才被发现，因此，也常被农民叫作"哑巴灾"（潘铁夫等，1983）。

（二）水稻低温冷害与霜冻害的差别

水稻的低温冷害与霜冻害不同，水稻的霜冻害是指水稻生长季内，土壤表面或者水稻的茎、叶部分的温度短时间内下降到 0 ℃以下，使水稻遭受伤害或死亡的现象。而水稻低温冷害是指水稻在生育期间遭受异常低温而直接或间接造成的伤害，其异常低温是在 0 ℃以上。水稻不同生育阶段低温冷害的温度指标也不完全一致。一般认为粳稻萌发期和发芽期的临界温度是 10 ℃，返青期的临界温度是 13.5 ℃，分蘖期的临界温度是 15 ℃，孕穗期的临界温度是 17 ℃，开花期的临界温度是 20 ℃，灌浆期的临界温度是 15 ℃（刘次桃等，2018）。一般而言，水稻在生育初期和成熟期对低温的耐受性较强，而在生殖生长阶段的孕穗、开花、受精等阶段对适宜温度和临界温度的要求都相当高。而且，水稻低温冷害一般都发生在水稻生育的温暖季节，并不像霜冻害那样引起植株枯萎、死亡等明显症状。低温冷害对水稻的危害主要表现为三个方面：一是低温引起的生长发育延缓，导致水稻秋霜来临时未能完全成熟；二是低温引起的水稻生物量的不足，比如株高降低，分蘖数减少，叶面积不足等问题，降低了群体的生产力；三是低温导致水稻生殖器官直接受害，影响正常的器官发育以及受精过程，进而造成空瘪粒增多。此外，低温还能够引起水稻光合作用、呼吸作用以及物质转运等生理活动失调（王书裕，1995）。

二、水稻冷害的类型

关于水稻低温冷害的分类，人们按照不同的分类依据提出了多种分类方法。多数研究一般将水稻低温冷害分为延迟型冷害和障碍型冷害两类，但是这两种冷害往往是不同程度地在同年发生，即混合型冷害（兼发型冷害）。还有因为低温引起稻瘟病危害严重的稻瘟病型冷害（和田定，1992）。

（一）延迟型冷害

主要是指营养生长期有时也包括生殖生长期，在较长时间内遭遇比较低的低温危害，削弱水稻植株的生理活性而引起生育显著滞后，以致抽穗开花延迟，虽能正常受精，但不能充分灌浆成熟而显著减产；但也有前期气温正常，抽穗并未延迟，而是由于后期异常低温影响灌浆、成熟，以致受灾。延迟型冷害会导致空瘪粒的大量增加，不但产量锐减，而且青米多，米质明显下降。尤其是种植晚熟品种，抽穗显著延迟，减产更为严重。

（二）障碍型冷害

在生殖生长期，主要是从颖花分化到抽穗开花期间，短时间异常低温使花器的生理功能受到破坏，造成颖花不育，空壳增多而减产。孕穗期特别是小孢子初期，是水稻孕穗期发育过程中对低温最敏感的时期。孕穗期受到异常低温也能延迟抽穗。颖花分化期遇低温也是不育颖花和畸形颖花发生的原因，但比小孢子初期的影响小。抽穗开花期的低温影响仅次于孕穗期，此时气温急剧下降，会发生颖壳不开、花药不开、不散粉或花粉不萌发等现象，因而不育。障碍型冷害的特征是穗上部不育颖花多于穗下部，同时，不育颖花纯粹是空壳，开花后数日，在透光条件下就能看出是否不育。

（三）混合型冷害

在生育初期遭遇低温延迟生育和抽穗，孕穗期又遇低温危害时，既使部分颖花不育，又延迟成熟，发生大量空瘪籽粒。

（四）稻瘟病型冷害

之所以称之为稻瘟病型冷害，是因为稻瘟病所造成的减产比低温对结实和灌浆成熟的影响要大得多，并且还具有在冷害年份严重发生的特点。如果夏季平均气温都在 20 ℃以下，虽遭受低温冷害，但稻瘟病不一定严重；如果持续为 20～22 ℃低温且多雨，就很可能发生严重的冷害性稻瘟病。

除了这种障碍型冷害和延迟型冷害的分类以外，还有按照水稻不同生育时期进行分类的办法。按照生育时期，水稻低温冷害也可以划分为萌发期冷害、芽期冷害、苗期冷害、返青期冷害、分蘖期冷害、孕穗期冷害、开花期冷害和灌浆期冷害，这两种分类方法彼此相互重叠。

三、水稻低温冷害的减产原因

水稻冷害在全球范围内都是水稻生产中的主要气象灾害之一，其主要发生在寒冷稻区，尤以日本北部、中国东北、朝鲜等北半球高纬度地区最为严重（王书裕，1995）。日本北部稻区水稻冷害频繁，历史上发生过多次灾荒几乎都与水稻冷害有关。按多年平均，一般每 3～5 年发生一次，但有时也连年发生。例如 1964—1966 年，1969—1973 年均曾连续发生。冷害发生时往往减产严重，比如 1971 年日本北海道因为水稻冷害导致减产 34 ％，1976 年的水稻冷害损失达到 4,093 亿日元。冷害不仅在北方寒冷稻区发生，即使在温带、热带地区也可为害。如澳大利亚、孟加拉、斯里兰卡、印度、尼泊尔、巴基斯坦、美国、印度尼西亚和韩国等地也都发生过水稻冷害。

水稻冷害的减产原因很复杂（表 1-1），按照冷害类型分析可以发现，延迟型冷害：如果发生在营养生长期，主要引起返青不良，缓苗障碍，进而分蘖发生延迟，导致植株发育不良。这些不良因素引起抽穗延迟，有效穗数和穗粒数形成减缓，导致抽穗后穗粒数不足。而且抽穗期延迟还会引起部分籽粒发育停滞，碎米增多，结实率降低，千粒重下降。此外，灌浆期遭遇低温将引起灌浆期缩短或灌浆不能顺利完成，产生大量的青米，收获后碎米增多。障碍型冷害是水稻低温冷害主要的减产类型，孕穗期遭遇低温冷害，引起花粉发育不良，尤其是小孢子初期的低温导致大量不育空壳籽粒。开花期也是障碍型冷害的另一发生时期，此时发生低温将引起抽穗延缓，开花障碍以及受粉、受精不良，进而影响结实率。此外，灌浆初期（花后的前几天）遭遇低温，引起刚受精的幼胚停止发育，产生瘪粒，导致结实率降低。

表 1-1 水稻延迟型和障碍型冷害的特征和主要减产原因

冷害类型	低温发生时期	冷害发生的主要特征		减产原因
延迟型冷害	营养生长期	返青不良 发育不良 分蘖不足 — 穗数、粒数不足 — 粒数减少 抽穗延迟	发育停止粒增多 碎米增多 千粒重降低	总粒数减少 结实率降低 出米率减少 千粒重不足
	灌浆成熟期	灌浆期缩短—成熟期低温		
障碍型冷害	拔节孕穗期	花粉发育不良		
	抽穗开花期	穗抽出不良 开花障碍 — 授粉授精障碍 — 空粒增加		结实率降低
	灌浆初期	受精初期发育停滞 — 瘪粒增加		结实率降低

四、水稻低温冷害的研究历史

人们对于低温冷害早有认识，但对水稻低温冷害进行系统研究则是二十世纪才开始的。日本 20 世纪 30 年代就开始系统研究水稻冷害，我国东北地区在上 20 世纪 60—70 年代开展了较为系统的研究工作。

（一）国外的水稻低温冷害研究

日本是最早对水稻低温冷害开展系统研究的国家，最早的研究可以追溯到明治时代。日本进行有组织的正规科学研究水稻冷害始于 1935 年，起因是日本 1931—1935 年连续 5 年发生了大规模的水稻低温冷害，造成了严重的饥荒（王书裕，1995）。日本的水稻低温冷害研究史分为四个阶段：

第一阶段（1935—1945 年）：1935 年，在日本中央农业试验场（西原）建成了人工气候冷害实验室，正式开始了水稻低温冷害的基础研究。与此同时，在奥羽试验场（大曲）和东北试验场（盛冈）也开展了冷害的试验研究，在东北地区六个县建立了冷害防御试验基地，开展了以培育耐冷品种为主的技术试验。北海道大学和京都大学也进行了气候箱和冷水灌溉的试验，出现了一个水稻冷害研究的热点时期。通过这一时期的研究，明确了幼穗生长发育的各阶段特征，特别是发现了最易受低温冷害影响的时期以及该时期的花药细胞学异常，开创了低温冷害发生机制研究的新纪元（王书裕，1995）。

第二阶段（1955—1963 年）：这一时期的研究是在 1953、1954 和 1956 年遭受低温冷害之后开展的。这一阶段重点加强了低温冷害研究机构的建设，北海道农业试验场、东北农业试验场和农技研究所承担了基础研究，在日本北部设立了七处冷害技术试验地。这一时期的主要特征是大规模应用了人工气候室，但由于当时的建设技术存在很多问题，所以常常出现机械故障，并没有充分发挥出人工气候室的应有作用。这一时期的主要研究成果为：一是证实了低温感受的敏感器官是幼穗；二是证实了白天的温度比夜间的温度对不孕的影响作用更大；三是证实了不孕的产生与花药发育有关（王书裕，1995）。

第三阶段（1970—1995 年）：1956 年以后，因为多年的连续丰收，所以随后把第一、二阶段的低温冷害研究组织在五年内全部解散了。到 1960 年前后，由于当时预测大米可能会有所剩余，又有舆论说北海道不可能再出现低温冷害了，因而认为低温冷害的研究已经不再重要了。然而，恰恰在人们即将忘记低温冷害的时候，1964、1965 和 1966 年北海道连续出现三次低温冷害，特别是 1964 年最严重，被害损失总额高达 504 亿日元。这使得人们认识到，在北海道这样寒冷的高纬度地区，必须要有一个长期性的低温冷害研究计划。因此，开始了低温冷害的第三个研究时期，北海道农事场设置了两个低温冷害生理研究室，同时加强耐冷品种的选育。特别是在人工气候室的建设方面，吸取了第二阶段的经验教训，无论在设计上，还是在管理上，为了使气候室不再发生故障做了极大的努力。这座气候室于 1967 年建成后就顺利地开始了低温冷害研究，通过四五年的研究，进一步修正了之前对水稻低温冷害的认识，探明了水稻孕穗期低温冷害的敏感时期发生在颖花发育的四分子期至小孢子第 1 收缩期，被命名为小孢子前期。该时期在抽穗前 10~12 d，此时叶枕距长度在 -12 ~ -8 cm 之间（王书裕，1995；佐竹徹夫和早濑广司，1970；西山岩男，1985）。

第四阶段（2000—2020 年）：1990 年以来，随着全球气候变暖，日本对水稻低温冷害的研究有所减弱。但自 2000 年以来，随着分子生物学技术的快速发展，数量性状基因定位与水稻分子辅助选择的研究日益受到重视。这一阶段，重点开展了耐冷基因的定位与应用工作，代表性成果包括：一是从耐冷品种 Italica Livorno（Fujinoet al.，2008）、北海 PL-9（黑木慎等，2011）、PakheDhan（松葉修一等，2008）、Ukei 840（Shirasawaet al.，2012）和 Norin-PL8（Saito et al.，2010）中定位了多个耐冷基因位点。二是完成了萌发期耐冷基因 *qLTG3-1* 的定位与克隆（Fujino et al.，2008）和孕穗期耐冷基因 *ctb1* 的克隆与功能研究（Saito et al.，2010）。此外，美国、朝鲜、加拿大、澳大利亚、韩国等国家也不同程度地开展了水稻冷害的研究，也取得了一定的成果（刘次桃等，2018）。

（二）国内的水稻低温冷害研究

我国很早就对农作物低温冷害有了感性认识，东北有农谚"三伏不热，五谷不结"，"大暑小暑气温高，秋后吃饱不发愁"等就是指我国东北地区夏季气温是影响水稻等作物产量的关键。在史料、地方志中也有关于冷害的详细记载，国内最早的低温冷害记录出现在云南，明朝景泰六年（1455 年）就有关于冷害的记载，至今已有 500 多年。东北地区关于低温冷害的记录相对较晚，黑龙江最早的夏季低温冷害记录出现在清光绪二十八年（1902年），"夏季，三江平原等地有低温冷害之灾"（孙永罡，2007）。吉林省最早的低温冷害记录出现在民国三年（1914年），柳河县发生较大的低温冷害，造成农业大减产（秦元明，2007）。但是，我国对农作物低温冷害进行系统科学研究始于20世纪60年代。竺可桢先生于1964年发表"论我国气候的几个特点及其与粮食作物生产的关系"一文指出，作物夏季也可能受到低温冷害的影响而减产（竺可桢，1964）。同年，冯绍印和朴昌一（1964）系统研究了吉林省延边地区水稻的低温冷害问题，并初步分析了低温冷害的指标、类型和防御措施。

我国有组织地对低温冷害进行比较系统的研究，是从1969年和1972年东北地区发生严重低温冷害导致粮食严重减产后开始的。1974年中央气象局召开了"水稻寒露风科研服务交流会"，对低温冷害开展较系统的研究。一是基本明确了水稻花粉母细胞减数分裂期和抽穗开花期是水稻低温敏感期，冷害的表现是受精不良；二是初步建立了水稻孕穗期和开花期的冷害鉴定指标，并提出可以通过合理搭配品种、以水增温、根外施磷等技术措施防御低温冷害（王春乙等，2008）。1980年，农业部在辽宁省熊岳组织召开了"东北地区抗御低温冷害科学研讨会"，基本摸清了东北地区低温冷害的发生频率、类型和危害程度，水稻生产以延迟型冷害为主，兼有障碍型冷害。初步制定了农作物品种区划，黑龙江省按照热量资源把全省划分为六个积温带，并整理鉴定了88个过渡性品种；吉林省根据热量、湿润度、肥力和栽培水平进行了种植区划；辽宁将全省划分为七个生态区。此外，还形成了以常年促早熟为中心的综合栽培技术（吉林省农业科学院等，1980）。1983年，气象出版社发行了《东北夏季低温长期预报文集》，总结了东北低温发生的气候规律和大范围气候背景，探明其与北半球和全球气候异常的关系；分析了东北低温冷夏的主要影响系统，研究了副热带高压、南亚高压、极涡、中纬度主要槽脊活动等与东北冷夏低温的关系，并使用滑动平均天气图研究东北冷夏的长期天气演变过程；探讨了地表特征异常，如海面温度、大范围雪被和海冰状况异常对大气环流和东北低温的影响（东北低温科研协作组，1983；刘育生等，1983；徐瑞珍和张先恭，1983；张恩恕和毛玉英，1983；白人海和郭家林，1983；彭小峡等，1983）。可以说这一时期是我国作物低温冷害研究的全盛时期。概括起来，这一时期的主要研究成果为：一是基本查明了水稻等作物生态和气象条件上诊断低温冷害的指标和方法，二是初步明确了低温冷害的气象学机制和致灾机理，三是分析了各类低温冷害的时空分布规律，四是提出了防御低温冷害的长远战略措施和应急实用技术（王书裕，1995）。

近20年来，随着我国对气象灾害防御工作的重视，东北低温冷害研究也进入了一个新的阶段。中国气象科学研究院、中国农业科学院、中国农业大学和黑龙江省气象科学研究所等单位分别与黑龙江省农业科学院耕作栽培研究所合作，利用黑龙江省农科院栽培所大型人工气候室系统研究了不同低温处理对水稻生长发育、产量构成和品质形成的影响，建立了相应的低温响应指标和低温对水稻产量品质影响的动态模型（王春乙等，2008；李亚飞等，2010；姜丽霞等，2010；Zhang et al., 2020; Zhang et al., 2021; Shi et al., 2021）。过去十年间，由于东北地区的气候变暖趋势比较明显，东北地区基本没有发生大范围的低温冷害，但区域性和阶段性的低温冷害仍时有发生。此外，随着分子生物学技术的发展，国内科学家近十年开展了大量的关于耐冷QTL的定位与克隆研究（刘次桃等，2018; Jiang et al., 2020）。

第二节 东北的水稻低温冷害

长期以来，低温冷害是全球众多地区水稻生产的严重威胁。在温带，由于双季稻向北发展，冷害也是晚稻产量不稳的主要原因。即使是在热带，冬季和高海拔地区，种植水稻也时有冷害发生。在我国东北，水稻冷害也始终是水稻生产的主要限制因子。

一、东北低温冷害的发生特点

低温冷害是以低温为主要特征的气象灾害现象，所以它的第一特点是低温的大尺度性，即无论在空间上还是时间上都是大尺度的现象（崔锦等，2007）。分析1881年以来东北地区23个观测站近百年的温度资料发现，东北地区夏季气温具有很好的一致性，也就是说冷害年份各站的气温都较低，而暖的年份各站的气温又往往都较高。另外，东北地区低温年、高温年的气温与北太平洋海温有很大范围的一致性，说明东北夏季的低温冷害并非局地现象，而是东亚大范围的现象（丁士晟，1980）。我国长江中下游及其以南地区的晚稻抽穗开花期冷害，也往往是一次或者连续几次的冷空气南下，波及数个省份，空间尺度很大。冷害的这种大尺度特性，导致冷害发生时，受害的区域相当大，造成的经济损失也十分严重。

低温冷害的第二个特点是影响因子的综合性，即除了低温的影响以外，日照时间的长短、光的强弱、低温出现前后的温度状况以及农业技术措施等因素，都不同程度地影响产量和品质的形成，同时也决定着低温冷害的危害程度。一般而言，在同样低温的前提下，如果日照充足，可能危害较轻；反之低温和寡照同时出现，则危害加重。如果水稻生育前期出现低温，后期温度条件较好，冷害的危害会较轻，甚至基本上不减产。而水稻生育前期和后期都发生低温冷害，则减产幅度较大。由于低温冷害影响因子的综合性，决定了低温冷害问题的复杂性，这就要求在研究冷害时，必须综合考虑多种气象因子和人为条件的影响，还要分别按各因子的不同匹配情况加以分析。同时，由于冷害致灾因子的复杂性，也决定了减灾保产技术措施的综合性（王书裕，1995）。

低温冷害的第三个特点是低温冷害的指标、危害的空间和时间序列上存在很大的差异性。众所周知，不同水稻品种、不同发育阶段的冷害评价指标不同；即使是同一品种，由于不同地区气象因子的匹配情况不同，同一年份的冷害指标也不尽相同。关于低温冷害的空间分布也是相当复杂的，它因地形、纬度、品种、农艺措施和生产水平不同而异。在我国东北地区，纬度越偏北、海拔越高的地方，低温冷害越严重，减产幅度越大。当然，这仅仅是一般的趋势，在同一冷害年里相邻的两个生产单元，因为生产措施和品种安排的不同，其减产程度相差很悬殊，甚至一个单位减产很重而另一个单位却增产也是常有的现象。因此，我们既要研究低温冷害空间分布的一般规律，同时还要注意空间上低温冷害的差异性。低温冷害的时间序列是随着气候的长期波动而变化的，一般研究认为，东北地区的低温冷害具有周期性和群发性的典型特征（刘育生等，1983）。

二、东北水稻冷害的演变规律

图 1-1 为 1961—2017 年东北三省 61 个站点每年延迟型冷害发生站次比的年际演变曲线，发现各级水稻延迟型冷害均呈逐年减少的趋势，尤其在 1994 年之后减少尤为明显。各级水稻延迟型冷害每十年发生站次比整体都呈下降的趋势。水稻延迟型冷害发生站次比每 10 年下降 10.80 %，其中严重冷害每 10 年下降 1.90 %；中度冷害每 10 年下降 1.70 %；轻度冷害每 10 年下降 7.20 %。

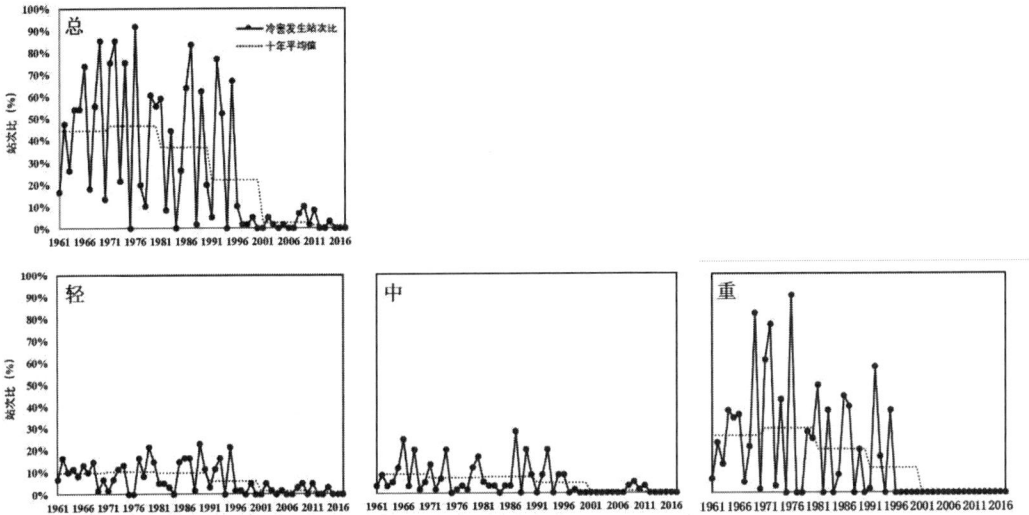

图 1-1　1961—2017 年东北三省水稻延迟型冷害发生站次比时间变化趋势

总的看，水稻延迟型冷害的多发期为 20 世纪 60 年代、70 年代和 80 年代。各级冷害发生情况有显著区别，严重冷害发生情况与上述趋势基本一致，但轻、中度冷害在 60 年代、70 年代、80 年代发生程度基本相近。到 20 世纪 90 年代后，各级水稻延迟型冷害下降，进入 21 世纪基本很少有延迟型冷害发生。

图 1-2 为 1981—2017 年东北三省 61 个站点每年障碍型冷害发生站次比的年际变化曲线，发现各级水稻障碍型冷害站次比年际间波动幅度较大。20 世纪 80 年代水稻障碍型冷害站次比最高，孕穗期和开花期分别为 4.14 % 和 8.45 %，20 世纪 90 年代降低，2000—2010 年又呈升高趋势。开花期冷害发生站次比较孕穗期冷害发生站次比波动更剧烈。孕穗期最严重冷害年发生在 2006 年，冷害发生站次比为 29.31 %，中度冷害发生站次比达 17.24 %。与孕穗期相同，开花期冷害发生站次比年际波动较大，最严重冷害年发生在 2002 年，冷害发生站次比达到 43.10 %，其中重度冷害发生站次比高达 20.69 %。表明水稻障碍型低温冷害年际变化大，容易出现异常偏多或偏少年。

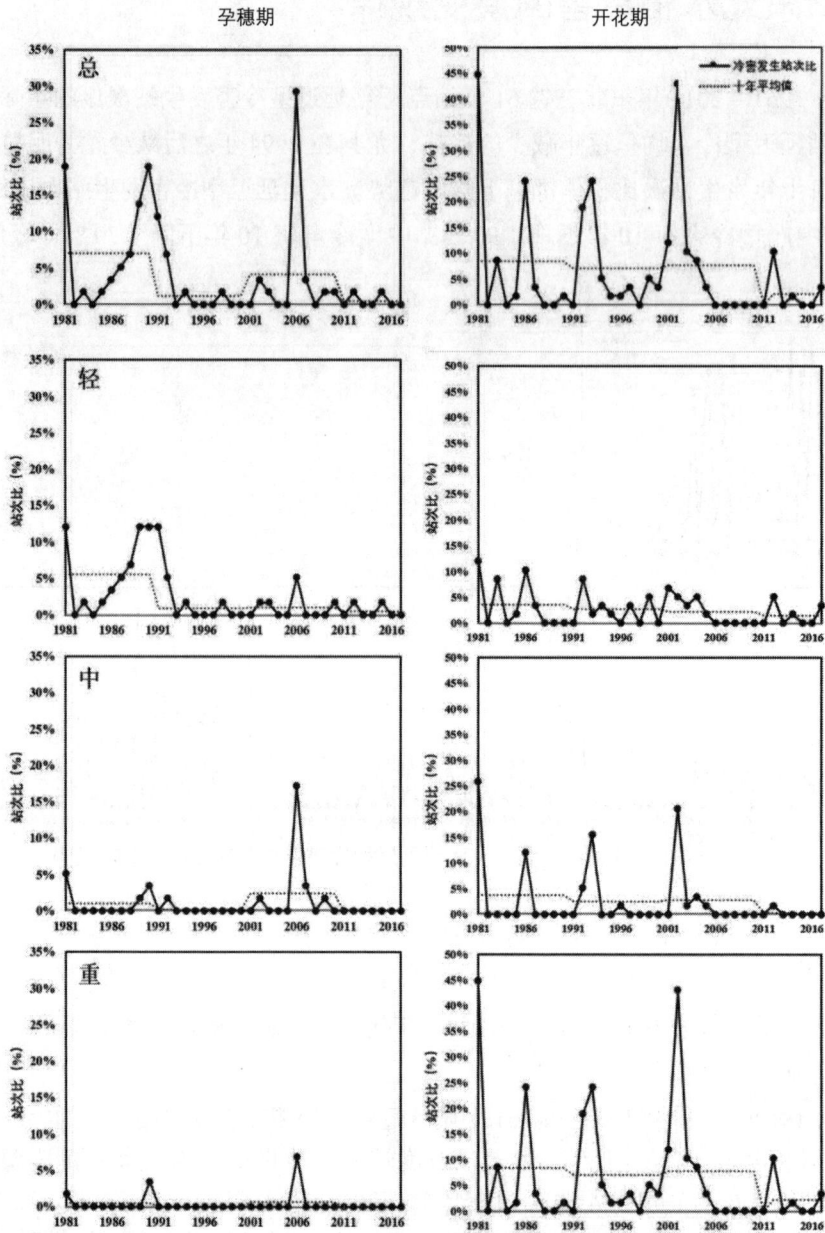

图 1-2 1981—2017 年东北三省水稻障碍型冷害发生站次比时间变化趋势

三、东北水稻冷害的分布

图 1-3 为 1961—2017 年东北三省水稻延迟型冷害发生年次的空间分布特征。1961—1980 年黑龙江省和吉林东部延迟型冷害出现的频率较大，在 60 % 以上。辽宁中南部延迟型冷害出现的频率较小，最少出现在辽宁的沈阳，为 25 %；吉林中西地区大部和黑龙江北部发生轻度延迟型冷害的次数最多，为 3～4 年。黑龙江的海伦、明水、佳木斯以及吉林的前郭尔罗斯和通化没有发生轻度延迟型冷害。其他站点发生次数为 1～2 次；吉林的四平和长春发生中度延

迟型冷害的次数最多，为5次，黑龙江省的北安、克山和宝清，吉林的白城和双辽及辽宁的鞍山和桓仁没有出现中度延迟型冷害，其他站点发生次数为1~4次；严重延迟型冷害发生次数最多，大部分冷害发生站点一半以上年份为严重冷害，黑龙江中部和北部以及吉林东部海拔高的延吉等地严重型冷害发生次数在10次以上，吉林西部和辽宁省大部分地区严重延迟型冷害发生次数在2~6次。

1981—2000年东北三省延迟型冷害发生次数整体减少，仅伊春和长春两个站点延迟型冷害发生次数在10次以上，冷害发生次数整体呈东北向西南递减的特征；辽宁省的庄河发生轻度延迟型冷害的次数最多，为5次。43%的站点发生轻度延迟型冷害的次数为1次或者没有发生，其他站点发生次数为2~3次；黑龙江省的伊春发生中度延迟型冷害的次数最多，为4次。黑龙江省富裕、铁力和尚志，吉林省的长春和通化以及辽宁省的鞍山和绥中没有发生中度延迟型冷害，50%的站点发生了一次中度延迟型冷害；黑龙江中部和北部以及吉林东部海拔高的延吉等地严重型冷害发生次数最多，为5~6次。辽宁的叶柏寿、宽甸和庄河没有发生严重延迟型冷害。

2000年以后东北三省延迟型冷害发生次数较少，发生延迟型冷害的站点仅占总站点的23%，且没有发生严重延迟型冷害。从以上分析可以看出，东北地区如果发生延迟型低温冷害，则严重延迟型低温冷害发生的可能性较大，遭受严重损失的可能性较大。

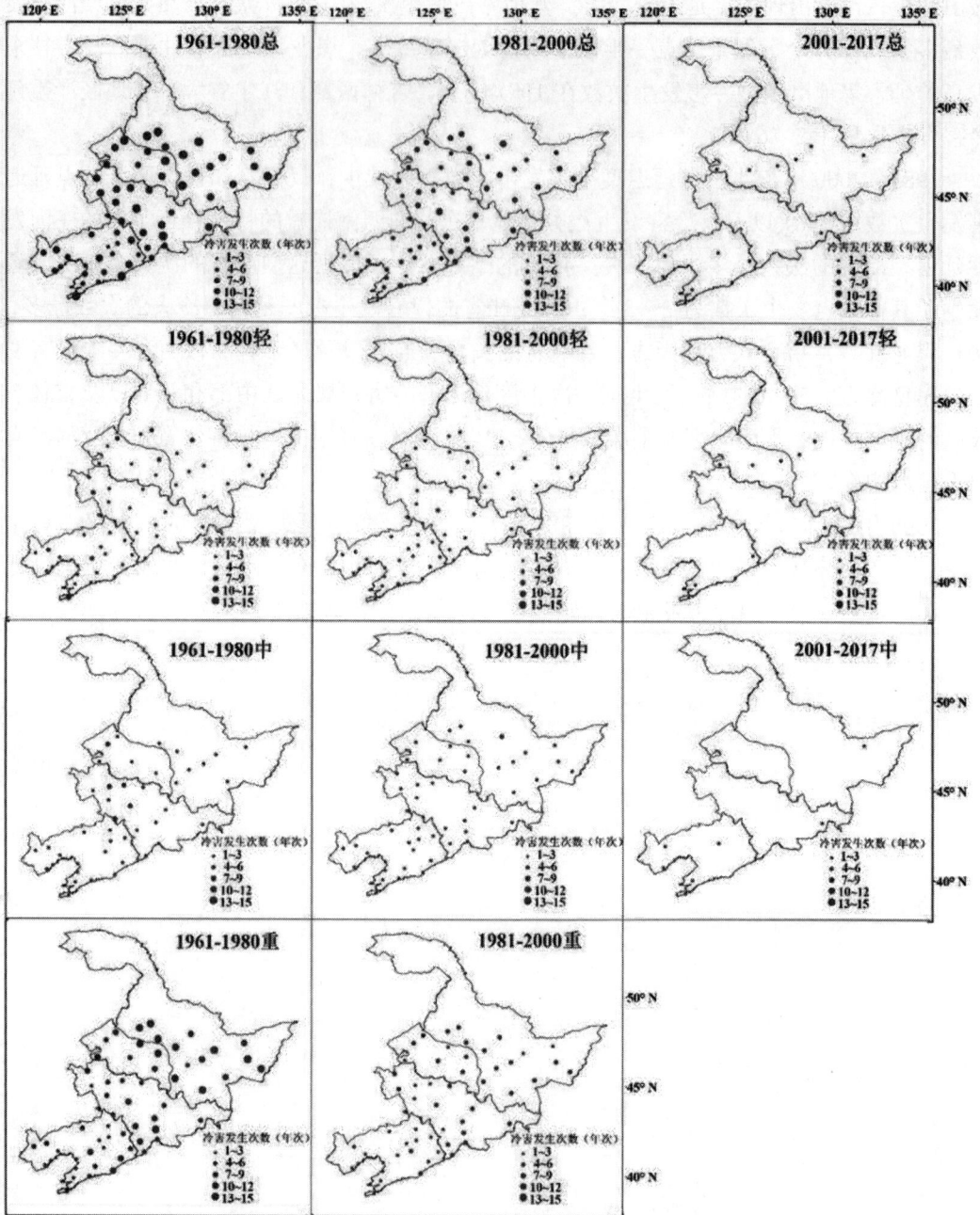

图 1-3 1961—2017 年东北三省水稻延迟型冷害发生年次空间分布特征

参考文献

[1]刘次桃，王威，毛毕刚，等.水稻耐低温逆境研究:分子生理机制及育种展望.遗传，2018，40: 171-185.

[2]矫江，许显滨，孟英.黑龙江省水稻低温冷害及对策研究.中国农业气象，2004，25(2): 27-29.

[3]聂元元，蔡耀辉，颜满莲，等.水稻低温冷害分析研究进展.江西农业学报，2011，23(3): 63-66.

[4]Cruz R P, Sperotto R A, Cargnelutti D, et al. Avoiding damage and achieving cold tolerance in rice plants. Food & Energy Security, 2013, 2: 96-119.

[5]Borjas A H, Leon T B D, Subudhi P K. Genetic analysis of germinating ability and seedling vigor under cold stress in US weedy rice. Euphytica, 2016, 208: 1-14.

[6]Satoh T, Tezuka K, Kawamoto T, et al. Identification of QTLs controlling low-temperature germination of the east European rice variety Maratteli. Euphytica, 2016, 207: 245-254.

[7]吴立，霍治国，姜燕，等.气候变暖背景下南方早稻春季低温灾害的发生趋势与风险.生态学报，2016，36(5): 1263-1271.

[8]郭丽颖，耿艳秋，金峰，等.寒地水稻低温冷害防御栽培技术研究进展.作物杂志，2017，(4): 7-14.

[9]姜树坤，王立志，杨贤莉，等.基于高密度 SNP 遗传图谱的粳稻芽期耐低温 QTL 鉴定.作物学报，2020，46(8): 1174-1184.

[10]潘铁夫，方展森，赵洪凯，等.农作物低温冷害及其防御.北京：农业出版社，1983.

[11]西山岩男.イネの冷害生理学.札幌：北海道大学图书刊行会，1985.

[12]王书裕.农作物冷害的研究.北京：气象出版社，1995.

[13]寺尾博.水稻冷害の生理學的研究(豫報) I 水稻冷害の生理学的研究の意義竝に方法に就いて.日本作物学会紀事，1940，12（3）：169-176.

[14]寺尾博，大谷義雄，白木實，等.水稻冷害の生理学的研究(予報) II 幼穂発育上の各期に於ける低温障害.日本作物学会紀事，1940a，12（3）：177-195.

[15]寺尾博，大谷義雄，上井彌太郎，等.水稻冷害の生理学的研究(予報) III 花粉竝に雌蕊の機能に関する低温の影響.日本作物学会紀事，1940b，12（3）：196-202.

[16]寺尾博，近藤頼己，上井彌太郎，等.水稻冷害の生理学的研究(予報) IV 開穎及び授精作用に関する低温障害の品種間差異.日本作物学会紀事，1940c，12（3）：209-208.

[17]寺尾博，大谷義雄，上井彌太郎.水稻冷害の生理学的研究(予報) V 出穂期に於ける低温の開化竝に授精に及ぼす影響.日本作物学会紀事，1940d，12（3）：209-215.

[18]寺尾博，大谷義雄，上井彌太郎，等.水稻冷害の生理学的研究(予報) VI 開花後の低温處理に困る授精障害.日本作物学会紀事，1940e，12（3）：216-227.

[19]三井進午.水稻冷害の生理学的研究(予報) VII 水稻品種の炭素同化能率に関する實験.日本作物学会紀事，1940，12（3）：228-232.

[20]寺尾博，大谷義雄，上井彌太郎，等.水稲冷害の生理学的研究(予報) VIII 挿秧より出穂に至る各期よりの各種低温の幼穂分化・出穂・稔実に及ぼす影響.日本作物学会紀事，1941，13（3-4）：317-336.

[21]大谷義雄，上井彌太郎，泉清一.水稲冷害の生理学的研究(予報) IX 挿秧後各期に於ける硫酸アンモニア施用と出穂期並に低温障害との関係.日本作物学会紀事，1942，16（3-4）：3-5.

[22]近藤頼己，大谷義雄，上井彌太郎，等.水稲冷害の生理学的研究(予報) IX 挿秧後各期に於ける硫酸アンモニア施用と出穂期並に低温障害との関係.日本作物学会紀事，1942，16（3-4）：6-8.

[23]佐竹徹夫，早瀬広司.イネの小胞子初期冷温処理による雄性不稔第 5 報花粉発育時期および冷温感受性のもっともたかい時期の推定.日本作物学会紀事，1970，39(4): 468-473.

[24]FujinoK, Sekiguchi H, Matsuda Y, et al. Molecular identification of a major quantitative trait locus, *qLTG3-1*, controlling low-temperature germinability in rice. Proc Natl Acad Sci USA, 2008, 105(34), 12623-12628.

[25]Saito K, Hayano S Y, Kuroki M, et al. Map-based cloning of the rice cold tolerance gene *Ctb1*. Plant Science, 2010, 179(1): 97-102.

[26]Shirasawa S, Endo T, Nakagomi K, et al. Delimitation of a qtl region controlling cold tolerance at booting stage of a cultivar, 'lijiangxintuanheigu', in rice, *oryza sativa* L. Theoretical Applied Genetics, 2012, 124(5): 937-946.

[27]松葉修一，黒木慎，斎藤浩二，等.ネパール原産のイネ品種「PakheDhan」が持つ障害型耐冷性 QTL（*qFLT-6*）遺伝子の「ほしのゆめ」への導入効果の検証.北海道農業研究センター研究報告，2008，189：41-51.

[28]黒木慎，斎藤浩二，松葉修一，等.イネ系統「北海 PL9」の穂ばらみ期耐冷性に関する QTL の検出.育種学研究，2011，13: 11–18.

[29]IRRI. Report of a rice cold tolerance workshop, International rice research institute, Los Banos, 1979.

[30]孙永罡.中国气象灾害大典-黑龙江卷.北京：气象出版社，2007.

[31]秦元明.中国气象灾害大典-吉林卷.北京：气象出版社，2007

[32]竺可桢.论我国气候的几个特点及其与粮食作物生产的关系.地理学报，1964，30(1): 1-13.

[33]冯绍印，朴昌一.延边地区水稻产量与气象条件关系的初步探讨.吉林农业科学，1964，1(2): 75-82.

[34]王春乙等.东北地区农作物低温冷害研究.北京：气象出版社,2008.

[35]东北低温科研协作组.东北地区冷、热夏季的环流特征和海温状况的初步分析及长期预报.东北夏季低温长期预报文集.北京：气象出版社, 1983: 103-126.

[35]刘育生，智景和，周珍华.东北夏季气温的周期变化规律及低温的群发性//东北夏季低温长期预报文集.北京：气象出版社, 1983: 17-21.

[37]徐瑞珍，张先恭.我国东部地区夏季气温场与 500 毫巴高度场的关系//东北夏季低温长期预报文集.北京：气象出版社, 1983: 127-134.

[38]张恩恕，毛玉英.用北半球 500 毫巴高度距平三个月滑动图分析黑龙江省夏季低温过程//东

北夏季低温长期预报文集.北京：气象出版社, 1983: 135-147.

[39]白人海，郭家林.用北半球 500 毫巴高度距平六个月滑动图分析黑龙江省夏季低温过程//东北夏季低温长期预报文集.北京：气象出版社, 1983: 148-157.

[40]彭小峡，郭家林，徐爱华.高纬阻高的稳定维持与东北夏季低温//东北夏季低温长期预报文集.北京：气象出版社, 1983: 183-192.

[41]章名立，符淙斌，王铭如，等.七十年代全球地面温度的初步研究（三）—我国东北冷、暖夏年全球温度场的分布.大气科学，1983，7（1）：23-32.

[42]丁士晟.东北地区夏季低温的气候分析及其对农业生产的影响.气象学报，1980，38（3）：234-242

[43]李亚飞，王连敏，曹桂兰，等.不同低温胁迫下粳稻耐冷种质的孕穗期耐冷性比较.植物遗传资源学报，2010，11（6）：691-697.

[44]姜丽霞，季生太，李帅，等.黑龙江省水稻空壳率与孕穗期低温的关系.应用生态学报，2010，21（7）：1725-1730.

[45]Zhang Tianyi, Guo Erjing, Yang Xiaoguang, et al. Separate parameterization of pre- and post-flowering phases as a solution to minimize simulation bias trends in rice phenology with climate waring. Field Crop Research, 2020, 245: 107672.

[46]Zhang Tianyi, Guo Erjing, Shi Yanying, et al. Modelling the advancement of chilling tolerance breeding in Northeast China. Journal of agronomy and Crop Science, 2021,

[47]Shi Y, Guo E, Wang L, et al. Effects of chilling at the booting and flowering stages on rice phenology and yield: A case study in Northeast China. Journal of agronomy and Crop Science, 2021, .

[48]Liu C, Ou S, Mao B, et al. Early selection of *bZIP73* facilitated adaptation of japonica rice to cold climates. Nat Commun, 2018, 9: 3302.

[49]Zhang Z, Li J, Pan Y, et al. Natural variation in *CTB4a* enhances rice adaptation to cold habitats. Nat Commun, 2017, 8: 14788.

[50]Ma Y, Dai X, Xu Y, et al. *COLD1* confers chilling tolerance in rice. Cell, 2015, 160(6): 1209-1221.

[51]Mao D, Xin Y, Tan Y, et al. Natural variation in the *HAN1* gene confers chilling tolerance in rice and allowed adaptation to a temperate climate. Proc Natl Acad Sci USA, 2019, 116: 3494-3501.

[52]严长杰，李欣，程祝宽，等.利用分子标记定位水稻芽期耐冷性基因.中国水稻科学，1999，13(3): 134-138.

[53]Zhang Z，Li S, Li W, et al. A major QTL conferring cold tolerance at the early seedling stage using recombinant inbred lines of rice (*Oryza sativa* L.). Plant Sci, 2005, 168: 527-534.

[54]乔永利，韩龙植,安永平，等.水稻芽期耐冷性 QTL 的分子定位.中国农业科学, 2005, 38(2): 217-221.

[55]张露霞，王松凤，江铃，等.利用重组自交系群体检测水稻芽期耐冷性 QTL.南京农业大学学报, 2007, 30(4): 1-5.

[56]巩迎军，阮雯君，荀星，等.水稻芽性状耐冷性的 QTL 分析.分子植物育种, 2009, 7(2): 273-278.

[57]林静，朱文银，张亚东，等.利用染色体片段置换系定位水稻芽期耐冷性 QTL.中国水稻科学, 2010, 24(3): 233-236.

[58]周勇，朱孝波，袁华，等.水稻单片段代换系芽期和苗期耐冷性分析及耐冷性 QTL 鉴定.中国

水稻科学, 2013, 27(4): 381-388.

[59]杨洛淼, 王敬国, 刘化龙, 等. 寒地粳稻发芽期和芽期的耐冷性 QTL 定位. 作物杂志, 2014, (6): 44-51.

[60]朱金燕, 杨梅, 嵇朝球, 等. 利用染色体单片段代换系定位水稻芽期耐冷 QTL. 植物学报, 2015, 50(3): 338-345.

[61]Yang T, Zhang S, Zhao J, et al. Identification and pyramiding of QTLs for cold tolerance at the bud bursting and the seedling stages by use of single segment substitution lines in rice (*Oryza sativa* L.). Mol Breed, 2016, 36: 96.

[62]Jiang S, Yang C, Xu Q, et al. Genetic dissection germinability under low temperature by building a resequencing linkage map in *japonica* rice. International Journal of Molecular Sciences, 2020, 21: 1284.

[63]和田定. 水稻の冷害. 东京: 養賢堂株式会社, 1992.

[64]中国气象局. 水稻冷害评估技术规范(QX/T182-2013). 北京: 气象出版社, 2013.

（姜树坤、石延英、王立志、吕国依、任洋）

第二章 东北夏季低温冷害的气象学基础

第一节 东北夏季低温的气候特征与环流特征

东北是我国最易出现低温的地区之一（王绍武等，1985），在 1954、1957、1969、1972 和 1976 年，受夏季低温冷害的影响，东北地区粮食造成严重减产，但直到上世纪 70 年代中期，这种现象才逐渐引起重视。1977 年，国家气象中心以及东北三省气象部门组建了东北气温协作组，并重点开展了东北夏季低温的气候特征和环流特征研究。

一、东北夏季低温的气候特征

通过分析东北地区 23 个观测站近百年（1881—1970 年）5—9 月的气温距平延伸资料发现，从空间特征分布来看，东北地区夏季低温并非局地现象，而是一个大范围的气候现象，其水平尺度南北可达 40 个纬度，东西可达 40 个经度，面积覆盖 2000 ~ 3000 km²，在全球温度距平图（图 2-1）上，可以看到温度距平巨大的空间尺度，在东北地区持续低温时，常常自亚洲大陆到太平洋东部，除亚洲南部、青藏高原和西伯利亚中部外，几乎都是负距平，水平尺度东西跨度达 100 个经度，南北可达 70 ~ 80 个纬度。在时间持续性上，东北低温是较长时间尺度的天气异常现象，一般持续几个月到十几个月（章名立等，1983）。

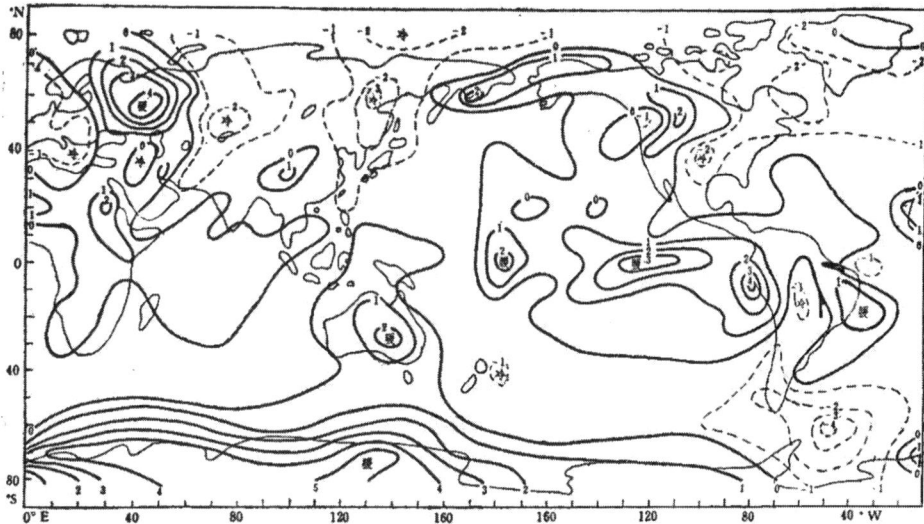

图 2-1 东北冷夏与全球温度距平图（1972 年 8 月，单位：℃）
（章名立等，1983）

另外，东北夏季低温具有周期性、群发性的特点，分析 1881—1980 年间东北夏季低温冷害的周期变化发现，东北夏季气温存在 60 ~ 80 年、35 ~ 40 年和 3 ~ 5 年的周期特点，是形成东北夏季低温具有群发性的基本周期规律（图2-2）。而且在个别时期内低温易成群发生，表现为所谓的群发性和低温冷害群（表2-1）。三次显著的低温群分别发生在1881—1918年、1934—1945年和1956—1976年，第一次低温冷害群共有8次低温发生（即1881、1884、1886、1888、1902、1911、1912和1913年），间隔一两年就发生一次，是近百年最大一次低温冷害群。第二次低温冷害群仅出现了2次低温（1934和1940年），是近百年来最小的一次低温冷害群。第三次低温冷害群出现了4次低温（即1964、1969、1971和1972年）（刘育生等，1983）。

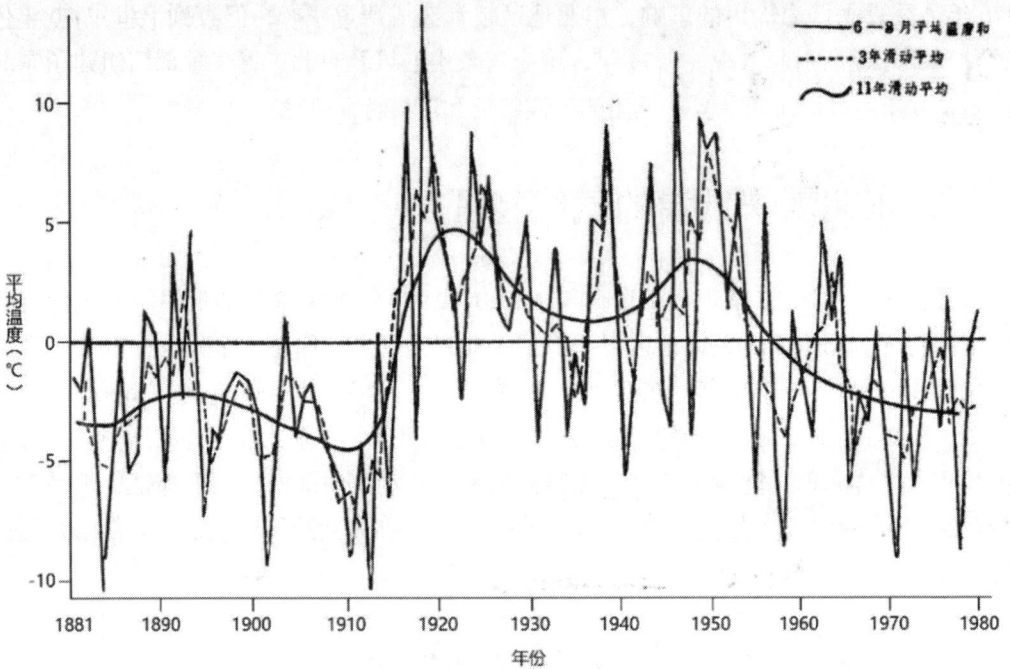

图 2-2 东北夏季气温滑动平均图
（刘育生等，1983）

进入20世纪80年代，全国气温呈现缓慢变暖趋势，东北夏季低温冷害出现的频率明显减少，相关研究也随之减弱，但随着观测资料长度和种类的不断增加，后续的研究表明，东北夏季低温冷害具有明显的地域和年代变化特征。此外，低温冷害的频率还随着纬度的增高而增大，山区的频率要比同纬度的平原地区大（姚佩珍，1995；王敬方等，1997）。整体上，东北平原北部的夏季低温冷害最重，南部夏季低温冷害最轻；整个东北地区夏季低温冷害的出现频率基本相当，一般每3~4年一遇，但出现的年份并不完全相同（姜树坤等，2020）。

表 2-1 哈尔滨夏季 6—8 月气温距平的均方差气候表

年代	夏季6—8月气温距平均方差	低温年	年代	夏季6—8月气温距平均方差	低温年	年代	夏季6—8月气温距平均方差	低温年	年代	夏季6—8月气温距平均方差	低温年
1878	8.0		1903	-0.2		1928	0.2		1953	0.7	
1879	0.1		1904	-0.3	¶	1929	0.1		1954	0.0	
1880	0.5		1905	0.3		1930	0.3		1955	1.1	
1881	-0.8	⊕	1906	-0.1		1931	-0.1		1956	-0.4	¶
1882	0.6		1907	0.6		1932	-0.1		1957	-0.4	¶
1883	0.8		1908	0.3		1933	0.6	⊕	1958	0.2	
1884	-1.0	⊕	1909	-0.4	¶	1934	-0.7		1959	-0.4	¶
1885	-0.6	¶	1910	-0.6	¶	1935	0.4		1960	-0.4	¶
1886	-0.7	⊕	1911	-1.0	⊕	1936	-0.3	¶	1961	0.6	
1887	-0.5	¶	1912	-0.7	⊕	1937	0.5		1962	0.2	
1888	-0.8	⊕	1913	-1.2	⊕	1938	0.8		1963	0.1	⊕
1889	0.3		1914	0.2		1939	1.1		1964	-0.8	¶
1890	-0.2		1915	-0.4		1940	-0.8	⊕	1965	-0.4	¶
1891	0.0		1916	0.6		1941	0.1		1966	-0.3	
1892	-0.6		1917	1.0		1942	-0.5		1967	0.2	
1893	-0.2		1918	-0.5	¶	1943	-0.3	¶	1968	0.1	
1894	-0.3	¶	1919	1.8		1944	0.8	¶	1969	-1.1	⊕
1895	-0.6	¶	1920	0.5	¶	1945	-0.4	¶	1970	0.6	
1896	-0.2		1921	1.4		1946	0.6		1971	-1.0	⊕
1897	0.3		1922	-0.1		1947	-0.2		1972	-1.2	⊕
1898	-0.3		1923	-0.2		1948	0.6		1973	0.3	
1899	0.0	¶	1924	1.4	¶	1949	1.6		1974	-0.4	¶
1900	-0.2		1925	1.0		1950	1.1		1975	0.5	
1901	-0.2		1926	0.9		1951	0.3		1976	-0.3	¶
1902	-0.9	⊕	1927	0.4		1952	0.8		1977	-0.2	

第一冷害群（1884—1914）　第二冷害群（1933—1945）　第三冷害群（1956—1976）

注：⊕表示低温年；¶表示偏低温年，部分地区有冷

二、东北夏季低温的环流特征

分析东北地区冷夏年、热夏年的大气环流特征和海温状况可以看出，在海平面气压场上，从大气活动中心的位置和强度来看，在冷夏年，冰岛低压不断发展，范围较小，中心位置略偏东，阿留申低压较深，太平洋高压中心强度较弱，亚洲大陆热低压不发展，极地冷空气势力较强并频频向南扩散（图2-3）（崔锦等，2007）。

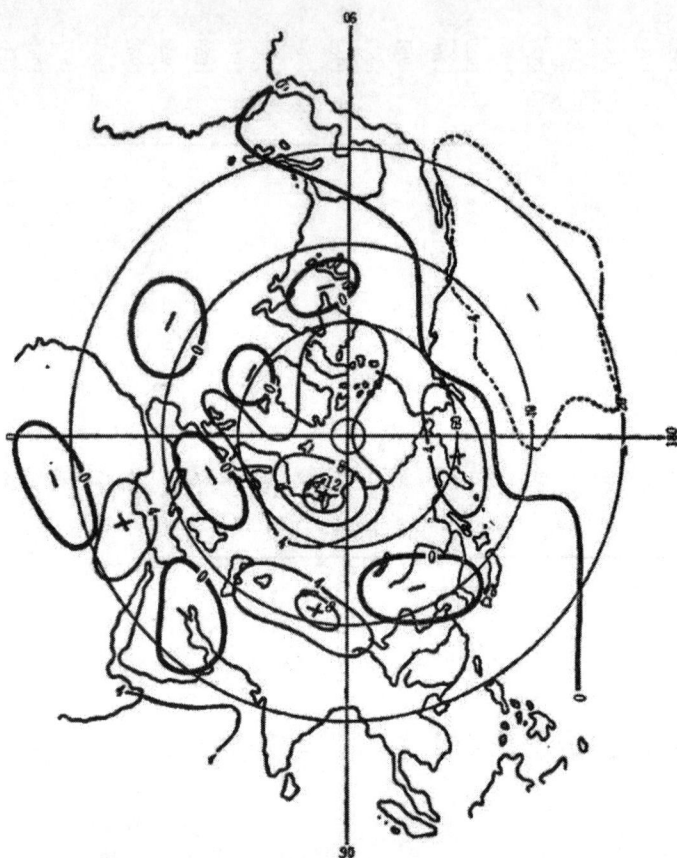

图 2-3 典型冷夏年（1957、1969、1972、1976）与
典型热夏年（1952、1955、1970、1975）平均 6—8 月海平面气压距平和的差值分布图
（东北低温科研协作组，1983）

在 500 hPa 高度场上（图2-4），冷夏年 50 °N 以南为大范围负距平区，50 °N 以北的中高纬度以正距平占优势，表明这些年份夏季北半球盛行经向环流，常有暖空气向北输送，在高纬度地区建立暖高压脊或阻塞高压，同时冷空气也比较活跃，经常扩散到 50 °N 以南的中纬度一带。从超长波槽脊位置来看，冷夏年从新地岛到乌拉尔山盛行长波脊，而我国东北地区则盛行超长波槽。另外，冷夏年西太平洋副高偏弱，位置偏东、偏南。

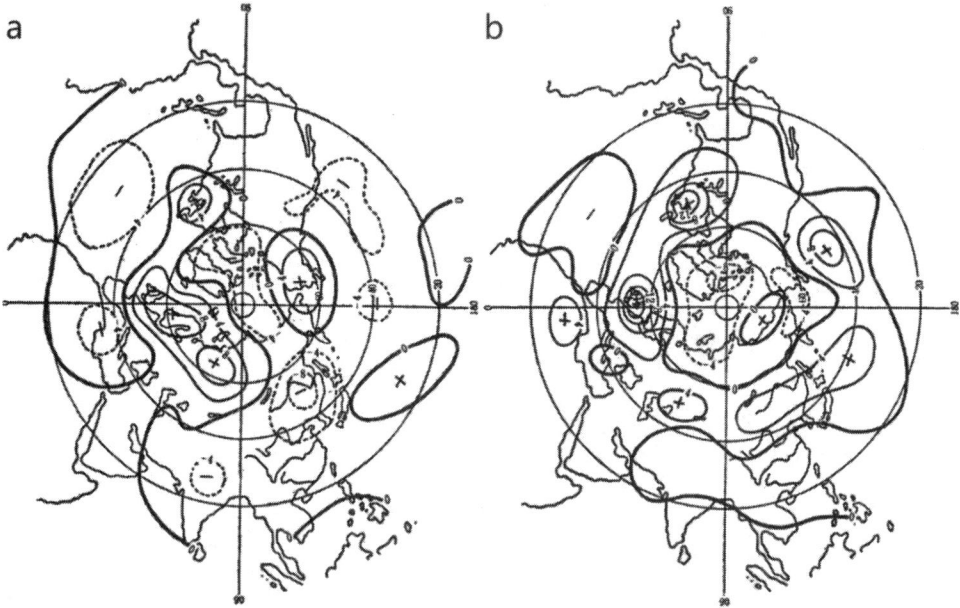

图 2-4 典型冷夏年（a）和热夏年（b）6-8 月 500 hPa 高度距平和的平均分布图
（东北低温科研协作组，1983）

在 100 hPa 高度场上（图 2-5），极涡明显偏向于东半球太平洋一侧，中心在白令海峡附近，发展较盛，绕极西风环流大致呈 3 个波的形势，超长波槽分别位于鄂霍茨克海附近、北美的东岸和西岸，斯堪的纳维亚半岛附近为明显的超长波脊，我国东北地区处于较强的亚洲大陆东岸超长波槽的后部，南亚副热带高压异常偏弱，这种形势是有利于低层冷空气的南向扩散而不利于暖空气北上。

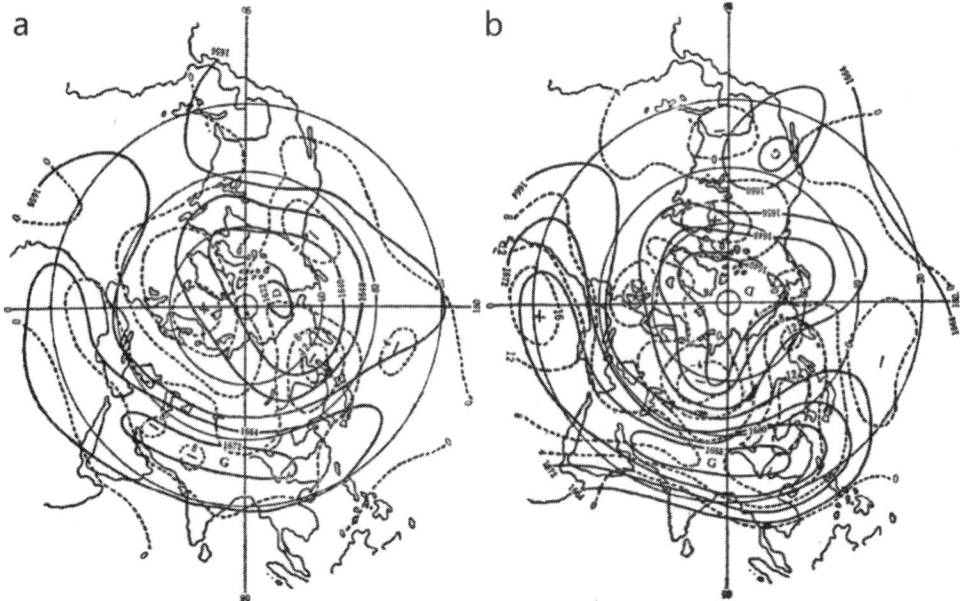

图 2-5 典型冷夏年(a)和热夏年(b)6—8 月 100 hPa 平均高度及距平的分布图
（东北低温科研协作组，1983）

从海温场的分布特征来看，东北冷夏年西太平洋为低温区，东太平洋为高温区，即东高西低，而热夏年正好相反（图2-6）。

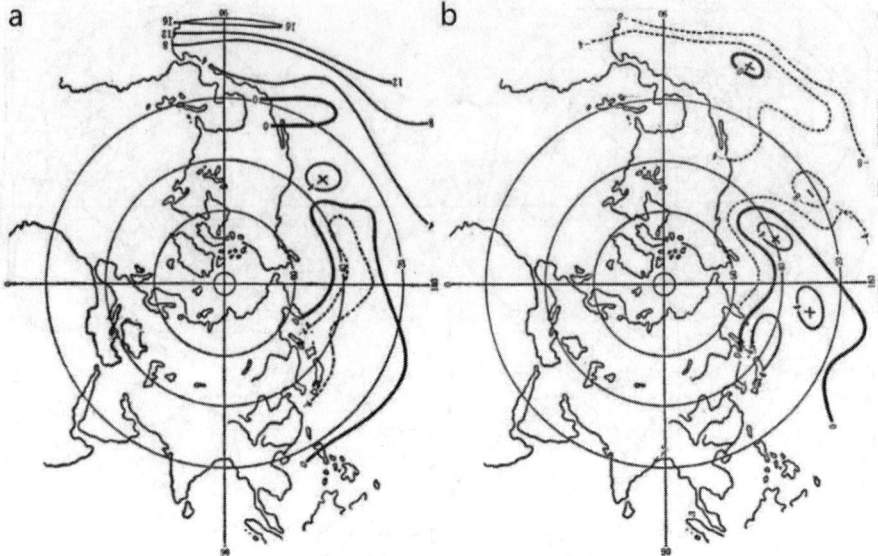

图2-6 典型冷夏年(a)和热夏年(b)6-8月海表水温距平和的分布图
（东北低温科研协作组，1983）

总的来说，东北地区冷夏年北半球尤其是东半球冷空气比较活跃，势力较强，其环流特征是：高层极涡较深，偏向东半球，北半球大部分为负距平；对流层中盛行径向环流，高纬度地区常出现暖高脊或阻塞高压，距平场呈现"北高南低"形势；底层极地附近有较多的冷空气聚集并频频南下，大陆热低压不发展，太平洋海温距平场呈东高西低的形势。另外，东北冷夏年的温度场和高度场的垂直分布都是伸展至对流层顶的正压结构。

第二节 东北夏季低温的主要影响因子

东北夏季低温是一个大范围的天气气候现象，东北夏季低温与两个因素有关，即来自极地的冷空气和来自低纬热带的暖空气，而与冷暖空气相配合的主要天气系统是极涡和副热带高压，在高层表现为南亚高压。它们的强度、位置和相互配置关系对东北地区夏季气温起着支配作用，而西风带长波、超长波的环流型与这两个系统的强度有着密切关系，在它们的共同作用下形成东北地区的夏季低温。后续的研究表明，东北夏季低温与厄尔尼诺与南方涛动（El Niño-Southern Oscillation, ENSO）有很好的对应关系，而太平洋年际震荡（Pacific Decadal Oscillation, PDO）对东北冷夏具有明显的调制作用（崔锦等，2007）。

一、极涡和南亚高压

东北地区夏季低温冷害是一个大范围的天气气候现象，一定存在大的稳定的天气系统影响这种现象的发生。分析表明，在 100 hPa 高度场上造成东北夏季低温的 2 个主要系统是极涡和南亚高压（吉林省气象台和吉林市气象台，1981）。东北冷夏年，60 °N 以北的极地区域为正距平区，有两个正中心，分别在白令海峡和冰岛附近，此时极涡多在中纬度活动，南亚高压弱。55 °N 以南是半球性的负距平区（图 2-7a）。夏季高温年正好相反，极地区域为负距平区，55 °N 以南是正距平区（图 2-7b）。

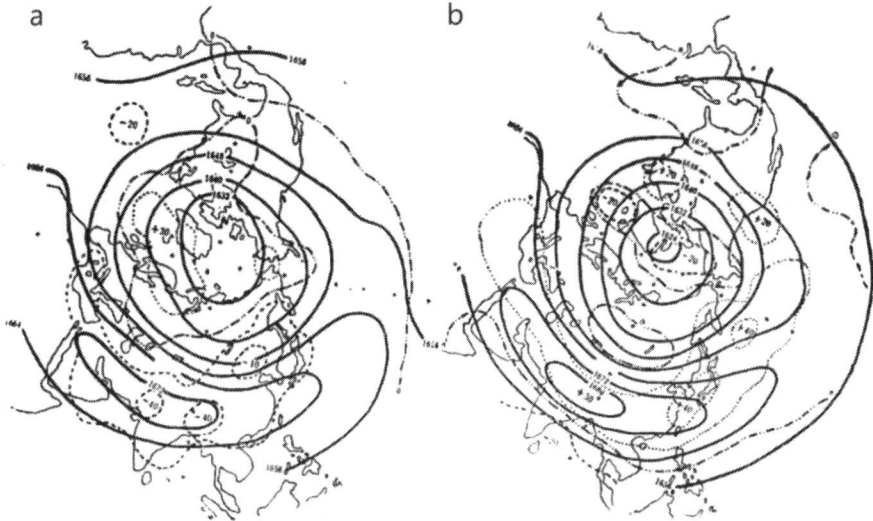

图 2-7 典型冷夏年(a)和暖夏年(b)6—9 月 100 hPa 高度场及距平场的分布情况
（吉林省气象台和吉林市气象台，1981）

分析 1-5 月的逐日 100 hPa 极涡频数情况可以反映出极涡的活动规律，总体上分为三种类型：第一种，极涡持续压缩在北极圈，这时不论南亚高压强弱与否，均为高温年，如 1967 和 1975 年；第二种，极涡持续偏心在欧亚大陆，这时不论南亚高压强弱与否，均为低温年，如 1966 和 1969 年（图 2-8a）；第三种，极涡最大频数中心有两个（图 2-8b），这时东北地区的夏季气温取决于南亚高压的强弱，南亚高压强为暖夏，南亚高压弱为冷夏。数量最多的第三种类型是由两种方式造成的：一种是因为存在持续几个月的稳定偶极型气候，一种是由于极涡不稳定，经常在东西半球间移动造成的。大多数冷夏前期（冬季），极涡持续分裂为二或持续偏在东半球，它们在东半球的延伸部分稳定在 40 ~ 100 °E（即欧亚大陆）这一特定区域，该区域的气温距平持续为负。

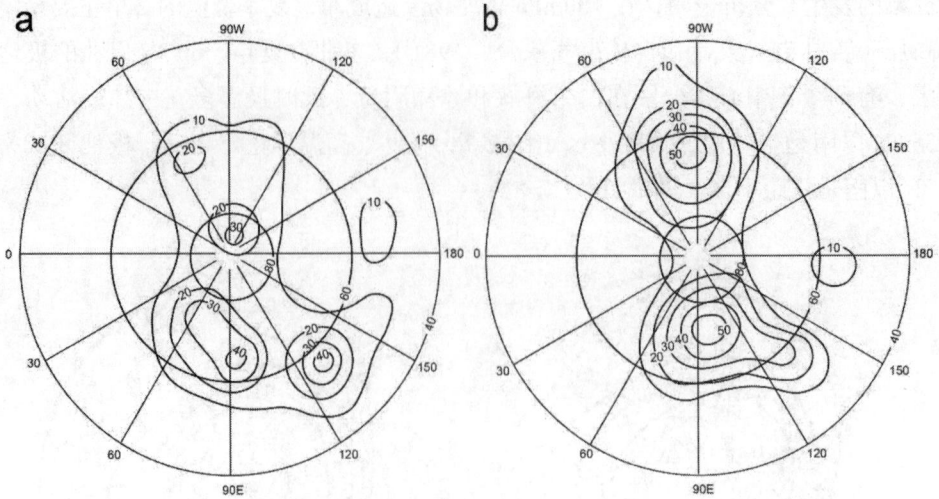

图 2-8 1969 年（a）和 1974 年（b）1—5 月 100 hPa 极涡出现频率的分布情况
（吉林省气象台和吉林市气象台，1981）

二、西太平洋副热带高压

东北地区夏季气温的异常与西太平洋副热带高压的强度和位置有关，夏季副热带高压强度偏弱，位置偏东、偏南，有利于东北地区出现低温；反之，副热带高压偏强，位置偏西、偏北，则有利于东北地区出现高温（图 2-4）。而且，在西太平洋副热带高压长周期振动的极弱阶段，东北地区极易出现严重低温冷害。此外，从西太平洋副热带高压面积指数和黑龙江省气温 6 个月滑动曲线（图 2-9）上发现，夏季低温出现前西太平洋副热带高压均较弱，低温结束时副热带高压偏强，说明西太平洋副热带高压是影响极地冷空气南下的主要条件之一。

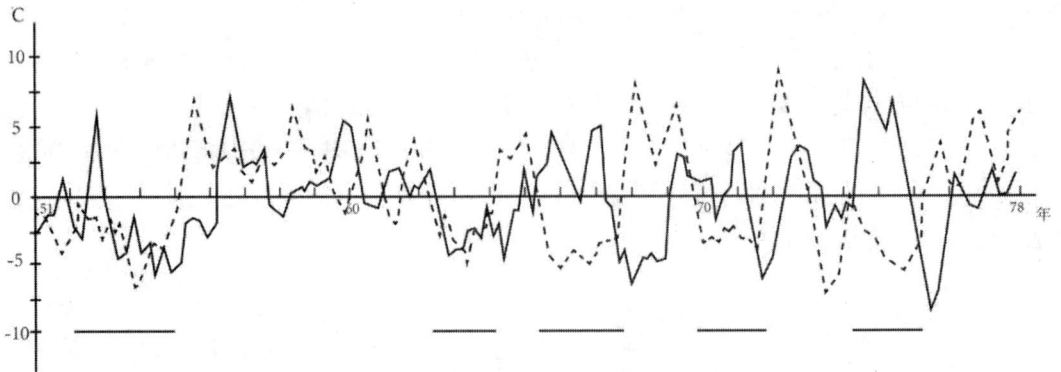

图 2-9 西太平洋副高面积指数和黑龙江省气温 6 个月滑动平均值的变化曲线
（实线为气温，虚线为副高面积指数）（白人海和郭家林，1983）

三、西风带超长波槽脊和经向振荡

西风带超长波槽脊和经向振荡是东北夏季低温发生的重要天气背景。东北低温长期预报方法和理论的研究技术组（1983）通过分析东北地区典型夏季低温冷害年 500 hPa 距平合成图发现，低温冷害年在新地岛到乌拉尔山附近和阿拉斯加附近为范围较大的正距平区，我国大部分为负距平区，负距平中心在我国东北地区；高温年正好相反，这表明夏季低温年东北地区有超长波槽停留和经过，高温年有超长波脊停留和经过（图 2-4）。

长时间天气异常是由稳定的环流形势造成的，东北地区夏季持续低温天气就是由于前期（11—2 月）上游地区（30 ~ 90 °E）有一个稳定的超长波槽，春季（3—4 月）以每月 20 ~ 30 个经度的速度东移，夏季（5—9 月）则稳定在东北地区造成的。进一步分析发现，低温冷害年的纬向分布特征为东亚、北美为强低槽，西欧为弱低槽；经向分布特征为低温年极地为正距平，中低纬度为负距平。其天气形势表现为高纬有阻塞高压，东亚有低槽，副高弱，东北有冷涡。冷涡出现天数多的年份易出现东北低温，说明东北冷涡是产生东北低温的一个直接环流条件。

四、下垫面的影响

早期分别对海温、洋流、积雪和海冰等下垫面状况对大气环流异常及东北地区温度进行了比较研究和相关分析，发现东北地区 6—8 月的气温与前期 10—11 月海温呈负相关，相关区域位于阿留申群岛南部附近海域。正相关区域位于赤道太平洋东部地区，即赤道冷水区以及其以北区域，这两个区域正是阿留申低压和太平洋副热带高压这两个大气活动中心所控制的区域（许致远等，1983）。

黑潮区冬春感热加热的异常将导致东亚环流的异常，黑潮区冬春感热输送和夏季东北地区气温正相关，感热输送少，有利于东亚大槽的加深，反之亦然。而东亚大槽的加深正是造成东北地区低温的有利环流形势（潘华盛等，1983）。

冰雪面积扩展，反照率加大，气温降低；反之气温升高。冰雪面积继续扩大，下垫面对大气的感热交换少，甚至停止，更使气温降低，继而造成等压面下降，有利于低槽的维持和加深。因此，当冬春北半球冰雪面积扩大时，使夏季极涡或槽偏于欧亚大陆，气温偏低，且北半球冰雪面积扩大时，极涡面积也扩大。另外，高原降雪量和夏季 100 hPa 南亚高压呈负相关，进而冬季高原降雪量距平百分比和东北夏季气温呈负相关（符淙斌，1980）。

五、厄尔尼诺与南方涛动

热带海洋热力状况的改变对大范围气候的变化有很大影响，它不仅影响到低纬度热带地区，还可以涉及中纬度地区的气候状况。ENSO（El niño-southern oscillation, ENSO）作为年际时间尺度上热带地区气候变率的强信号（王绍武，1999），直到 20 世纪 80 年代，东北夏季低温与 ENSO 的关系才逐渐引起人们的关注。早期研究认为，东亚夏季低温与厄尔尼诺有联系，并且在 1950—1970 年近 30 年时间里，东北地区夏季异常低温与赤道东太平洋海温变化是反位相的，造成这种遥相关的原因可能是由于当厄尔尼诺现象发生时，低层海温异常影响到大尺度环流的异常，并把信息传到中纬度地区，从而使得我国东北气温异常（王绍武等，

1985；曾昭美等，1987）。受全球气候变暖的影响，1980 年以来，随着东北低温出现频率的减少和强度的减弱，厄尔尼诺事件的出现不再完全对应东北夏季低温，人们开始重新思考 ENSO 与东北低温的关系。20 世纪 90 年代的研究指出，ENSO 导致的东北地区最显著的低温异常不是发生在夏季，而是在 ENSO 当年秋季至次年春季（刘永强等，1995），甚至有的研究认为热带中东太平洋（Nino 3 区）SSTA 前期及同期变化与东北夏季低温关系不大（郑维忠等，1999）。但是也有人根据 ENSO 事件分类讨论了不同 ENSO 对东北低温的影响（潘华盛等，1998；廉毅等，1998），他们认为厄尔尼诺对东北低温的影响主要在 20 世纪 50—70 年代，80 年代也有一定的影响，但其强度和危害则大大降低。还有的研究认为前一年 5 — 7 月 Nino C 区海温与东北地区夏季气温有密切的关系，特别是 ENSO 事件出现之后，厄尔尼诺年的次年东北地区夏季多高温，而拉尼娜年的次年，东北地区夏季低温更明显（刘实等 2001）。这些研究结论说明在全球气候变暖背景之下，ENSO 与东北夏季温度之间并不是仅仅概括为反位相的线性关系那么简单，它们彼此间的关系还受到其他因素的影响。

六、太平洋年际振荡

太平洋年代际振荡（Pacific decadal oscillation, PDO）是一种年代际时间尺度上的气候变率强信号。一方面，它既是叠加在长期气候趋势变化上的扰动，可直接造成太平洋及其周边地区气候的年代际变化；另一方面，它又是年际变率的重要背景，对年际变化（如 ENSO 及其影响）具有重要的调制作用，可影响 ENSO 事件频率和强度，同时也可导致年际 ENSO-季风异常关系的不稳定性（或年代际改变）（Zhang et al., 1997；Mantua et al., 1997；杨修群等，2004）。朱益民等（2003）的研究指出 PDO 与中国气候年代际变化存在密切联系，PDO 暖位相期，冬季和夏季，我国东北地区气温都是显著偏高，而 PDO 冷位相期则显著偏低。另外，PDO 作为年际变率的重要背景，其对东北地区夏季低温有明显的调制作用。以往的研究指出，在 ENSO 发展阶段，东北地区容易出现夏季低温冷害，但该气候异常在近十几年发生频率明显减少。朱益民等研究认为这可能是由于 PDO 的调制作用造成的。在年代际时间尺度上，PDO 由冷位相转换为暖位相后，将使东北地区夏季气温异常偏暖。因此，在这种与 PDO 有关的年代际暖背景调制作用下，ENSO 发展阶段对东北夏季气温的影响由偏冷转变为偏暖，低温现象不再显著。

第三节 东北夏季低温年 6—8 月的天气过程

彭小峡等（1983）通过分析比较 1951—1980 年近 30 年的旬气温偏低或偏高 1 ℃的 80 次天气过程，采用天气模式归类法，将冷暖夏年的 6—8 月天气过程分为太梅尔阻高型（I 型）、雅库茨克阻高型（II 型）、乌拉尔主槽东移高纬反气旋打通型（III 型）和贝加尔湖暖脊型（IV 型）等四类。

一、太梅尔阻高型

其特点是北大西洋暖脊发展分裂出高压单体，东移并与印度洋至乌拉尔山的暖脊结合，最后东移到太梅尔半岛形成阻塞高压。一次太梅尔阻高形成后可以维持一周时间左右，脊前偏北气流使极地冷空气南下侵入东北地区，进而形成东北冷涡。冷涡可以在东北停留 3 d 或以上，并因此产生低温天气（图 2-10）。上述暖空气向北发展的过程可以重复出现，相应的太梅尔阻高也可以长期相对稳定，构成超长波脊在我国东北地区相对稳定存在。1972 年 6 月和 8 月的低温都属于这种类型，1956 和 1965 年的夏季低温冷害发生的天气过程也属于这种类型。

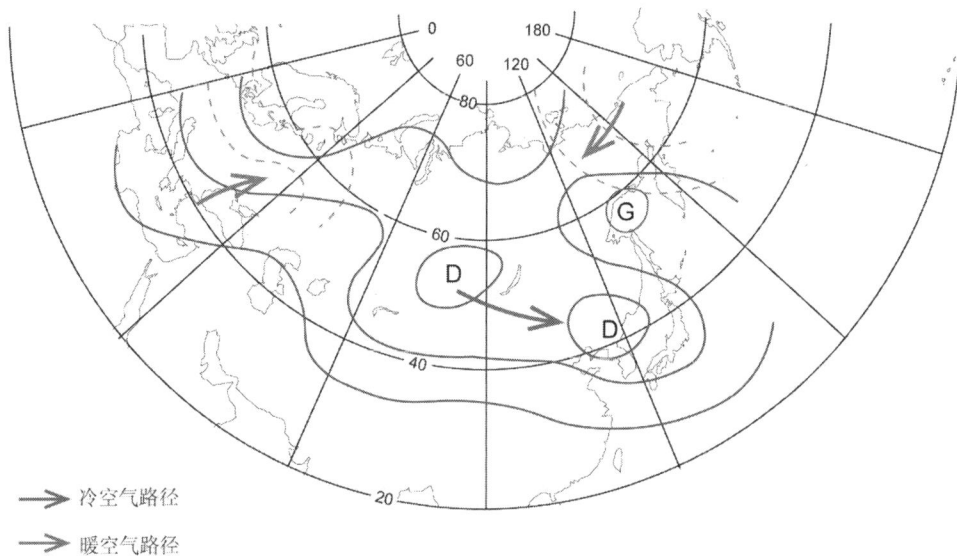

图 2-10 太梅尔阻高型冷夏的天气过程示意图
（彭小峡等，1983）

二、雅库茨克阻高型

其特点是太平洋暖脊强烈发展，明显北伸后分裂出高压单体和阿拉斯加暖脊结合后，西退到雅库茨克一带发展形成阻高。这类暖脊发展形成时，冷空气从新地岛一带自西北向东南移动，在东亚受到雅库茨克阻高的阻挡发生分支，一部分向北，主要部分东南下进入东北地区，形成缓慢移动的冷涡，进而引起东北夏季低温（图 2-11）。由于雅库茨克阻高不断得到太平洋暖脊的补充，反复更替增强，长期稳定。一般太平洋暖脊发展一次，雅库茨克阻高可以维持 5～10 d，反复数次，雅库茨克阻高可以维持 2～3 周或以上。这类过程在 1954、1960 和 1967 年等典型冷夏年出现次数较多，一般发生在夏初。

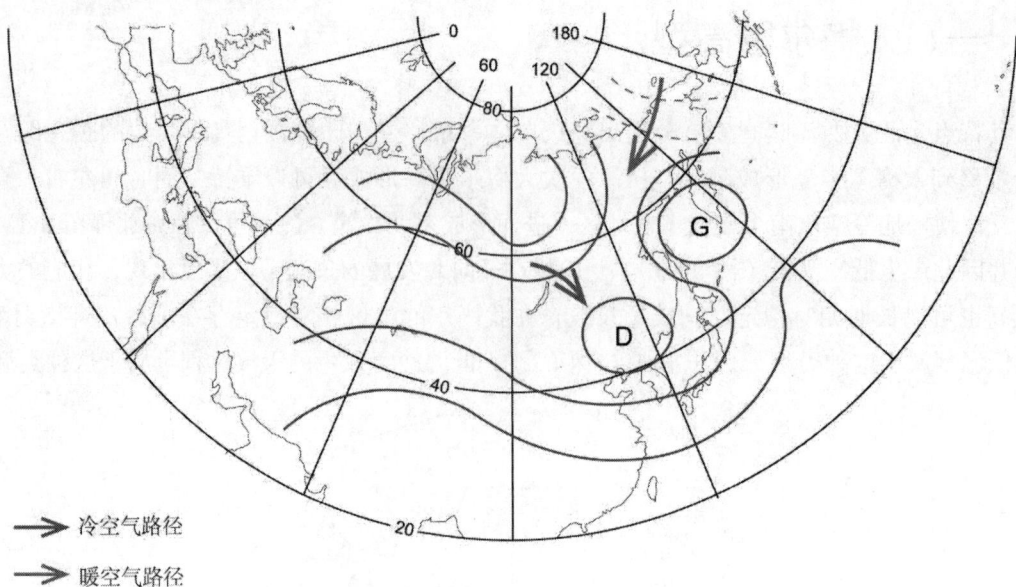

图 2-11 雅库茨克阻高型冷夏的天气过程示意图

（彭小峡等，1983）

三、乌拉尔主槽东移高纬反气旋打通型

其特点是大西洋和太平洋暖脊同时发展北上，分别与高纬度的太梅尔半岛及雅库茨克海一带的高脊打通。同时欧洲脊发展东移，使被切断下来的极涡进入乌拉尔主槽中随主槽东移，进而冷空气自西向东侵入我国东北地区形成冷涡，造成夏季低温（图 2-12）。1964 年 6 月末至 7 月初出现过这种天气过程。

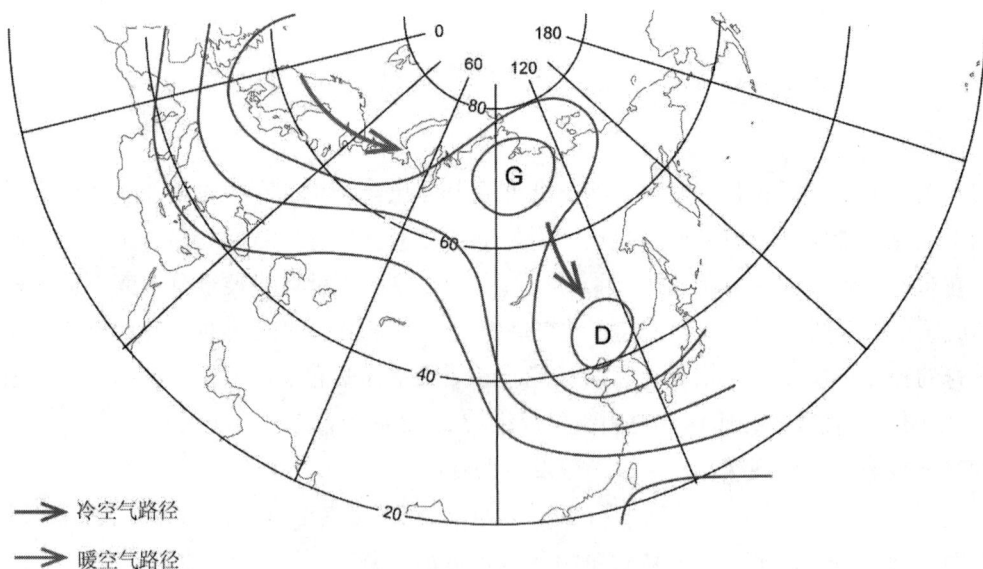

图 2-12 乌拉尔主槽东移高纬反气旋打通型冷夏的天气过程示意图

（彭小峡等，1983）

四、贝加尔湖暖脊型

其特点是大西洋暖脊发展后，欧洲冷空气南下，导致乌拉尔高脊发展至贝加尔湖，并向东北方向伸展后稳定，形成贝加尔湖-雅库茨克暖高压，脊前有东北气流，冷空气沿超极地路径南下，在我国东北形成横槽产生冷涡，进而引起夏季低温（图2-13）。

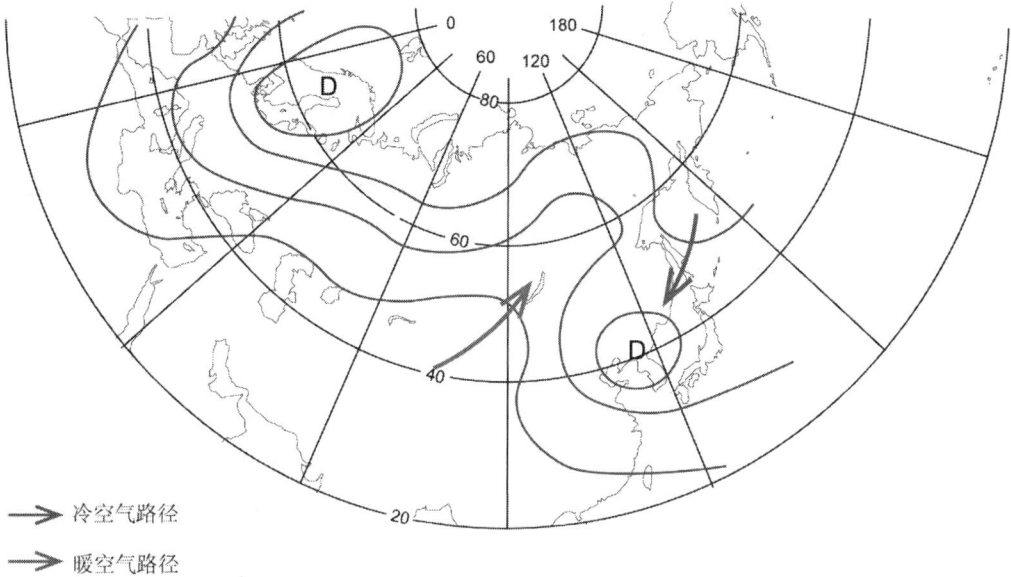

图 2-13 乌拉尔主槽东移高纬反气旋打通型冷夏的天气过程示意图
（彭小峡等，1983）

第四节 东北典型冷害年的气象学特征

东北三省是中国水稻的主产区，稻米商品率高，品质好，在中国乃至世界上都有重要的地位。而该地区由于地理纬度较高、气候冷凉、无霜期短，导致低温冷害发生频率高、强度大、范围广（檀艳静等，2013）。高纬度的地理条件和季风气候导致的阶段性低温，是东北三省水稻生产潜力发挥的主要限制因素（王春乙和郭建平，1999）。

一、历史典型冷害年的冷害情况

根据《中国气象灾害大典》(黑龙江卷、吉林卷、辽宁卷)(1950—2000 年)历史低温冷害记载（中国气象灾害大典编委会，2005；2007；2008）。1909—2000 年间，黑龙江省共出现 27 次夏季低温和低温冷害，约占总年数的 29.6%，平均 3 年左右出现一次，较重的冷害有 10 次，占总低温年的 37%。20 世纪 50 年代到 70 年代末低温冷害较严重，造成大幅度减产；80 年代以来，随着气候变暖，低温明显减少，偶尔出现阶段低温、地域性低温。吉林省的冷害平均3～4 年出现一次，但年际变化较大；20 世纪 50 年代以来，全省性的严重低温冷害主要有 5年，分别是 1954、1957、1969、1972 和 1976 年。20 世纪 50 年代至 70 年代中期处于作物生长季气温的冷周期内，因此低温冷害频繁发生，平均每5年就有一次全省性的严重低温冷害；20世纪80年代以后，作物生长季的气温进入暖周期，只有东部地区有区域性低温冷害发生。低温冷害导致减产幅度最大的是水稻，平均减产34.5%。新中国成立以来的严重延迟型低温冷害年有1954、1957、1969、1972和1976年。主要障碍型低温冷害年有1954、1964、1971、1980、1982、1986、1988、1990、1993和1998年；1949—1985年，辽宁省共出现10次低温冷害，即1954、1956、1957、1966、1969、1972、1974、1976、1979和1980年，发生频率为30%，平均3～4年一遇；其中严重低温冷害年有1954、1957、1969、1972和1976年，发生频率为12.50%，平均8年一遇。随着北半球气温的明显增暖，辽宁省从70年代末至1985年未出现大范围的严重低温冷害年，而且低温冷害年具有向邻近年连续的特点。

20世纪50年代至80年代期间，东北三省冷害发生频次多、区域广，对水稻产量影响大。1954年水稻孕穗期发生2次强降温，致使主产区多数县的水稻减数分裂期遇到了严重的障碍型冷害，同时该年又遇到严重的延迟型冷害，导致水稻大幅度减产，吉林省受灾最重的延边地区水稻近于绝收。1957年7—9月气温持续特低或偏低，吉林省大部分地区发生障碍型冷害和严重的延迟型冷害。1969年为严重的延迟型冷害年，且后期早霜，水稻成熟度较差，部分地区还发生了障碍型冷害。1972年6月气温特低，黑龙江省作物生育期延迟而遭霜冻，全省冷害面积较大，强度为1949年以来最强；吉林省5月、6月份气温偏低，7月气温偏高，8月、9月气偏低或特低，大部分地区发生了严重延迟型冷害，部分地区发生了障碍型冷害；辽宁省大部地区（主要是辽东地区）8月、9月全省平均气温较常年同期低1～2℃，抚顺地区水稻减产44.50%，本溪地区水稻减产37.80%，丹东地区水稻减产30.70%。1976年6月和8月黑龙江省出现低温，6月平均低1～2℃，比上一年低2～3℃，8月气温低2～3℃，比1972年还低0.2℃，历史罕见，为新中国成立以来同期最低；吉林省5—9月平均气温均比常年偏低，平均低3.3℃，相当于比常年5—9月积温低101℃·d，四平地区、吉林、通化地区大部分市县、长春、延边地区一部分市县达到了严重低温冷害标准，大部分地区发生了严重的延迟型冷害，部分地区发生了障碍型冷害；辽宁省属于严重冷害年，部分地区水稻发生延迟型冷害，导致生育期普遍推迟，在霜前未能完全成熟。

1980年代，10年间东北每年都有冷害发生记载，冷害发生县份多、区域面积大的年份有1981、1983、1985、1986、1987和1989年，例如1981年吉林有12个县、黑龙江4个地区（佳木斯、牡丹江、伊春、松花江）9个县、辽宁东、北大部分地区都发生水稻延迟冷害；1983年6—7月吉林出现低温冷害，罗子沟等4县发生严重水稻延迟型冷害，白城、镇赉等5县发生一般延迟冷害；6月黑龙江出现全省异常低温，缓苗期延长7～10 d，拔节期晚5～7 d；1987年黑龙江17个县（黑河大部分县），吉林西北部地区、辽宁北、东和中部以北大部分地区都发生冷害。

1990年代，1991年黑龙江北部（黑河）、1992、1993和1995年冷害区域面积大。1992年6—8月，吉林大安、舒兰、图们、扶余、前郭遭受低温冷害影响，黑龙江降温幅度大，低温影响范围广；辽宁各地气温持续偏低，秧苗生长缓慢，发育期普遍推迟。1993年，黑龙江6—7月全省低温寡照，水稻生育期偏晚；吉林延边、和龙等6个县出现低温冷害。1995年5月吉林发生倒春寒和阶段性低温；辽宁受倒春寒和9月初霜冻影响，前期插秧推迟、生育期拖后（7 d），9月后期未成熟遭受霜冻；黑龙江3—6月都出现低温时段，持续时间长，作物生长缓慢，全省生育期普遍偏晚半个月左右，9月初霜早、强，影响范围广，霜冻危害大。

2000年代，冷害记载年份较少，2002、2003、2006和2009年东北三省发生严重的冷害，减产在20%以上（王绍等，2009）。2002年黑龙江省夏季出现了5个低温时段，主要在黑龙江中东部，黑龙江6—8月受降温影响，低温时段明显，水稻延迟型冷害及障碍型冷害并发，对水稻影响最重，水稻减产20%，发生地区以东部最为严重，中部次之，西部无冷害。2003年吉林省东部地区出现了2次严重的低温时段，水稻受害严重，其中延边州水稻减产50%左右（王绍等，2009）。2006年7月下旬黑龙江省和吉林省水稻发生大面积冷害，造成减产。2009年受东北冷涡和多雨寡照天气影响，6—7月东北地区中北部持续低温阴雨，黑龙江、吉林区域平均气温为1984年以来历史同期最低值，出现阶段性罕见低温冷害。最近的2019年，黑龙江和吉林的大部分地区在6—8月出现严重的延迟型冷害。

二、典型冷害年的气温分布

为了明确冷害年的气象学特征，分析了1969、1972、1976、1981、1982、1993和2002年这7个典型的冷害发生年，佳木斯，绥化，白城，延吉和本溪的逐日平均温度和平均最低温度的变化情况。具体如下：

1969年5月3日至月末各站点与常年同期相比均温度偏低，佳木斯和绥化日平均气温比常年同期分别偏低0.9~10.0 ℃和0.7~9.2 ℃，白城和延吉日平均气温比常年同期分别偏低0.3~5.8 ℃和0.6~10.2 ℃，本溪日平均气温比常年同期偏低0.2 ℃~6.6 ℃。导致水稻生长前期发生了严重的延迟型冷害，水稻生长后期又遇到了早霜，使籽粒成熟不完全，最终影响水稻产量（图2-14）。

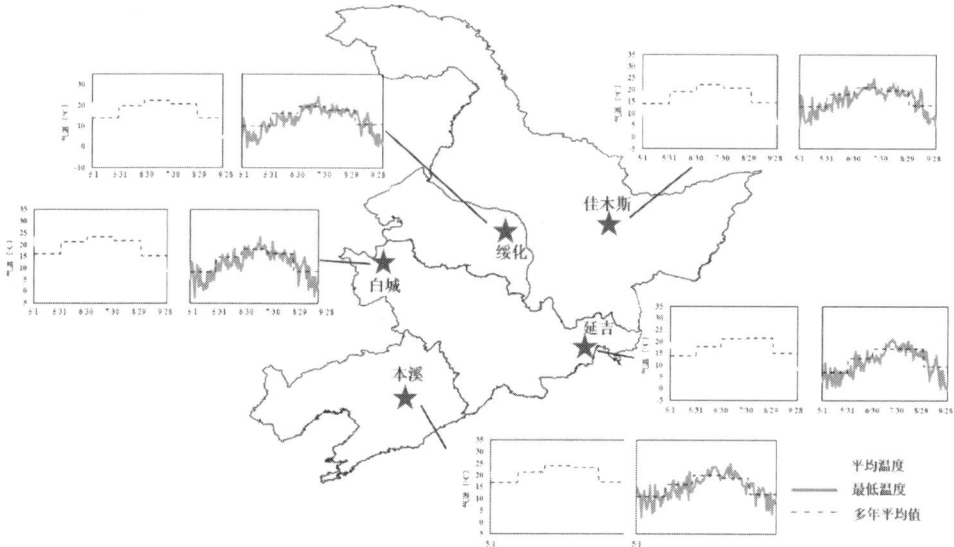

图2-14 1969年5—9月东北三省逐日气温变化趋势

1972 年 6 月 8—30 日各站点与常年同期相比均温度偏低，佳木斯和绥化日平均气温比常年同期分别偏低 0.8 ~ 8.4 ℃和 0.3 ~ 7.9 ℃，白城和延吉日平均气温比常年同期分别偏低 0.3 ~ 8.3 ℃和 0.6 ~ 5.6 ℃，本溪日平均气温比常年同期偏低 0.1 ~ 4.6 ℃，水稻生长前期发生了严重的延迟型冷害。8 月、9 月气温整体比常年低，影响籽粒灌浆（图 2-15）。

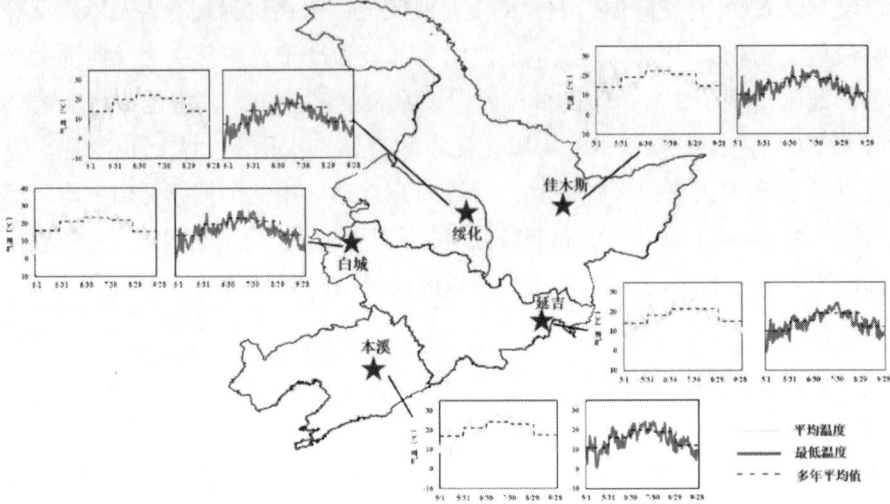

图 2-15 1972 年 5—9 月东北三省逐日气温变化趋势

1976 年 6 月 8—30 日各站点与常年同期相比均温度偏低，佳木斯和绥化平均气温比常年同期平均偏低 0.99 ℃和 0.98 ℃，白城和延吉日平均气温比常年同期平均偏低 1.99 ℃和 1.96 ℃，本溪日平均气温比常年同期平均偏低 2.39 ℃。8 月 11—24 日出现阶段性低温，影响水稻开花授粉，造成障碍型冷害，使水稻减产严重（图 2-16）。

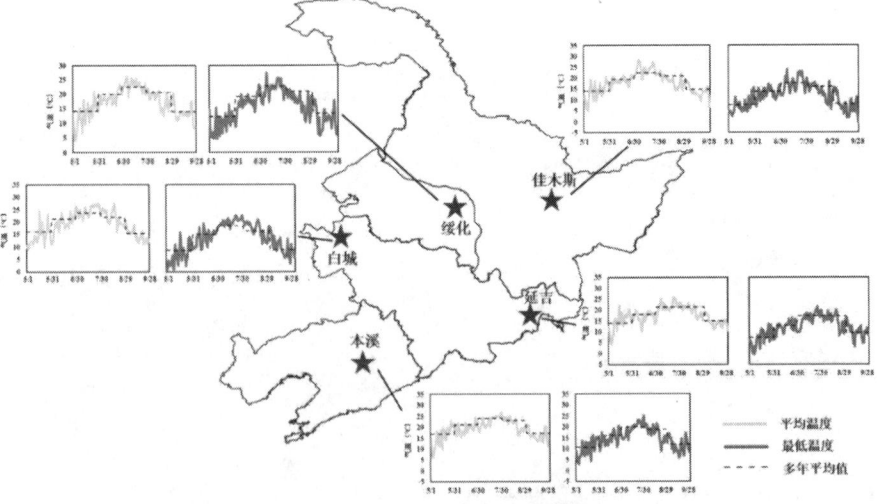

图 2-16 1976 年 5—9 月东北三省逐日气温变化趋势

1981 年 6 月 20 日—7 月 9 日和 8 月各站点与常年同期相比均温度偏低，佳木斯平均气温比常年同期平均偏低 2.94 ℃和 1.97 ℃，绥化平均气温比常年同期平均偏低 1.63 ℃和 2.40 ℃，白城平均气温比常年同期平均偏低 1.39 ℃和 1.73 ℃，延吉日平均气温比常年同期平均偏低

1.04 ℃和 1.42 ℃，本溪日平均气温比常年同期平均偏低 0.51 ℃和 1.46 ℃（图 2-17）。

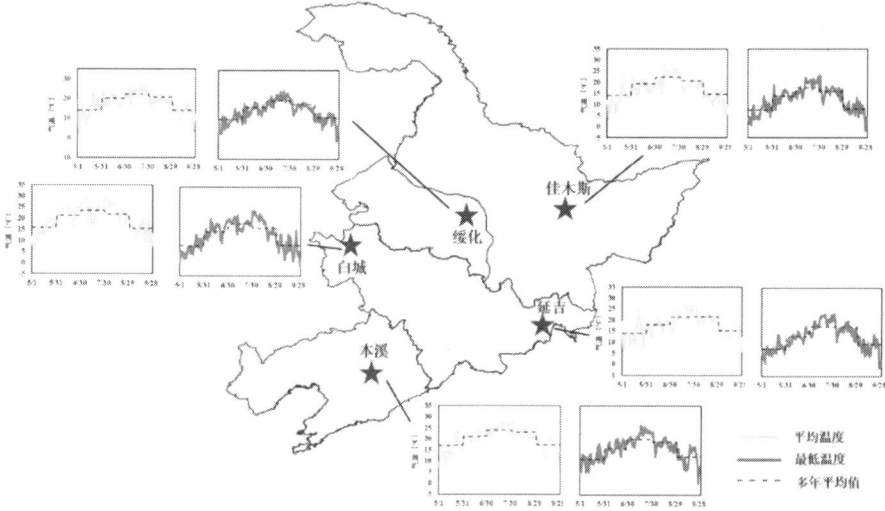

图 2-17 1981 年 5—9 月东北三省逐日气温变化趋势

1982 年 7 月发生阶段性低温，佳木斯 7 月 16—20 日，日平均气温比常年同期平均偏低 3.50 ℃，7 月 16 日平均温度低达 16.9 ℃；绥化平均气温比常年同期平均偏低 3.43 ℃，7 月 18 日平均温度低达 18.4 ℃；白城 7 月 16—20 日，日平均气温比常年同期平均偏低 5.17 ℃，7 月 16 日平均温度低达 16.9 ℃；延吉日平均气温比常年同期平均偏低 3.18 ℃，7 月 16 日平均温度低达 16.3 ℃；本溪 7 月 11—30 日，平均气温比常年同期平均偏低 1.21 ℃（图 2-18）。

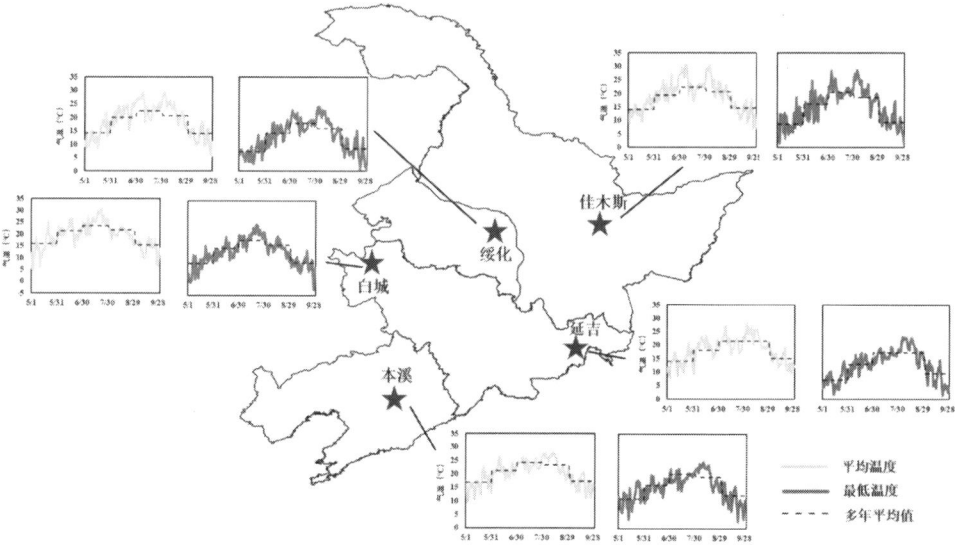

图 2-18 1982 年 5—9 月东北三省逐日气温变化趋势

1993 年 6—8 月照常年气温偏低，佳木斯月平均气温比常年同期平均偏低 0.66、0.18 和 0.72 ℃，绥化平均气温比常年同期平均偏低 0.89 ℃、0.10 ℃和 0.91 ℃，白城月平均气温比常年同期平均偏低 1.42 ℃、1.32 ℃和 2.15 ℃，7 月 16 日平均温度低达 16.9 ℃，延吉日平均气温比常年同期平均偏低 1.23 ℃、0.45 ℃和 1.20 ℃，本溪日平均气温比常年同期平均偏低

0.83 ℃、1.34 ℃和 1.67 ℃（图 2-19）。

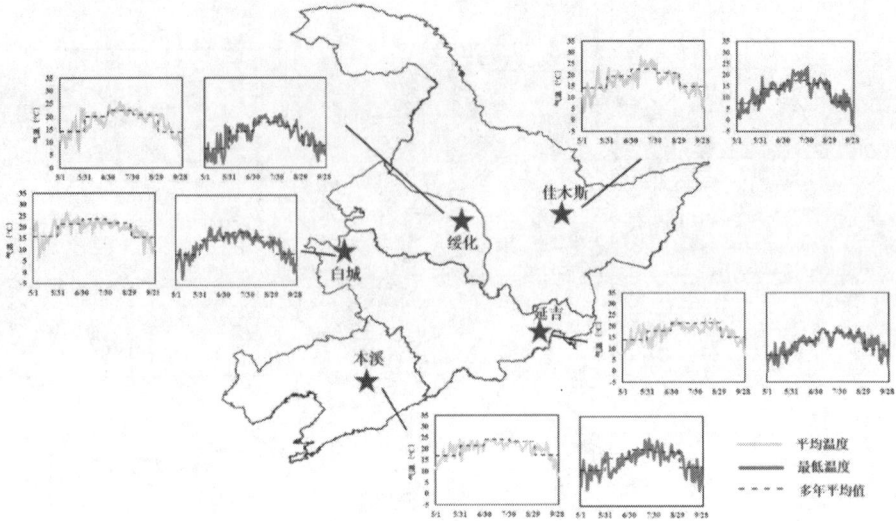

图 2-19 1993 年 5—9 月东北三省逐日气温变化趋势

2002 年 6 月和 8 月照常年气温偏低，且 7 月中旬发生阶段性低温，使水稻发生障碍型冷害。佳木斯 6 月和 8 月月平均气温比常年同期平均偏低 1.32 ℃和 1.63 ℃，7 月 13 至 25 日发生了两次低温，比常年同期平均偏低 2.35 ℃，其中 7 月 13—16 日和 7 月 20 日，日平均气温低达 17.8 ℃、17.0 ℃、17.7 ℃和 17.9℃；绥化 6 月和 8 月月平均气温比常年同期平均偏低 1.1 ℃和 1.31 ℃；白城 6 月和 8 月月平均气温比常年同期平均偏低 0.91 ℃和 0.10 ℃；延吉 6 月和 8 月月平均气温比常年同期平均偏低 0.24 ℃和 0.85 ℃，7 月 13—25 日发生了两次低温，比常年同期平均偏低 2.58 ℃，其中 7 月 23—24 日日平均气温均低达 17.3 ℃；本溪 6 月和 8 月月平均气温比常年同期平均偏低 1.20 ℃和 1.05 ℃（图 2-20）。

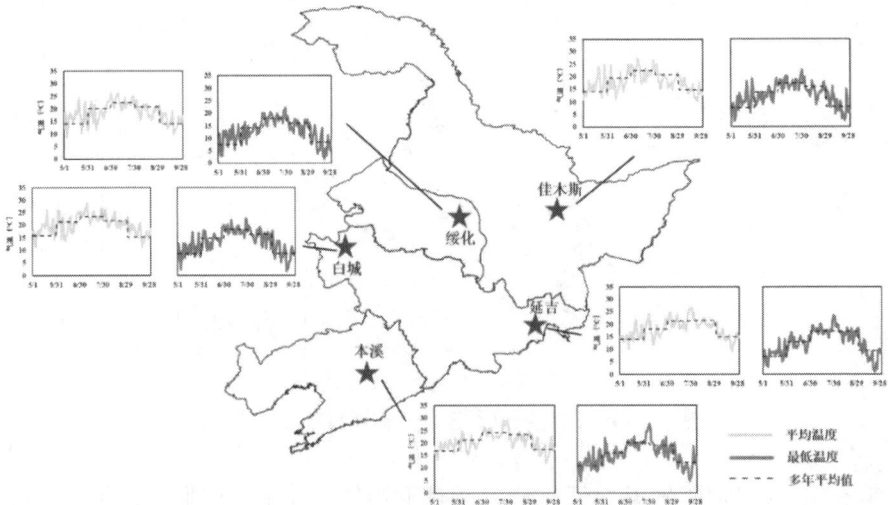

图 2-20 2002 年 5—9 月东北三省逐日气温变化趋势

三、典型冷害年的日照分布

东北三省日照时数在空间分布上呈西高东低的分布特征（石延英等，2020），本研究的五个站点呈现相同的特征。1969年佳木斯5月、6月和8月平均日照时数较常年分别偏低1.54 h、0.16 h和2.11 h，绥化8月平均日照时数较常年1.57 h，白城6月和8月平均日照时数较常年分别偏低0.47 h和0.86 h，延吉5月、6月和8月平均日照时数较常年分别偏低1.31 h、1.83 h和0.83 h，本溪月平均日照时数与常年相当（图2-21）。

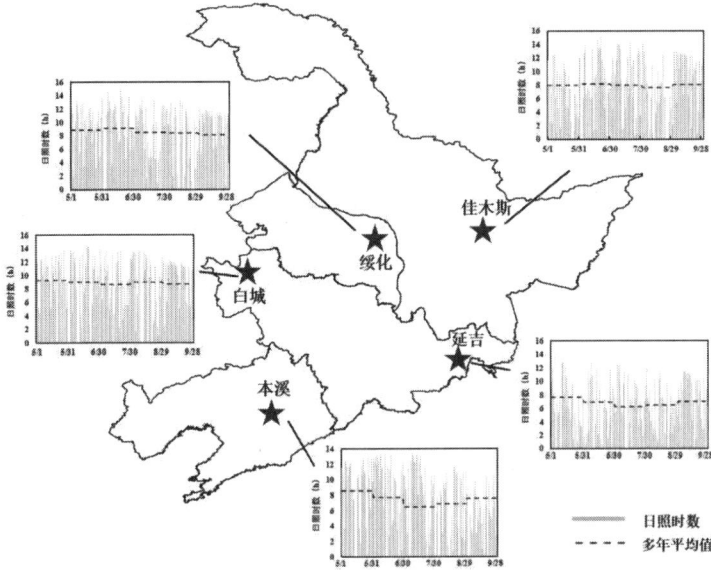

图2-21　1969年5—9月东北三省逐日日照时数变化趋势

1972年佳木斯9月平均日照时数较常年偏低1.63 h，绥化6月和9月月平均日照时数较常年分别偏低0.77 h和1.58 h，白城9月平均日照时数较常年偏低0.97 h，延吉8月和9月月平均日照时数较常年分别偏低0.82 h和2.28 h，本溪8月和9月月平均日照时数较常年分别偏低0.92 h和2.32 h（图2-22）。

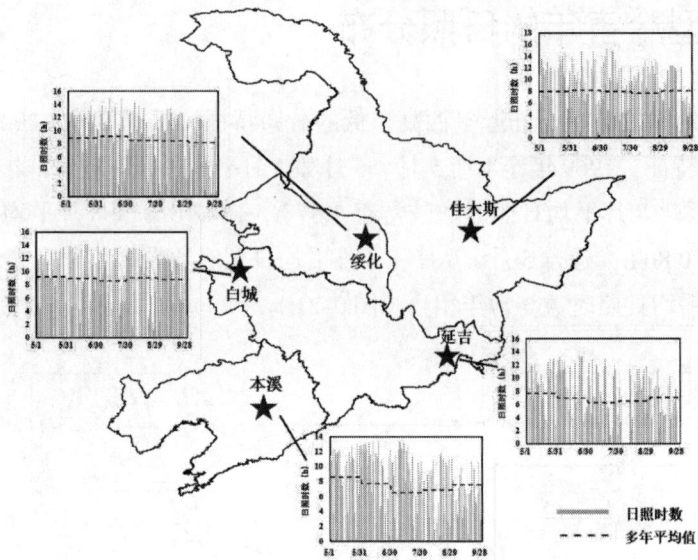

图 2-22 1972 年 5—9 月东北三省逐日日照时数变化趋势

1976 年佳木斯 5 月和 9 月平均日照时数较常年分别偏低 0.63 h 和 0.8 h，绥化 5 月和 8 月平均日照时数较常年分别偏低 0.86 h 和 0.10 h，白城 5 月、6 月、8 月和 9 月平均日照时数较常年分别偏低 1.44 h、2.26 h、0.02 h 和 0.49 h，延吉 6 月和 9 月平均日照时数较常年分别偏低 0.56 h 和 1.28 h，本溪 5—9 月月平均日照时数均较常年分别偏低 0.86 h、2.91 h、2.36 h、1.67 h 和 0.49 h（图 2-23）。

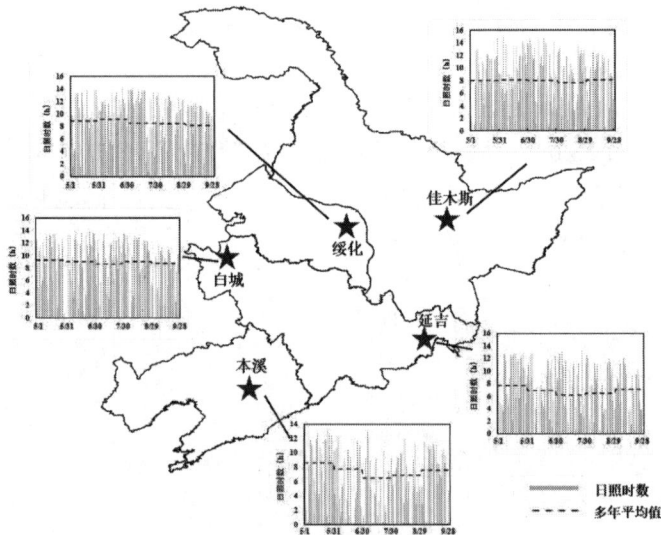

图 2-23 1976 年 5—9 月东北三省逐日日照时数变化趋势

1981 年佳木斯 6 月、8 月和 9 月平均日照时数较常年分别偏低 1.04 h、1.98 h 和 0.53 h，绥化 7 月和 8 月平均日照时数较常年分别偏低 0.09 h 和 1.11 h，白城 5 月和 7 月平均日照时数较常年分别偏低 0.94 h 和 1.06 h，延吉 5- 9 月平均日照时数均较常年分别偏低 1.01 h、0.69 h、

0.47 h、0.28 h 和 0.17 h，本溪 5 月和 7 月月平均日照时数较常年分别偏低 1.99 h 和 1.16 h（图 2-24）。

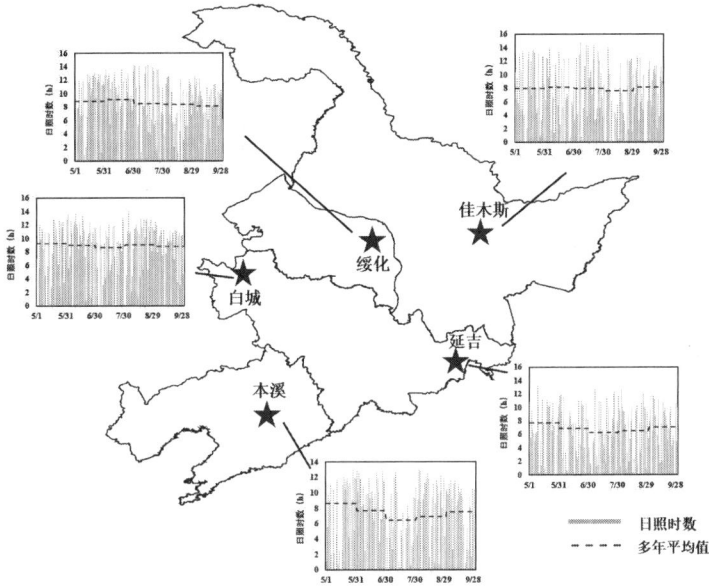

图 2-24 1981 年 5—9 月东北三省逐日日照时数变化趋势

1982 年佳木斯 9 月平均日照时数较常年偏低 0.98 h，绥化 8 月和 9 月平均日照时数较常年分别偏低 0.09 h 和 0.83 h，白城 5—8 月平均日照时数较常年分别偏低 1.29 h、0.70 h、2.08 h 和 1.86 h，延吉 5 月和 7 月平均日照时数较常年分别偏低 0.34 h 和 0.03 h，本溪 5 月、7 月、8 月和 9 月月平均日照时数较常年分别偏低 2.34 h、0.09 h、0.42 h 和 0.57 h（图 2-25）。

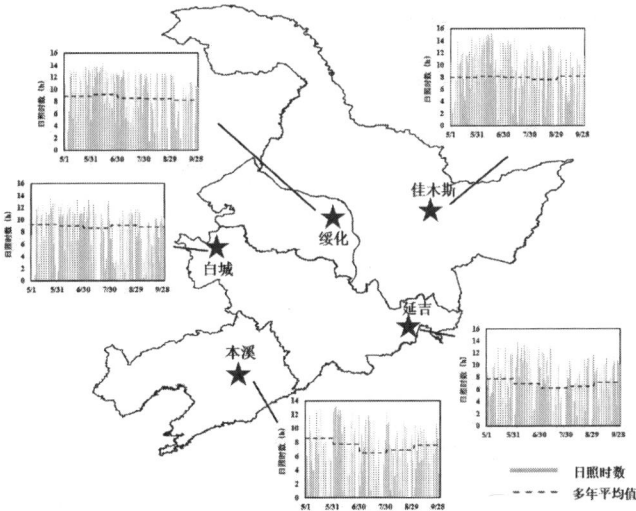

图 2-25 1982 年 5—9 月东北三省逐日日照时数变化趋势

1993 年佳木斯 6 月、8 月和 9 月平均日照时数较常年分别偏低 0.57 h、0.40 h 和 1.81 h，绥化 6 月、7 月、8 月和 9 月平均日照时数较常年分别偏低 3.21 h、1.78 h、1.83 h 和 0.87 h，白城 5 月、6 月、8 月和 9 月平均日照时数较常年分别偏低 0.07 h、1.79 h、0.82 h 和 1.07 h，延吉 6 月、7 月、8 月和 9 月平均日照时数较常年分别偏低 2.45 h、1.05 h、1.84 h 和 0.85 h，本溪 6 月、7 月、8 月和 9 月月平均日照时数较常年分别偏低 0.65 h、0.61 h、1.74 h 和 0.75 h（图 2-26）。

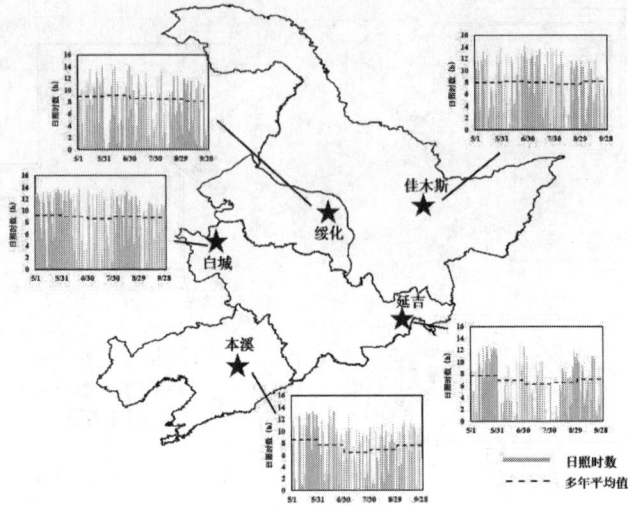

图 2-26 1993 年 5—9 月东北三省逐日日照时数变化趋势

2002 年佳木斯 6 月、7 月、8 月和 9 月平均日照时数较常年分别偏低 1.17 h、0.91 h、1.86 h 和 0.43 h，绥化 6 月、7 月和 8 月月平均日照时数较常年分别偏低 0.77 h、0.08 h 和 1.15 h，白城 5 月、6 月、7 月和 8 月平均日照时数较常年分别偏低 0.36 h、2.24 h、1.33 h 和 0.07 h，延吉 5 月、6 月、8 月和 9 月平均日照时数较常年分别偏低 0.07 h、1.79 h、0.82 h 和 1.07 h，本溪月平均日照时数与常年相当（图 2-27）。

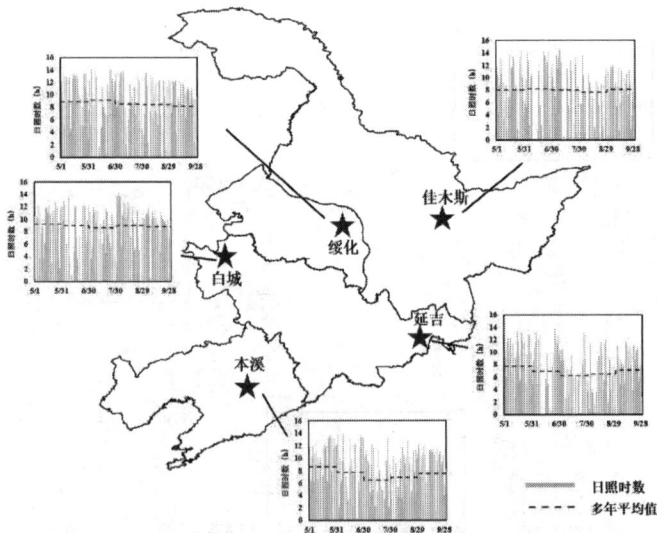

图 2-27 2002 年 5—9 月东北三省逐日日照时数变化趋势

参考文献

[1]王绍武，赵宗慈.中国夏季低温冷害.资源科学，1985：54-59.

[2]章名立，符淙斌，王铭如，等.七十年代全球地面气温的初步研究（三）——我国东北冷、暖夏年全球温度场的分布.大气科学，1983，7（1）：23-32.

[3]刘育生，智景和，周珍华.东北夏季气温的周期变化规律及低温的群发性.东北夏季低温长期预报文集.北京：气象出版社，1983，17-21.

[4]姚佩珍.近四十年东北夏季低温冷害的气候特征.灾害学，1995，10（1）：51-56.

[5]王敬方，吴国雄.持续性东北冷夏的变化规律及相关特征.大气科学，1997，21（5）：523-532.

[6]刘传凤，高波.东北夏季低温冷害气候特征分析.吉林气象，1999，1：2-5.

[7]东北低温长期预报方法和理论的研究技术组.对东北夏季低温长期预报问题的初步认识//东北夏季低温长期预报文集.北京：气象出版社，1983：1-8.

[8]东北低温科研协作组.东北地区冷、热夏季的环流特征和海温状况的初步分析及长期预报//东北夏季低温长期预报文集.北京：气象出版社，1983：103-126.

[9]丁士晟.东北地区夏季低温的气候分析及其对农业生产的影响.气象学报，1980，38（3）：234-242.

[10]章名立，符淙斌，王铭如，等.七十年代全球地面气温的初步研究（一）——七十年代全球地面气温的特征和我国东北低温冷害.大气科学，1982，6（3）：229-236.

[11]东北低温研协组.东北地区冷夏、热夏长期预报的初步研究.气象学报，1979，37（3）：44-58.

[12]吉林省气象台，吉林市气象台.100毫巴极涡和南亚高压的活动与东北夏季低温的关系.气象学报，1981，39（4）：483-494.

[13]白人海，郭家林.用北半球500毫巴高度距平六个月滑动图分析黑龙江省夏季低温过程//东北夏季低温长期预报文集.北京：气象出版社，1983：148-157.

[14]许致远，白人海，魏松林.北太平洋海温异常与黑龙江省夏季低温的联系及其长期预报.海洋学报，1982，4（2）：169-174.

[15]潘华盛，董淑华.两种类型的厄尔尼诺事件对大气环流及黑龙江省低温洪涝灾害的影响.自然灾害学报，1998，7（2）：61-66.

[16]符淙斌.北半球冬春冰雪面积变化与我国东北地区夏季低温的关系.气象学报，1980，38（2）：187-192.

[17]王绍武，朱宏.东亚的夏季低温与厄·尼诺.科学通报，1985，17：1323-1325.

[18]曾昭美，章名立.热带东太平洋关键区海温与中国东北地区气温的关系.大气科学，1987，11（4）：382-389.

[19]王绍武，龚道溢.近百年来的ENSO事件及其强度.气象，1999，25（1）：9-13.

[20]刘永强，丁一汇.ENSO事件对我国季节降水和温度的影响.大气科学，1995，19（2）：

200-208.

[21]郑维忠，倪允琪.热带和中纬太平洋海温异常对东北夏季低温冷害影响的诊断分析研究.应用气象学报，1999，10（4）：394-401.

[22]廉毅，安刚.东亚季风 El Niso 与中国松辽平原夏季低温关系初探.气象学报，1998，56(6): 724-735.

[23]刘实，王宁.前期 ENSO 事件对东北地区夏季气温的影响.热带气象学报，2001，17(3): 314-319.

[24]Zhang Y, Wallac J M, Battisti D S. ENSO-like interdecadal variability: 1900-93. Climate, 1997, 10: 1004-1020.

[25]Mantua N J, Hare S R, Zhang Y, et al. A pacific interdecadal climate oscillation with impacts on salmon production. Bull Amer Meteor, 1997. 78: 1069-1079.

[26]杨修群，朱益民，谢倩，等.太平洋年代际振荡的研究进展.大气科学，2004，28(6)：979-992.

[27]朱益民，杨修群.太平洋年代际振荡与中国气候变率的联系.气象学报，2003，61(6): 641-654.

[28]彭小峡，郭家林，徐爱华.高纬阻高的稳定维持与东北夏季低温.东北夏季低温长期预报文集.北京：气象出版社,1983: 183-192.

[29]石延英，郭尔静，张镇涛，等.东北三省水稻生长季农业气候资源及障碍型冷害的时空特征.应用生态学报，2020，31(05): 1625-1635.

[30]檀艳静,张佳华,姚凤梅,等.中国作物低温冷害监测与模拟预报研究进展.生态学杂志，2013，32(07): 1920-1927.

[31]王春乙，郭建平.东北地区农作物热量年型的划分及指标的确定农作物低温冷害防御技术，北京：气象出版社，1999.

[32]王绍，马树庆，陈莉，等.低温冷害.北京：气象出版社，2009.

[33]中国气象局.水稻冷害评估技术规范(QX/T182—2013).北京: 气象出版社, 2013

[34]中国气象灾害大典编委会. 中国气象灾害大典(黑龙江卷). 北京: 气象出版社, 2007: 8

[35]中国气象灾害大典编委会. 中国气象灾害大典(吉林卷). 北京: 气象出版社, 2008: 6

[36]中国气象灾害大典编委会. 中国气象灾害大典(辽宁卷). 北京: 气象出版社, 2005: 4

（姜树坤、石延英、商全玉、孙兵、李明贤）

中篇

致灾机理篇

第三章 水稻生长发育初期的冷害

第一节 萌发期的冷害

水稻起源于热带和亚热带地区，所以比小麦、大麦等温带禾本科作物对低温更敏感（Qi et al, 2014）。冷害影响水稻的生长和发育，同时也影响水稻的种植范围。低温往往引起水稻种子萌发率降低，生长缓慢，进而导致出苗晚、出苗率低。我国东北地区始终面临着水稻萌发期低温冷害侵袭的问题。

一、低温萌发与生育前期性状的关系

低温萌发能力与苗高及秧苗干物质重量密切相关，前人研究发现低温萌发系数与苗期的株高、叶片长度和叶龄指数呈显著正相关；随着生育进程的推进，相关性减弱；低温萌发系数与叶鞘长、第2、3叶长度显著相关，但第4、5叶相关性减弱；低温萌发系数与叶龄指数及45天苗龄的苗期干物质重量呈极显著正相关（佐佐木多喜雄，1968）。粳稻品种的低温发芽能力还与生育初期的根数、最大根长、根重等早期根部性状间呈极显著正相关；由于低温萌发率与下部节间分蘖能力、成苗率、苗冠根干重比均呈极显著正相关，所以常常作为寒冷地区水稻直播的重要指标，但是其与上部节间的分蘖能力呈显著的负相关（佐佐木多喜雄，1968；1970）。低温萌发力强的品种在水稻生育前期表现出较高的叶面积指数和光合利用率（佐佐木多喜雄，1984）。

在早世代选育低温萌发能力强、早期生长快的材料是选育适宜直播品种的重要方法。同时，低温下快速萌发和低温下高出苗率也是温带地区水稻直播稳产的重要指标，低温下的出芽速度和种子胚重无明显相关性（秋田重诚等，1998）。Sharifi等（2010）研究发现萌发率和胚芽鞘及胚根长度间呈极显著正相关，低温显著影响萌发率和胚芽鞘及胚根的长度，低温导致萌发延迟。

二、水稻萌发的最低温度

水稻萌发低温处理一般选择8~15℃温度范围内的任一温度，不同品种萌发的最低温度不同，但一般认为在10℃左右（李霞等，2006）。井上重阳等（1935）分析了9个品种在10~42℃的种子萌发情况，确定了最低萌发温度为10℃左右，最适萌发温度为30~35℃，最高萌发温度42~44℃。50℃连续打破休眠7天，可增加种子的低温萌发能力。但也有学者研究，水稻10℃未发现萌发现象，13~14℃萌发略好，30℃萌发效果最好，但是温度过高效果反而不好（松田清胜，1930）。西山岩男等（1978）研究发现15~17℃是水稻种子萌发的温度拐点，10℃以下只有芽，10~15℃芽比根长，17~30℃根比芽长，大于30℃只长根。

三、萌发期冷害的评价方法

国外很早就开始了水稻耐冷性研究，我国始于上世纪 60—70 年代，但至今还没有统一的耐冷性鉴定方法及标准。低温萌发能力的评价指标，一般包括萌发率、最低萌发温度、平均萌发温度、平均萌发日数、萌发系数等众多指标，其中，萌发系数使用较多（李霞等，2006；韩龙植等，2004；Sasaki，1974；郑洪亮，2012）。

水稻萌发期主要采用低温发芽力作为鉴定指标之一，该指标是生产上直播水稻必须表现良好的耐冷性状之一。低温发芽力指的是低温胁迫下从水稻播种到发芽这一时间段内种子萌发的能力。水稻种子在鉴定之前，需要 45～50 ℃高温处理 2d 来打破休眠，然后将种子进行常规消毒和室内浸种，选择在 8～15 ℃范围的任一固定低温条件下处理 3～6 d（李霞等，2006）。韩龙植等（2004）采用盐水法选出颗粒饱满的种子，利用次氯酸钠消毒后清水清洗，置于45℃恒温箱内处理 2d 打破休眠。每个品种 50 粒种子的置入滤纸垫底的培养皿内，加入适量的蒸馏水，在 10 ℃的恒温箱内低温处理 14 d，以 25℃常温处理为对照组，逐日分别记录种子萌芽状态，三次重复。Sasaki et al.（1974）采用萌发的最低温度、固定日期内的种子发芽势、低温下的萌发率、萌发所需天数、低温下萌发率与常温下萌发率的相对比值、平均萌发天数、萌发系数以及达到某一萌发率所需的天数等来评价。目前低温萌发率是萌发期耐冷性评价最常用的指标之一，划分 1～9 个级别分类评价，其中 1 级代表品种耐冷性极强（萌发率超过 80 %），5 级代表品种耐冷性中等（萌发率区间在 60～79 %），9 级代表品种耐冷性极弱（萌发率低于 59%)（郑洪亮，2012）。Cruz et al.（2004）研究得出胚芽鞘和胚根在低温下的减少程度是评价水稻低温萌发能力的重要指标。日本学者选用在 15 ℃条件下连续处理 10 天的萌发系数作为评价水稻低温萌发耐冷性的重要指标，萌发系数越高耐低温萌发能力越强（金润州，1985）。金润州（1988）以 20 份吉林省水稻品种为材料，分别分析了 11 ℃、15 ℃、20 ℃、25 ℃和 30 ℃下的萌发情况，比较了温度对萌发率、萌发系数、平均萌发日数的影响，发现萌发率差异随着萌发日数的增加而变大，萌发系数的区分能力最稳定，平均萌发日数次之，萌发率最差。

四、萌发期耐冷的品种间差异

水稻可以分为亚洲栽培稻（普通栽培稻）和非洲栽培稻两类，普通栽培稻又可划分为籼、粳两个亚种，籼稻较粳稻对低温敏感。日本学者较早研究萌发期不同品种间差异，原岛重彦（1937）比较了 10 个水稻和 10 个陆稻品种在 15 ℃和 30 ℃的萌发情况，分别统计萌发达到 25 %、50 %和 75 %的时间。表明低温条件下陆稻的萌发能力强于水稻，糯稻的萌发能力强于粘稻，主要体现在低温发芽日数和低温发根日数。中村诚助（1938）比较不同熟期水稻的萌发情况发现，早稻最早，晚稻最晚，陆稻强于水稻。松本定夫等（1984）通过选用 15 ℃/7 d 的处理方法，分析了 151 份水稻材料的低温萌发能力，发现处理 7 天变异幅度最大，中国品种的低温萌发分布范围最广，日本、韩国和朝鲜的品种低温萌发能力较差，欧洲和美国采用直播栽培方式，因此其品种具有较强的低温萌发能力。中川原捷洋等（1984）选用 100 个品种进行 15 ℃低温处理，发现高纬度地区品种的低温萌发能力强。岡彦一（1954）分析不同水稻种子低温萌发能力差异，表明粳稻的最低萌发温度低于爪哇稻，日本粳稻的最低萌发温度为 11 ℃，印度爪哇稻为 17 ℃，高纬度品种的最低萌发温度低于低纬度品种。西川五郎等（1946）利用 15 ℃低温处理发现，中国的粳稻低温萌发能力好于中国籼稻和日本粳稻，三者的低温萌发能力显著强于印度稻。福嶌陽等（2017）发现在冷水条件下，品种间的差异主要体现在叶鞘的伸长特性上，最低萌发日数短的品种叶鞘长。Shakiba et al.（2017）利用 421 份全球水稻核心资源，鉴定了在 12 ℃处理 35 天的低温发芽能力，粳稻的低温萌发能力强于籼稻，热带粳稻大于温带粳稻大于籼稻。一井眞比古等（1988）发现可以根据种皮颜色鉴别水稻低温萌发能力，红色种皮的粳稻低温萌发能力强于白色种皮的粳稻，而籼稻中没有类似规律。Cruz et al（2004）针对巴西水稻低温萌发冷害的情况，研究认为水稻亚种内部存在广泛的变异，但总体上粳稻的低温萌发能力强于籼稻。金铭路等（2009）以 204 份中国水稻微核心种质为研究材料，在 14 ℃条件下处理 10 d 调查萌发情况，得出粳稻的低温萌发能力强于籼稻，筛选到 16 份萌发率 90 %以上的品种。杨志涛等（2017）将 377 份来自 56 个国家和地区的多样性水稻种质在 13 ℃低温下进行萌发测试，结果表明，粳稻组平均低温发芽率为 48.7 %，籼稻组为 33.6 %，Aus 稻组为 22.9 %，粳稻组低温发芽率极显著高于籼稻和 Aus 稻，籼稻低温发芽率显著高于 Aus 稻。陈惠哲等（2004）研究发现，北方杂草稻的低温萌发能力很强，11 ℃下仍可发芽，且发芽临界温度较低。孙世臣等（2010）采用人工气候箱模拟低温的方法，对黑龙江省 30 个主栽水稻品种进行 10 ℃萌发期低温鉴定，筛选出 4 份强低温萌发的品种。综上所述，国内外学者近半个世纪以来，一直都在寻找低温萌发力强的品种资源，先后鉴定出了赤毛、胆振早生、北斗、愛達、黑太邱、Italica Livorno、Novile、Padano、Taichung、Toga 1、Sangoku、京系 9 号、湘晚籼 13 号、通 88-7、攀天阁黑谷、东乡野生稻、昆明小白谷、丽江新团黑谷等强耐冷品种资源（李弘秖等，1969；Sharifi et al.，2010；Bosetti et al.，2012；松本定夫等，1984；上林美保子等，2013）。

五、萌发期冷害的生理基础

水稻萌发的生理基础主要与淀粉酶活性有关，淀粉酶活性越高，种子萌发就越快。种子萌发通常分为 3 个阶段，第一阶段是吸胀过程，第二阶段重新开启代谢过程，第三阶段是胚根突破周围结构的过程。低温萌发能力主要取决于种子萌发第二阶段的耐低温能力，代谢能力主要是和淀粉酶相关（图 3-1）（Bove et al.，2001）。李弘秖等（1969）研究了短日照、温度及激素处理上代水稻植株对种子低温萌发的影响，对上代植株进行短日处理可以显著提高低温萌发能力，有的品种前期短日处理比后期处理具有更好的效果，灌浆前期高温后期低温能够促进低温萌发，前期低温后期高温抑制低温萌发。一些品种在减数分裂期遇到低温会降低低温萌发能力。赤霉素和激动素等外源激素可以改善低温萌发能力。

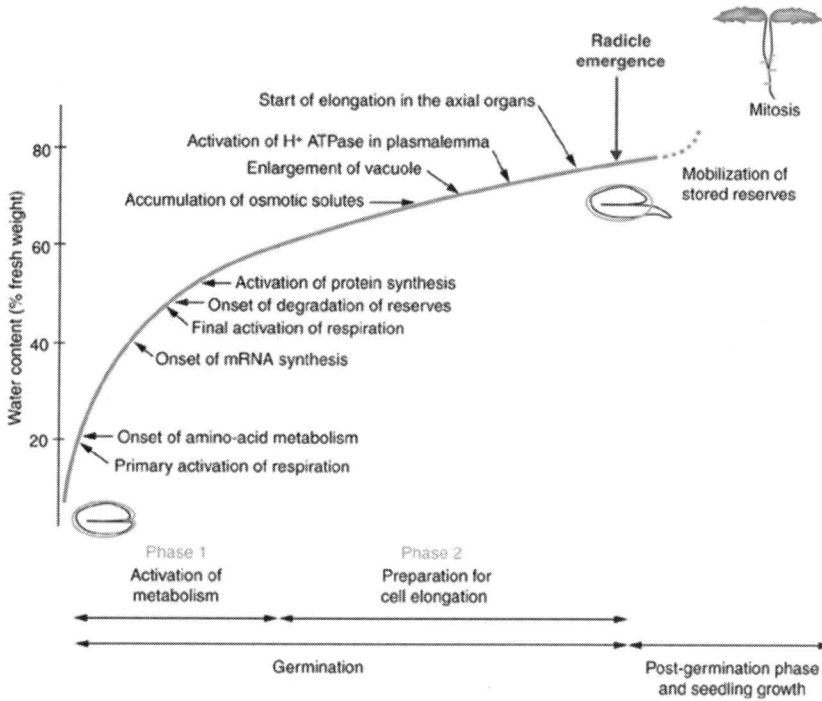

图 3-1 植物种子萌发过程及其生理活动
(Bove et al., 2001)

江铃等（2005）利用低温萌发强的品种 USSR5、日本陆稻 Hatanishiki 和低温萌发弱的品种密阳 23、N22 为试材研究发现，低温萌发力不同的品种对 ABA 的敏感性不同，低温处理能够提高对 ABA 的敏感性，也就是外源 ABA 可以抑制低温萌发能力，而外源 GA3 可以提高低温萌发能力，对低温萌发力弱的品种效果更明显。淀粉酶电泳结果显示水稻种子萌发时有 4 种酶带的淀粉酶起作用，其中酶带 2 在萌动初期降解淀粉，酶带 3 的变化与种子露白密切相关，酶带 3 出现越早，淀粉酶活性越高，萌发越快。此外，低温常常导致萌发延迟、叶绿素合成缓慢（Sthapit，1998）。Lee 等（2015）利用鸟枪蛋白组技术分析了耐冷材料通 88-7 和冷敏感密阳 23 的胚和胚芽鞘蛋白质组表达差异，研究发现耐冷和冷敏感材料的低温应答很相似，耐冷材料更多是通过提高应答通路的效率提高耐冷水平，而不是调用其它代谢途径，发现耐冷材料的耐冷能力强与赤霉素信号、蛋白质运输和 ABA 介导的逆境应答有关。

六、萌发期冷害的遗传基础

相关研究表明，低温萌发能力符合正态分布，属于典型的数量性状（Fujino et al., 2004; Fujino et al., 2015; Wang et al., 2018）。低温萌发能力的强弱主要取决于母本，遗传力较强，可在早世代进行选择（Sthapit et al.,1998；佐々木多喜雄，1979）。早期的遗传研究表明低温萌发能力与 d_2、wx、$d6$ 和 $I–Bf$ 连锁，分布在水稻第 1、6、7 和 9 号染色体上（Sasaki et al., 1973）。Cruz et al.（2006）利用传统双列杂交方法研究了水稻低温萌发的遗传规律，发现低温萌发由 4

个或者以上的显性基因控制，加性和非加性效应也参与了低温萌发的调控。近年来，随着分子标记技术的发展，研究人员构建了大量重组自交系、双单倍体系、回交自交系和近等基因系等群体用于低温萌发 QTL 的鉴定。同时，研究人员还利用遗传多样性更加丰富的自然群体进行低温萌发位点的挖掘。通过这两种策略，人们鉴定了大量的低温萌发 QTLs（图 3-2）。Fujino et al.（2015）利用北海道的 63 个品种进行了低温萌发率的 GWAS 分析，共检测到 17 个 QTL。Wang et al.（2018）利用 137 份韩国水稻核心种质资源，评价了 13 ℃处理 15 天的低温发芽能力，在 10 号和 11 号染色体上鉴定 2 个 QTL。Borjas et al.（2016）利用美国杂草稻和高产栽培稻的 RIL 群体进行了低温萌发的 QTL 挖掘，鉴定了 13 ℃处理 7 天的低温发芽能力，共检测到 3 个 QTL。Fujino et al.（2004）利用 Italica Livorno 和 Hayamasari 构建的 BIL 群体鉴定了 15 ℃处理 7 天的低温发芽能力，共检测到 3 个 QTL，分布在第 3 和 4 号染色体上。Miura et al.（2001）利用日本晴和 Kasalath 的回交重组自交系群体，鉴定了 15 ℃处理 4 天的低温发芽能力，共检测到 5 个 QTL，分布在第 2、4、5 和 11 号染色体上。滕胜等（2001）利用窄叶青 8 号和京系 17 衍生的 DH 群体，检测到 2 个 QTL。姜旋等（2005）利用 Lement 和特青构建重组自交系群体，鉴定在 15 ℃处理的低温萌发能力，共检测到 7 个 QTL。纪素兰等（2007，2008）以 15 ℃作为水稻种子耐低温发芽性的鉴定温度，并以芽长或根长 ≥1 mm 为萌发标准，共检测到 11 个 QTL，其中 *qLTG7* 和 *qLTG11* 可在 3 个环境中稳定表达，最大贡献率达到 27.93 %。胡涛等（2008）利用东乡野生稻和超级稻沈农 265 构建回交重组自交系群体，鉴定出 15 个 QTL。韩龙植等（2006）在 14 ℃条件下鉴定萌发 7d、11d、14d 和 17d 时低温发芽势，在 1、2、3、5、6、7、8 和 11 号染色体上检测到 9 个 QTL。侯名语等（2004）鉴定了 15 ℃处理 10 天的低温发芽能力，共检测到 5 个 QTL。Wang et al（2009）利用 IR28 和大关稻的 RIL 群体，鉴定了 18、20、23 天的低温发芽能力，在 4 号染色体上检测到了 2 个 QTL。Li et al（2011）利用 143 个日本晴背景下的珍汕 97 染色体片段代换系，检测到 4 个 QTL，分布在 2、5、6 和 10 号染色体上。Ji et al.（2009）利用 Asominori 和 IR24 的重组自交系群体，在 15 ℃下鉴定了 6 ~ 14 天的低温发芽能力，共定位了 5 个 QTL。Satoh et al.（2016）筛选低温萌发率高、低温萌发速度快的品种，检测到 4 个 QTL，分布在第 1、3 和 11 号染色体上。

虽然水稻低温发芽力 QTL 广泛分布于全基因组，但是其遗传机制复杂，研究进展缓慢，目前，精细定位的仅有 2 个水稻低温萌发 QTL，分别是 *qLTG3-1*（Fujino et al., 2018）和 *qLTG9*（Li et al., 2013），精细定位的区间分别为 4.8 kb 和 72.3 kb。2018 年，Fujino et al. 成功克隆了 *qLTG3-1* 并进行了功能验证，*qLTG3-1* 编码一个包含 GRP 结构域和 LTP 结构域的蛋白产物。不耐冷品种中的 *qLTG3-1* 基因发生 71 bp 的缺失，造成移码突变。其表达不受低温诱导，通过比较近等基因系的基因表达差异，共鉴定了 4 587 个基因，这些基因大部分参与种子的萌发和种子逆境应答（Fujino et al., 2010）。组织切片分析表明，*qLTG3-1* 在种皮的糊粉层和覆盖胚芽鞘的上胚层特异表达，通过调节这些组织的细胞液泡化，引起这些组织的松弛而提高种子在低温下的萌发势。但关于 GRP 结构域和 LTP 结构域是通过什么机制来调节细胞液泡化，进而调控低温萌发的机制仍不清楚。另一个克隆的调控低温萌发的基因是 *OsSAP16*，位于 7 号染色体，是利用水稻自然种质进行 GWAS 分析挖掘到的。研究发现，*OsSAP16* 的功能缺失降低了水稻种子的萌发率，而高表达 *OsSAP16* 则增强了低温条件下的萌发率，

OsSAP16 调控低温萌发的相关机制目前也不清楚（Wang et al., 2018）。

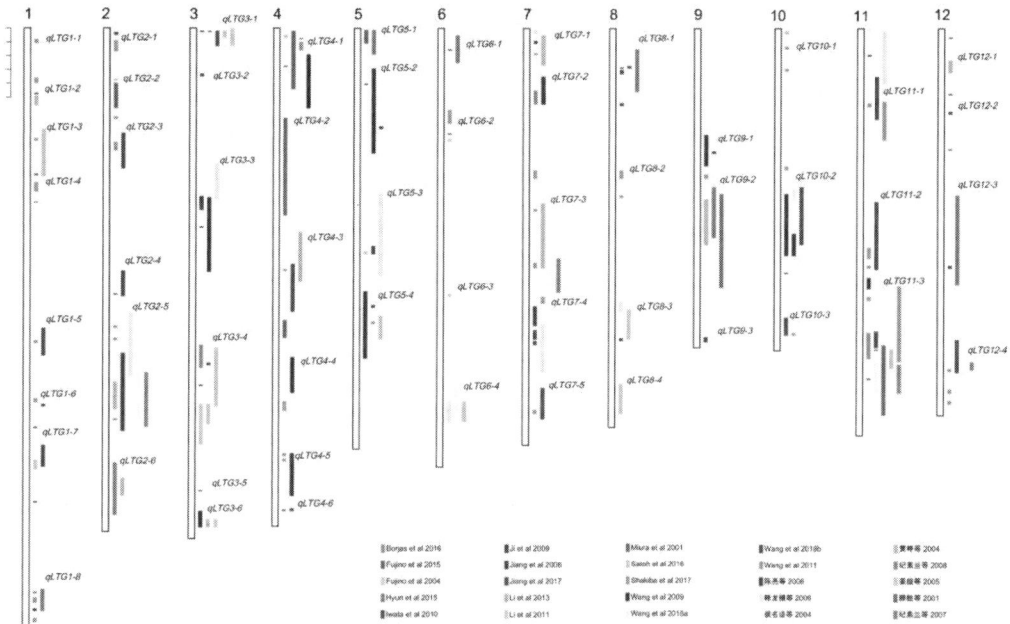

图 3-2 水稻低温萌发 QTLs 在水稻染色体上的分布情况

第二节 芽期的冷害

20 世纪 90 年代以来，我国的水稻生产发生了较大的变化。一方面，水稻生产目标从追求产量向降低成本、提高品质和经济效益转变；另一方面，随着我国经济的快速发展，农村主要劳动力向城镇转移，农村劳动力紧缺已成为水稻生产发展的主要限制因素。在这样的背景下，水稻直播由于省时、省工和节约成本，深得农民的欢迎，并迅速推广。据不完全统计，水稻直播面积在安徽省已达 56.7 万 hm²，湖北省为 49 万 hm²，江西省为 43.3 万 hm²，江苏省为 69.3 万 hm²，浙江省为 37.3 万 hm²，广东省为 10 万 hm²，黑龙江省的直播稻面积为 40 万 hm²（韩龙植等，2004；陈品等，2013；张喜娟等，2016）。华南双季稻区早稻直播和东北高寒稻区的单季稻直播往往会遇到春季低温天气，造成缺苗断垄，导致严重减产（陈品等，2013）。这就要求用于直播的水稻种子有较强的芽期耐低温能力。而上述稻作区一直以育秧移栽为主，芽期耐低温能力长期不作为育种目标，致使许多高产、优质的水稻品种由于芽期耐低温能力弱而不能用作直播稻，限制了直播稻的生产。因此，水稻芽期耐冷性是其生长发育过程中不可忽视的重要性状。

一、芽期与萌发期的区别

芽期和萌发期是两个极易混淆的概念，二者是水稻生长发育最早期的前后衔接的两个不同发育阶段。萌发期一般是指从播种到水稻种子露白的这个阶段（Fujino et al., 2018）（图 3-

3），也有把萌发期定义为从播种到胚芽鞘和胚根同时露出之间的发育阶段（Sharifi，2010）。严格来讲，前一个关于萌发期的定义最为妥当，因为如果去掉颖壳，此时胚根也已膨大，随后幼根抽出。芽期是指水稻种子萌发后至第一完全叶展开之间的发育过程（星川清亲，1980）。萌发期耐冷性反应的是水稻种子在低温下的萌发能力，而芽期耐冷性反应的是水稻种子萌发后在低温下建成绿苗的能力（雷建国，2018）。萌发期耐冷性和芽期耐冷性是水稻早期生长阶段重要的抗逆性状，不仅决定着水稻能否在前期实现早生快发，对水稻后期的生长发育也是有着密不可分的关系和影响。这两个时期的耐冷评价方法也不一样，在已有的研究中，萌发期和芽期的耐冷指标主要分别采用发芽率和成苗率（金明等，2021；Zhang et al.，2018；张建华等，1996；Fujino et al.，2011）。以往的研究结果发现，萌发期和芽期耐寒性的 QTLs 只有少部分重叠，说明二者的耐寒机制可能存在较大差异。

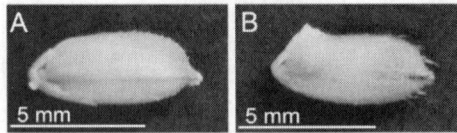

图 3-3 水稻种子的萌发
A 萌发前；B 萌发后"鸽胸"状态的稻种

二、芽期冷害的评价方法

水稻萌发后幼芽细胞维持生活的能力主要体现在芽期耐冷性（李太贵，1981）。从外观来看表现为幼芽在低温处理下长成绿苗的能力（应存山，1993）。前人研究报道，芽期耐冷性与水稻孕穗期和开花期耐冷性有着密切的相关。通常鉴定芽期耐冷性采用如下方法：首先，将供试稻种置于恒温箱内在 45～50 ℃温度下处理 2 d，使种子充分干燥以打破休眠；其次，每份材料挑选 50～100 粒饱满种子置于垫滤纸的培养皿中，放置于 28 ℃黑暗条件下浸种 2 d，浸种后在恒温箱内 30 ℃黑暗条件下催芽 2 d，将芽长催至 5 mm 左右时取出来，在 2～5 ℃的培养箱（气候室）内（12 h 光照/12 h 黑暗）处理 7～10 d；最后，将培养皿置于培养室（28 ℃，12h 光照/12h 黑暗）使稻芽恢复正常生长；放置 7～10 d 后调查成活苗数并计算成苗率作为芽期耐冷性的评价指标（李太贵，1981；应存山，1993；金明等，2021；乔永利等，2004）。一般芽期耐冷性分 1～9 级评价（李太贵，1981；金明等，2021），具体分级标准见表3-1。韩龙植等（2004）利用上述方法从 879 份水稻种质资源中筛选出 39 份芽期耐寒性极强的水稻种质资源。唐双勤等（2019）利用江西省的 33 份早籼杂交稻品种和 8 份常规品种为试材，以成苗率及根长、根数等指标作为芽期耐寒指标，筛选出 9 份强耐寒品种。熊英等（2015）利用 204 份水稻材料为试材，以成苗率和 6 个幼苗生长相关指标作为芽期耐寒性的评价指标，筛选出了 5 份耐寒能力突出的水稻种质。张建华等（1996）对 690 份水稻资源进行耐寒性评价，以幼芽成活率作为芽期耐寒指标，筛选出 25 份强耐寒品种。

表 3-1 水稻芽期耐冷性分级标准

级别	芽期耐冷性
1	所有的幼芽全部诱发成绿苗、叶色青绿
3	死苗率在 1% ~ 30%
5	死苗率在 30% ~ 50% 之间
7	苗率在 50% 以上
9	苗全部死亡

三、芽期耐冷的品种间差异

大量的研究都证实水稻耐冷性存在显著的种、亚种和品种间差异（张建华等, 1996；韩龙植等, 2004；Farrell et al., 2006；杨志奇等, 2008)。Oka et al.（1958）认为芽期的耐冷性是区分籼稻和粳稻的一个主要特征。多数研究认为粳稻的芽期耐冷性比籼稻强（李太贵等, 1981；Oka, 1958；Glaszmann et al., 1990)。韩龙植等（2004）对 879 份水稻进行芽期耐冷鉴定，供试粳稻品种中 61.2 % 有强芽期耐冷性，而籼稻品种中只有 13.8 % 具有强芽期耐冷性，因而认为粳稻品种的芽期耐冷性显著强于籼稻品种。黄永兰等（2016）以死苗率作为芽期耐冷性评价指标对江西省的 48 份早稻品种进行评价，研究得出常规水稻品种的耐冷性低于杂交水稻品种。耐冷性强是黑龙江省水稻育种的重要目标，卞景阳等（2010）利用黑龙江省不同熟期的21 个水稻品种进行芽期低温胁迫研究，分析得出不同熟期水稻的死苗率表现为：中熟品种 >晚熟品种 > 早熟品种，各低温胁迫条件下以 3 ℃/13 d 处理死苗率在 0 ~ 100 % 分布最为均衡。徐冲（2014）研究表明，不同耐冷性品种籼粳属性存在明显差异，高抗品种的籼型基因型较低，低抗品种的籼型血缘较多。金铭路等（2009）研究发现芽期耐冷性强的水稻种质一般表现为较强的孕穗期耐冷性。

四、芽期冷害的生理基础

水稻芽期受到低温冷害，细胞膜容易受损。细胞膜具有维持水稻细胞正常的代谢和功能，如遇到低温冷害，细胞膜上的液体流动性以及脂肪酸的饱和度会受到影响，膜脂中不饱和脂肪酸的含量和比例就会减少。如果水稻的耐冷性变强，膜脂的各种变相温度可能就愈低，膜流动性减慢（王洪春等，1980；陈又生，1981）。低温冷害会影响水稻芽期生长发育的信号转导，脱落酸（Abscisic acid, ABA）是一种重要的反应逆境指令和信号，在对植物生长的整个环境处理过程中，遇到低温冷害时脱落酸的结合蛋白与脱落酸的结合度大大增加，是水稻幼芽能够感知和传递到环境信号的重要关键。低温胁迫下水稻幼芽的渗透性调控机制发生变化，ABA 含量的减少，最终会引起低温诱导性基因的表达，提高植物的耐冷性。Schroeder et al.（2001）研究发现，低温条件下信号的传导主要是叶片保卫细胞通过控制气孔的开闭来实现。Lang et al.（1992）研究认为植物耐冷性增强是由于 ABA 含量的减少，诱导了植物耐冷性基因的表达。因此，ABA 在对水稻的抗冷和调节途径上发挥着不可或缺的重要作用。水稻在遭受芽期低温冷害时，常用丙二醛（MDA）含量作为一个抗逆指标。通过 MDA 含量变化来了解膜脂过氧化的程度，以间接测定膜系统受损程度以及植物的抗逆性。MDA 含量越高，细胞膜的损伤程度越大，冷敏感品种的丙二醛含量明显高于耐寒品种（王亚男等，2017；宋广树等，2011；邓化冰等，2010）。

植物体内的活性氧清除系统包括过氧化氢酶（CAT）、过氧化物酶（POD）和超氧化物歧化酶（SOD）等抗氧化酶。水稻在遭受低温冷害时，会打破原有活性氧产生和清除的动态平衡状态，出现活性氧的大量积累，并加剧膜脂过氧化和膜蛋白聚合，进而破坏细胞膜的膜结构和功能，最终导致植物死亡（沈贤辉等，2014）。相关研究表明，低温冷害会影响水稻芽期的 SOD、POD 和 CAT 活性，说明细胞通过增加保护酶的活性来减轻低温冷害所带来的伤害。有研究表明水稻芽期遇到低温冷害时，可溶性蛋白含量及脯氨酸的含量也会升高（孙擎等，2014）。此外，亦有研究表明水稻幼芽在低温下大量积累脯氨酸是对低温冷害的一种适应（李海林等，2016）。水稻幼芽遭受低温冷害时还会分泌出抗坏血酸（ASA）和可溶性糖等，同时也会出现一系列其他的生理变化，比如细胞透性降低，电解质渗透率降低等（陈善娜等，1997；曾韶西等，1994）。

五、芽期冷害的遗传基础

自从 20 世纪 30 年代科研人员开始研究水稻冷害以来，已在冷害发生的气象学原因、水稻耐冷的生理机制、遗传解析和基因克隆等方面积累了大量的研究成果。但与萌发期、苗期和孕穗期冷害相比，人们在水稻芽期耐冷性方面的研究稍显不足，目前主要开展的是芽期耐冷基因的 QTL 定位研究。严长杰等（1999）利用南京 11 和巴利拉的 DH 群体，在第 7 染色体上鉴定出 1 个芽期冷害 QTL。Zhang et al.（2005）利用 Lemont 和特青的重组自交系群体，在第 3、7 和 11 染色体上检测到 3 个控制水稻芽期耐冷性的 QTL。陈玮等（2005）利用

Lemont 和特青的重组自交系群体，在第 1、3、7 和 11 染色体上检测到 4 个控制水稻芽期耐冷性的 QTL。张露霞等（2007）利用 Asominori/IR24 的 RIL 群体，在第 5 和 12 号染色体上检测到了 3 个芽期 QTL。林静等（2008）利用热研 2 号和密阳 23 的重组自交系群体，在第 7 和 8 号染色体上共检测到 2 个芽期相关性 QTL，表型贡献率分别为 10.60% 和 15.79%；杨杰等（2008）在 5 条染色体上共检测到 4 个耐冷性 QTL，而在 7 号和 12 号染色体上检测到基因来源于不耐冷的亲本，说明不耐冷的亲本也可能含有耐冷性基因。巩迎军等（2009）利用越光和 Kasalath 的回交重组自交系群体，在第 4、6 和 11 染色体上检测到 4 个芽期耐冷 QTL。林静等（2010）利用以籼稻 9311 为受体、粳稻日本晴为供体的染色体片段置换系，在第 5 和第 7 染色体上鉴定出 4 个芽期耐冷 QTL。Baruah et al.（2009）利用栽培稻 A58 和野生稻 W107 的重组自交系群体，在第 1、11 和 12 染色体上检测到了 3 个芽期耐冷 QTL。Ji et al.（2010）利用 TN1 和春江 06 的 DH 群体，在第 2、4 和 11 染色体上鉴定出 3 个芽期耐冷 QTL。周勇等（2013）利用籼稻 9311 为受体、粳稻日本晴为供体的染色体单片段置换系，在除第 1 和第 11 染色体以外的 10 条染色体上检测出 18 个芽期耐冷 QTL。杨洛森等（2014）利用空育 131 和东农 422 的重组自交系群体，在第 4 染色体上检测到 1 个芽期耐冷 QTL。朱金燕等（2015）利用广陆矮 4 号/日本晴的染色体单片段置换系，鉴定了 8 个芽期耐冷 QTLs。Yang et al（2016）利用华粳籼 74 为受体，南洋占为供体的染色体片段置换系，在第 5 和第 6 染色体上鉴定了 2 个芽期耐冷 QTL。王棋等（2019）以籼型杂交稻恢复系品种泸恢 99 和粳型超级稻品种沈农 265 杂交衍生的 144 个 RIL 群体为试验材料，共检测到 2 个控制发芽期耐冷性的 QTL。姜树坤等（2020）利用丽江新团黑谷与沈农 265 杂交衍生的 144 个 RIL 群体检测到 5 个控制发芽期耐冷性的 QTL。

虽然先后有 60 多个芽期耐冷 QTLs 位点被鉴定出来（表 3-2，图 3-4）。但截至目前，仅有一个芽期耐冷 QTL 被成功克隆。Zhao et al.（2019）基于前期鉴定的水稻幼苗早期耐冷渗入系，结合耐冷 QTL 定位以及全基因组表达谱分析的结果，在第 10 号染色体上鉴定了一个芽期耐冷 QTL，候选基因是 *LOC_Os10g36160*。该基因（*OsLTPL159*）编码一个定位于细胞膜的非特异性脂质转移蛋白。来自耐冷渗入系的 *OsLTPL159* 等位基因可能通过降低活性氧的毒性作用，增强细胞壁中纤维素的沉积以及促进渗透调节物质积累，进而保持叶绿体的完整性，提高水稻芽期的耐寒性。进一步的序列比较发现，所调查的 22 个粳稻品种与耐冷渗入系具有相同的 *OsLTPL159* 单倍型，且比所调查的籼稻品种具有更高的 *OsLTPL159* 基因表达量和更强的耐寒性（Zhao et al., 2020）。

表 3-2 芽期耐冷相关 QTLs 的定位与效应情况

位点	年份	群体类型	杂交组合	耐冷血缘	染色体	区间	位置	参考文献
qCTP1.1	2015	SSSL	广陆矮 4 号/日本晴	日本晴	1	RM3148 – RM6324	747,231–2,377,840	朱金燕等，2015
qCTP1.1	2020	RIL	LTH/SN265	LTH	1		367,779– 1,060,904	姜树坤等，2020
qCTP1.2	2009	RIL	A58/W107	A58	1	RM24–E30745	18,977,599–20,000,000	Baruah et al, 2009
qCTP1.3	2005	RIL	Lemont/特青	Lemont	1	RM5–RM246	23,972,505–27,336,240	陈涛等，2005
qCTP2.1	2013	SSSL	9311/日本晴	日本晴	2	RM341–RM1920	19,342,033–25,467,390	周勇等，2013
qCTP2.2	2005	$F_{2:3}$	密阳 23 号/吉冷 1 号	吉冷 1 号	2	RM6–RM240	29,585,840–31,503,106	乔永利等，2005
qCTP2.3	2010	DH	TN1/Chunjiang06	Chunjiang06	2	RM5607–RM208	33,270,269–35,141,709	Ji et al,2010
qCTP3.1	2005	RIL	Lemont/Teqing	Teqing	3	RM156–RM16	17,714,913–23,127,725	Zhang et al, 2005
qCTP3.1	2005	RIL	Lemont/特青	特青	3	RM156–RM16	17,714,913–23,127,725	陈涛等，2005
qCTP3.2	2013	SSSL	9311/日本晴	日本晴	3	RM426–RM8277	27,595,628–28,811,935	周勇等，2013
qCTP3.3	2020	RIL	LTH/SN265	LTH	3		29,367,114–32,871,802	姜树坤等，2020
qCTP3.4	2013	SSSL	9311/日本晴	日本晴	3	RM85–RM200	36,348,226–37,000,000	周勇等，2013
qCTP4.1	2013	SSSL	9311/日本晴	日本晴	4	RM335–RM2416	689,418–954,127	周勇等，2013
qCTP4.2	2013	SSSL	9311/日本晴	日本晴	4	RM16792–RM185	18,188,811–18,751,883	周勇等，2013
qCTP4.3	2009	BIL	越光/Kasalath/越光	越光	4	R93–C513	21,317,934–22,534,803	巩迎军等，2009
qCTP4.4	2005	$F_{2:3}$	密阳 23 号/吉冷 1 号	吉冷 1 号	4	RM273–RM303	24,044,220–28,760,010	乔永利等，2005

续表

位点	年份	群体类型	杂交组合	耐冷血缘	染色体	区间	位置	参考文献
qCTP4.4	2010	DH	TN1/Chunjiang06	Chunjiang06	4	RM3735-RM252	25,364,258-26,396,000	Ji et al,2010
qCTP4.5	2014	RIL	东农422/空育131	空育131	4	RM567-RM1305	34,719,007-35,296,099	杨洛淼等，2014
qCTP5.1	2010	CSSL	9311/日本晴	日本晴	5	RM267-RM1237	2,881,458-7,023,039	林静等，2010
qCTP5.2	2010	CSSL	9311/日本晴	日本晴	5	RM2422-RM6054	18,016,657-22,841,902	林静等，2010
qCTP5.2	2013	SSSL	9311/日本晴	日本晴	5	RM430-RM161	18,754,019-20,902,803	周勇等，2013
qCTP5.2	2007	RIL	Asominori/IR24	IR24	5	R188-R1553	18,993,951-20,689,324	张露霞等，2007
qCTP5.3	2013	SSSL	9311/日本晴	日本晴	5	RM3348-RM274	25,149,317-26,910,927	周勇等，2013
qCTP5.3	2007	RIL	Asominori/IR24	Asominori	5	C246-R2953	26,996,976-27,652,469	张露霞等，2007
qCTP5.3	2010	CSSL	9311/日本晴	日本晴	5	RM480-RM1054	27,376,071-29,227,401	林静等，2010
qCTP5.3	2016	SSSL	Huajingxian74/NYZ	NYZ	5	RM421-RM334	24,039,055-28,547,553	Yang et al,2016
qCTP6.1	2016	SSSL	Huajingxian74/NYZ	NYZ	6	RM508-RM589	441,616-1,381,884	Yang et al,2016
qCTP6.1	2009	BIL	越光/Kasalath/越光	越光	6	S1084-R1952	1,728,551-2,261,874	巩迎军等，2009
qCTP6.2	2009	BIL	越光/Kasalath/越光	Kasalath	6	C214-R2549	21,607,185-24,916,395	巩迎军等，2009
qCTP6.2	2015	SSSL	广陆矮4号/日本晴	日本晴	6	RM162-S6-16	24,035,491	朱金燕等，2015
qCTP6.3	2013	SSSL	9311/日本晴	日本晴	6	RM141-RM494	31,008,075-31,088,146	周勇等，2013
qCTP7.1	2013	SSSL	9311/日本晴	日本晴	7	RM427-RM82	2,678,661-3,128,342	周勇等，2013

续表

位点	年份	群体类型	杂交组合	耐冷血缘	染色体	区间	位置	参考文献
qCTP7.2	2005	$F_{2:3}$	密阳23号/吉冷1号	吉冷1号	7	RM214-RM11	12,783,492-19,256,914	乔永利等，2005
qCTP7.2	2010	CSSL	9311/日本晴	日本晴	7	RM11-RM2752	19,258,015-22,552,103	林静等，2010
qCTP7.2	2005	RIL	Lemont/Teqing	Teqing	7	RM336-RM10	21,871,205-22,189,156	Zhang et al，2005
qCTP7.3	2008	RIL	热研2号/密阳23	热研2号	7	RM234-RM420	25,472,688-29,431,225	林静等，2008
qCTP7.3	1999	DH	南京11/巴利拉	巴利拉	7	G379b-RG4	27,159,051	严长杰，1999
qCTP8.1	2008	RIL	热研2号/密阳23	热研2号	8	RM5556-RM331	4,588,384-12,294,124	林静等，2008
qCTP8.1	2015	SSSL	广陆矮4号/日本晴	日本晴	8	RM22822-RM22905	3,128,342	朱金燕等，2015
qCTP8.2	2013	SSSL	9311/日本晴	日本晴	8	RM344-RM42	9,778,801-20,094,533	周勇等，2013
qCTP8.2	2015	SSSL	广陆矮4号/日本晴	日本晴	8	RM22722	9,641,987	朱金燕等，2015
qCTP8.3	2015	SSSL	广陆矮4号/日本晴	日本晴	8	RM23175-RM23642	21,087,520	朱金燕等，2015
qCTP9.1	2015	SSSL	广陆矮4号/日本晴	日本晴	9	RM23679-RM23747	868,836-3,047,226	朱金燕等，2015
qCTP9.2	2013	SSSL	9311/日本晴	日本晴	9	RM410-RM201	17,642,699-20,174,289	周勇等，2013
qCTP9.2	2015	SSSL	广陆矮4号/日本晴	日本晴	9	RM24571-RM24805	18,811,223-22,415,061	朱金燕等，2015
qCTP9.2	2020	RIL	LTH/SN265	LTH	9	RM25213-S10-24	19,055,286-22,298,269	姜树坤等，2020
qCTP10.1	2015	SSSL	广陆矮4号/日本晴	日本晴	10		9,529,637	朱金燕等，2015
qCTP10.2	2013	SSSL	9311/日本晴	日本晴	10	RM258-RM171	18,014,265-19,048,795	周勇等，2013

续表

位点	年份	群体类型	杂交组合	耐冷血缘	染色体	区间	位置	参考文献
qCTP10.3	2013	SSSL	9311/日本晴	日本晴	10	RM3451-RM333	21,570,490-22,372,009	周勇等，2013
qCTP11.1	2010	DH	TN1/Chunjiang06	Chunjiang06	11	RM286-RM1802	384,914	Ji et al,2010
qCTP11.1	2007	RIL	Asominori/IR24	IR24	11	C3029B-C718B	1,896,671-2,236,131	张露霞等，2007
qCTP11.1	2013	SSSL	9311/日本晴	日本晴	11	RM4-RM167	932,068-4,073,024	周勇等，2013
qCTP11.2	2005	RIL	Lemont/Teqing	Lemont	11	RM202-RM209	9,001,608-17,808,335	Zhang et al, 2005
qCTP11.2	2020	RIL	LTH/SN265	LTH	11		9,438,302-15,696,501	姜树坤等，2020
qCTP11.3	2009	RIL	A58/W107	A58	11	RM144-RM209	18,274,583-28,804,954	Baruah et al, 2009
qCTP11.3	2020	RIL	LTH/SN265	LTH	11		17,795,038-23,026,236	姜树坤等，2020
qCTP11.3	2013	SSSL	9311/日本晴	日本晴	11	RM26890-RM187	20,260,720-23,690,424	周勇等，2013
qCTP11.3	2009	BIL	越光/Kasalath/越光	Kasalath	11	S10928-G4001	22,084,202-22,816,378	巩迎军等，2009
qCTP12.1	2009	RIL	A58/W107	A58	12	C62896-RM247	2,186,609-3,185,384	Baruah et al, 2009
qCTP12.2	2013	SSSL	9311/日本晴	日本晴	12	RM1261-RM519	17,537,303-19,932,412	周勇等，2013
qCTP12.3	2013	SSSL	9311/日本晴	日本晴	12	RM17-RM1226	26,988,419-27,344,106	周勇等，2013

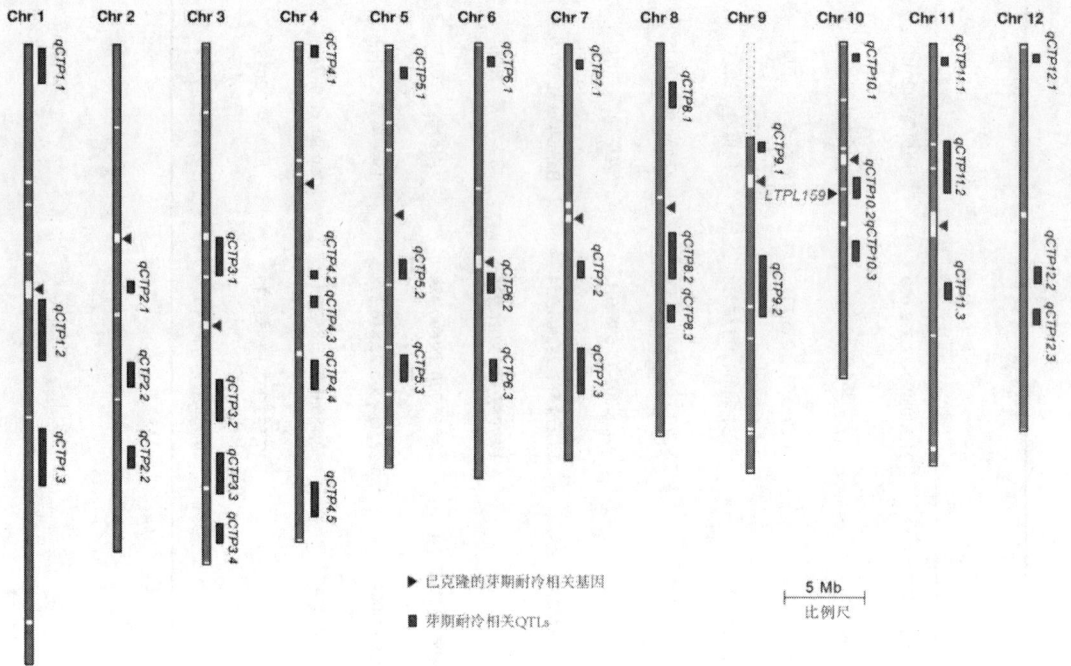

图 3-4 芽期耐冷相关 QTLs 的染色体分布

参考文献

[1]Qi Z, Chen Q, Wang S, et al. Rice and cold stress: methods for its evaluation and summary of cold tolerance-related quantitative trait loci. Rice, 2014, 7(1):24.

[2]佐々木多喜雄. 水稲品種の低温発芽性と初期生育との関係第 1 報初期伸長性との関係. 北海道立農業試験場集報, 1968, 17: 34-45.

[3]佐々木多喜雄, 山崎信弘. 水稲品種の低温発芽性と初期生育との関係第 3 報初期分けつ性との関係. 北海道立農業試験場集报, 1970, 22: 1-9.

[4]佐々木多喜雄, 山崎信弘. 水稲品種の低温発芽性と初期生育との関係第 4 報苗立性との関係. 日本作物学会紀事, 1971, 40:474-479.

[5]佐々木多喜雄. 水稲品種の低温発芽性と初期生育との関係第 8 報生育時期別葉面積指数と受光態勢. 日本育種学会・日本作物学会北海道談話会会報, 1984, 24: 7.

[6]秋田重誠, 尹炳星, 椴木信幸. 低温・湛水土壌中下でのイネの出芽速度と胚重の関係. 日本作物学会紀事, 1998, 67(3): 318-322.

[7]Sharifi P. Evaluation on sixty-eight rice germplasms in cold tolerance at germination stage. Rice Sci, 2010, 17(1): 77–81.

[8]Bove J, Jullien M, Grappin P. Functional genomics in the study of seed germination. Genome Biology,2001,3(1):1-33.

[9]松田清勝. 低温に於ける稲の二三品種の発芽に就いて（予報）昭和五年十月十七日日本農学会臨時大会に於いて発表. 日本作物学会紀事, 1930, 2：263-268.

[10]井上重陽. 種子の発芽温度に関する研究. 日本作物学会紀事, 1935, 7(2)：200-217.

[11]西山岩男. イネ種子の発芽における温度異常. 日本作物学会紀事, 1978, 47(4): 557-562.

[12]李霞，戴传超，程睿，等. 不同生育期水稻耐冷性的鉴定及耐冷性差异的生理机制. 作物学报，2006，32(1): 76-83.

[13]韩龙植，张三元. 水稻耐冷性鉴定评价方法. 植物遗传资源学报，2004，5(1): 75-80.

[14]Sasaki T. Studies on breeding for germinability at low temperature of rice varieties adapted to direct sowing cultivation in flooded paddy field in cool region. Bull Hokkaido Pref Agric Experi Station, 1974, 24: 1-90.

[15]郑洪亮. 寒地粳稻耐冷性 QTL 定位研究. 东北农业大学, 2012.

[16]Cruz R, Milach S. Cold tolerance at the germination stage of rice: methods of evaluation and characterization of genotypes. Scientia Agricola, 2004, 61(1):949-957.

[17]金润州. 日本的水稻耐冷育种. 吉林农业科学, 1985, 20(4): 29-37.

[18]金润州, 孙仁淑, 尹胜国, 等. 水稻品种低温发芽力鉴定方法的研究. 吉林农业科学，1988，23(1)： 1-5.

[19]原島重彦. 低温に於ける種子の発芽現象に就き水稲及び陸稲の比較. 日本作物学会紀事, 1937, 9(3), 407-417.

[20]中村誠助. 稲品種の発芽現象に於ける特異性. 日本作物学会紀事, 1938, 10(2): 177-182.

[21]松本定夫，尹鶴柱，金潤洲. 内外水稲品種の低温発芽性について. 日本作物学会東北支部会報，1984，27: 1-2.

[22]中川原捷洋，飯塚清.栽培稲における低温発芽性の品種変異.北陸作物学会報，1984，19: 33-34.

[23]岡彦一.稲種子の発芽最低温度と温度恒数の品種間差異-栽培稲の系統発生的分化第5報. 育種学雑誌，1954，4:140-144.

[24]西川五郎，三上藤三郎.低温發芽に関し日本水稲粳，中国水発粳，同籼及び印度稲の比 較.日本作物学会紀事，1946，15(1-2): 38-41.

[25]福嶌陽，横上晴郁，津田直人.東北農研が育成した水稲品種における低温条件下の発芽 性、伸長性および出芽・苗立ち性.日本作物学会紀事，2017，86(3): 219-228.

[26]Shakiba E, Edwards J D, Jodari F, et al. Genetic architecture of cold tolerance in rice (*Oryza sativa*) determined through high resolution genome-wide analysis. Plos One, 2017,12(3), e0172133.

[27]一井眞比古，玉井敬三.赤米種イネの低温適応性.日本作物学会紀事，1988，57(2): 281-286.

[28]Cruz R P, Milach S C K. Cold tolerance at the germination stage of rice: methods of evaluation and characterization of genotypes. Scientia Agricola, 2004, 61(1):949-957.

[29]金润州，孙仁淑，尹胜国，等.水稻品种低温发芽力鉴定方法的研究.吉林农业科学，1988， 23(1) :1-5.

[30]金铭路，杨春刚，余腾琼，等.中国水稻微核心种质不同生育时期耐冷性鉴定及其相关分 析.植物遗传资源学报，2009，10(04): 540-546.

[31]杨志涛，李媛，张少红，等.377份多样性国际稻种低温发芽力评价.广东农业科学，2017， 44（4）: 1-6.

[32]陈惠哲，玄松南，王渭霞，等.丹东杂草稻种子的耐冻能力和低温发芽特性研究.中国水稻 科学，2004，2: 23-26.

[33]孙世臣，张凤鸣，洛育.黑龙江省主栽水稻品种耐延迟型冷害能力鉴定.中国农学通报， 2010，26(24): 153-156.

[34]李弘祏，田口啓作.稲種子の低温発芽性に関する研究第2報親植物に対する数種処理が 次代種子の休眠性および低温発芽性におよぼす影響.北海道大学農学部邦文紀要，1969， 7(1): 138-146.

[35]Bosetti F, Montebelli C, Novembre A D, et al. Genetic variation of germination cold tolerance in Japanese rice germplasm. Breeding Science, 2012, 62: 209-215.

[36]上林美保子，大友健司.水稲の直播栽培における播種期の拡大に関する研究4低温発芽 性の品種間差異.日本作物学会東北支部会報，2003，1-6.

[37]江玲，侯名语，刘世家，等.水稻种子低温萌发生理机制的初步研究.中国农业科学，2005， 3: 480-485.

[38]Sthapit B R, Witcombre J R. Inheritance of tolerance to chilling stress in rice during germination and plumule greening. Crop Sci. 1998, 38: 660–665.

[39]Lee J, Lee W, Kwon S W. A quantitative shotgun proteomics analysis of germinated rice embryos and coleoptiles under low-temperature conditions. Proteome Science, 2015, 13: 27.

[40]佐々木多喜雄.稲品種の低温発芽性に関する育種学的研究第5報雑種初期世代集団にお ける発芽性.北海道立農業試験場集報，1970，21: 48-56.

[41]佐々木多喜雄. イネ品種の低温発芽性に関する育種学的研究VII雑種初期世代の育成条件が低温発芽性および初期生育性に及ぼす影響. 北海道立農業試験場集報, 1979, 42: 11-19.

[42]Fujino K. A major gene for low temperature germinability in rice (*Oryza sativa* L.). Euphytica, 2004, 136: 63-68.

[43]Fujino K, Obara M, Shimizu T, et al. Genome-wide association mapping focusing on a rice population derived from rice breeding programs in a region. Breed Sci. 2015;65(5):403-410.

[44]Wang H, Lee A R, Park SY, et al. Genome-wide association study reveals candidate genes related to low temperature tolerance in rice (*Oryza sativa*) during germination. 3 Biotech, 2018, 8: 235.

[45]Borjas A H, Leon T B D, Subudhi P K. Genetic analysis of germinating ability and seedling vigor under cold stress in US weedy rice. Euphytica, 2016, 208(2): 1-14.

[46]Fujino K, Sekiguchi H, Sato T, et al. Mapping of quantitative trait loci controlling low-temperature germinability in rice (*Oryza sativa* L.). Theor Applied Genetics, 2004, 108(5): 794-799.

[47]Miura K, Lin S Y, Yano M, et al. Mapping Quantitative Trait Loci Controlling Low Temperature Germinability in Rice (*Oryza sativa* L.). Breeding Science, 2001, 51(4): 293-299.

[48]滕胜，曾大力，钱前，等. 低温条件下水稻发芽力 QTL 的定位分析. 科学通报，2001，46(13): 1104-1108.

[49]姜旋，李辰昱，毛婷. 水稻低温发芽性 QTL 的分子标记定位. 武汉植物学研究，2005，3: 216-220.

[50]纪素兰，江铃，王益华，等. 利用回交重组自交系群体检测水稻耐低温发芽数量性状基因座. 南京农业大学学报，2007，30(1): 1-6.

[51]纪素兰，江玲，王益华，等. 水稻种子耐低温发芽力的 QTL 定位及上位性分析. 作物学报，2008，34(4): 551-556.

[52]胡涛，宋佳瑜，吴爱婷，等. 东乡野生稻低温发芽力 QTL 定位及超级稻耐冷改良. 植物遗传资源学报，2018，19(4): 627-632.

[53]韩龙植，张媛媛，乔永利，等. 水稻低温发芽势的遗传及数量性状基因座分析. 遗传学报，2006，33(11): 998-1006.

[54]侯名语，王春明，江玲，等. 水稻低温发芽力 QTL 定位和遗传分析. 遗传学报，2004，7: 701-706.

[55]Wang Z, Wang J, Wang F, et al. Genetic control of germination ability under cold stress in rice. Rice Science, 2009, 16(3): 173-180.

[56]Li M, Sun P, Zhou H, et al. Identification of quantitative trait loci associated with germination using chromosome segment substitution lines of rice (*Oryza sativa*, L.). Theor Appl Genet, 2011, 123(3):411-420.

[57]Ji S, Jiang L, Wang Y, et al. Quantitative trait loci mapping and stability for low temperature germination ability of rice. Plant Breeding, 2009, 128(4): 387–392.

[58]Fujino K, Iwata N. Selection for low temperature germinability on the short arm of chromosome 3 in rice cultivars adapted to Hokkaido, Japan. Theor Appl Genet, 2011, 123: 1089-1097.

[59]Fujino K, Matsuda Y. Genome-wide analysis of genes targeted by *qLTG3-1* controlling low-temperature germinability in rice. Plant Molecular Biology, 2010, 72(1-2): 137-152.

[60]Fujino K, Sekiguchi H, Matsuda Y, et al.Molecular identification of a major quantitative trait locus, *qLTG3-1*, controlling low-temperature germinability in rice. Proceedings of the National Academy of Sciences, 2008, 105(34): 12623-12628.

[61]Fujino K, Matsuda Y. Genome-wide analysis of genes targeted by *qLTG3-1*, controlling low-

temperature germinability in rice. Plant Molecular Biology, 2010, 72(1-2): 137-152.

[62]Wang X, Zou B, Shao Q, et al. Natural variation reveals that *OsSAP16* controls low-temperature germination in rice. J Exp Bot, 2018, 69(3): 413-421.

[63]Satoh T, Tezuka K, Kawamoto T, et al. Identification of QTLs controlling low-temperature germination of the east european rice (*Oryza sativa* L.) variety maratteli. Euphytica, 2016, 207(2): 245-254.

[64]Hyun D Y, Oh M W, Choi Y M, et al. Morphological and molecular evaluation for germinability in rice varieties under low-temperature and anaerobic conditions. Journal of Crop Science & Biotechnology, 2017, 20(1): 21-27.

[65]Iwata N, Fujino K. Genetic effects of major QTLs controlling low-temperature germinability in different genetic backgrounds in rice (*Oryza sativa* L.). Genome, 2010, 53(10):763-768.

[66]Cruz R P, Milach S C K, et al. Inheritance of rice cold tolerance at the germination stage. Genetics & Molecular Biology, 2006, 29(2):847-853.

[67]韩龙植，曹桂兰，芮钟斗，等. 水稻芽期耐冷性与其他耐冷性状的相关关系. 作物学报，2004，30: 990-995.

[68]陈品，陆建飞. 长江中下游地区直播稻的生理生态特性及其栽培技术的研究进展. 核农学报，2013，27(4): 487-494.

[69]张喜娟，来永才，孟英，等. 水直播对寒地粳稻产量和品质性状的影响. 中国稻米，2016，22(2): 43-46.

[70]星川清亲. 解剖图说-稻的生长. 上海：上海科学技术出版社，1980.

[71]雷建国. 低温胁迫下水稻耐冷性 QTL 定位及差异表达基因分析. 江西农业大学，2018.

[72]金明，刘旭升，逄洪波，等. 水稻芽期耐寒性综合评价及耐寒指标筛选. 中国农业大学学报，2021，26(7): 25-35.

[73]Zhang M, Ye C, Xu Q, et al. Genome-wide association study of cold tolerance of Chinese *indica* rice varieties at the bud burst stage. Plant Cell Reports, 2018, 37(3): 520-530

[74]张建华，廖新华，戴陆园，等. 稻种资源芽期和苗期的耐冷性评价. 中国农学通报，1996，12(5)5:10-13.

[75]Fujino K,Sekiguchi H. Origins of functional nucleotide polymorphisms in a major quantitative trait locus, *qLTG3-1*, controlling low-temperature germinability in rice. Plant molecular biology, 2011, 75: 1-2.

[76]李太贵. 在低温下筛选水稻不同生长期耐寒品种的室内方法. 国外农业科技，1981，4：18-21.

[77]应存山. 中国稻种资源. 北京：中国农业科技出版社，1993.

[78]金明，刘旭升，逄洪波，等. 水稻芽期耐寒性综合评价及耐寒指标筛选. 中国农业大学学报，2021，26(7): 25-35.

[79]乔永利，张媛媛，安永平，等. 粳稻芽期耐冷性鉴定方法研究. 植物遗传资源学报，2004，3：290-294.

[80]韩龙植，曹桂兰，安永平，等. 水稻种质资源芽期耐冷性的鉴定与评价. 植物遗传资源学报，2004，5(4): 346-350.

[81]唐双勤，吴自明，谭雪明，等. 直播早籼稻品种芽期耐冷性鉴定研究. 作物杂志，2019，1: 159-167.

[82]熊英，欧阳杰，何永歆，等. 芽期耐低温淹水的水稻种质的评价与筛选. 杂交水稻，2015，

30(4): 54-58.

[83]黄永兰，龙起樟，丁芸，等.江西省早稻品种芽期耐冷性鉴定评价研究.江西农业大学学报，2016，38(03): 440-447.

[84]卞景阳.低温胁迫对黑龙江省水稻芽期抗冷性的影响.黑龙江农业科学，2010，195(9): 109-110.

[85]杨志奇，杨春刚，汤翠凤，等.中国粳稻地方品种孕穗期耐冷性评价及聚类分析.植物遗传资源学报，2008，9(4): 485～491+496.

[86]Farrell T, Fox K, Williams R, et al. Genotypic variation for cold tolerance during reproductive development in rice: Screening with cold air and cold water. Field Crops Research, 2006, 98(2-3): 178-194.

[87]张建华，廖新华，杨晓洪，等.粳稻育种材料的耐冷性评价.云南农业科技，1998，4: 3-7.

[88]李太贵，R.M.Visperas, B.S.Vergara. 水稻抗冷性与不同生长阶段的关系.植物学报，1981，3: 203-207.

[89]Oka H I. Inter-varietal variation and classification of cultivated rice. Plant Breed, 1958, 18: 79-89.

[90]Glaszmann J C, Kaw R N, Khush G S. Genetic divergence among cold tolerant rice (*Oryza sativa* L). Euphytica, 1990, 45(2): 95-104.

[91]金铭路，杨春刚，余腾琼，等.中国水稻微核心种质不同生育时期耐冷性鉴定及其相关分析.植物遗传资源学报，2009，10(4): 540-546.

[92]徐冲.不同籼粳遗传比例的东北水稻耐寒性及其光合特性分析.吉林农业大学，2014.

[93]陈又生.细胞膜结构.江苏教育，1981，4: 46-47.

[94]王洪春，汤章城，苏维埃，等.水稻干胚膜脂脂肪酸组分差异性分析.植物生理学报，1980，3: 227-236.

[95]Schroeder JI, Hugouvieux V, Kwak JM, et al. Guard cell signal transduction. Annual Review of Plant Physiology and Plant Molecular Biology, 2001, 52: 627-658.

[96]Lang V, Palva ET. The expression of a rab-related gene, rab18, is induced by abscisic acid during the cold acclimation process of *Arabidopsis thaliana* (L.) Heynh. Plant Mol Biol, 1992, 20(5): 951-962.

[97]王亚男，范思静.低温胁迫对水稻幼苗叶片生理生化特性的影响.安徽农业科学，2017，45(5): 8-9,13.

[98]宋广树，孙忠富，孙蕾，等.东北中部地区水稻不同生育时期低温处理下生理变化及耐冷性比较.生态学报，2011，31(13): 3788-3795.

[99]邓化冰，王天顺，肖应辉，等.低温对开花期水稻颖花保护酶活性和过氧化物积累的影响.华北农学报，2010，25(S2): 62-67.

[100]沈贤辉，刘刚.植物抗寒生理研究进展.长江大学学报(自科版)，2014，11(17): 40-42.

[101]孙擎，杨再强，高丽娜，等.低温对早稻幼穗分化期叶片生理特性的影响及其与产量的关系.中国生态农业学报，2014，22(11): 1326-1333.

[102]李海林，殷绪明，龙小军.低温胁迫对水稻幼苗抗寒生理生化指标的影响.安徽农学通报，2006，10(11): 50-53.

[103]陈善娜，刘继梅，游慧灵，等.抗寒剂和高油菜素内酯对高原水稻抗冷性的影响.云南植物研究，1997，2: 84-90.

[104]曾韶西，王以柔，李美茹，等.冷锻炼和 ABA 诱导水稻幼苗提高抗冷性期间膜保护系统的变化.热带亚热带植物学报，1994，1: 44-50.

[105]严长杰，李欣，程祝宽，等.利用分子标记定位水稻芽期耐冷性基因.中国水稻科学，1999，13: 134-138.

[106]Zhang Z H, Li S, Li W, et al. A major QTL conferring cold tolerance at the early seedling stage using recombinant inbred lines of rice (*Oryza sativa* L.). Plant Sci, 2005, 168: 527-534.

[107]陈玮，李炜.水稻 RIL 群体芽期耐冷性基因的分子标记定位.武汉植物学研究，2005，2: 116-120.

[108]乔永利，韩龙植，安永平，等.水稻芽期耐冷性 QTL 的分子定位.中国农业科学，2005，38（2）: 217-221.

[109]张露霞，王松凤，江铃，等.利用重组自交系群体监测水稻芽期耐冷性 QTL.南京农业大学学报，2007，30（4）: 1-5.

[110]林静，张亚东，朱镇，等.利用重组自交系群体检测水稻芽期耐冷性 QTL.江西农业学报，2008，3: 1-3+17.

[111]杨杰.水稻耐冷性遗传研究及低温胁迫相关基因 *Osdhn2* 的功能分析.南京农业大学，2008.

[112]巩迎军，阮雯君，荀星，等.水稻芽性状耐冷性的 QTL 分析.分子植物育种，2009，7(2): 273-278.

[113]林静，朱文银，张亚东，等.利用染色体片段置换系定位水稻芽期耐冷性 QTL.中国水稻科学，2010，24(3): 233-236.

[114]Ji ZJ, Zeng YX, Zeng DL, et al. Identification of QTLs for Rice Cold Tolerance at Plumule and 3-Leaf-Seedling Stages by Using QTL-Network Software. Rice Science, 2010, 17(4): 282-287.

[115]周勇，朱孝波，袁华，等.水稻单片段代换系芽期和苗期耐冷性分析及耐冷性 QTL 鉴定.中国水稻科学，2013，27(4): 381-388.

[116]杨洛淼，王敬国，刘化龙，等.寒地粳稻发芽期和芽期的耐冷性 QTL 定位.作物杂志，2014，6: 44-51.

[117]朱金燕，杨梅，嵇朝球，等.利用染色体单片段代换系定位水稻芽期耐冷 QTL.植物学报，2015，50(3): 338-345.

[118]Yang T, Zhang S, Zhao J, et al. Identification and pyramiding of QTLs for cold tolerance at the bud bursting and the seedling stages by use of single segment substitution lines in rice (*Oryza sativa* L.). Molecular Breeding, 2016, 36(7):1-10.

[119]王棋，范淑秀，郭江华，等.利用籼粳交 RIL 群体对水稻发芽期和苗期耐冷性的 QTL 分析.华北农学报，2019，34(1): 83-88.

[120]姜树坤，王立志，杨贤莉，等.基于高密度 SNP 遗传图谱的粳稻芽期耐低温 QTL 鉴定.作物学报，2020，46(8): 1174-1184.

[121]Zhao J, Wang S S, Qin J J, et al. The lipid transfer protein *OsLTPL159* is involved in cold tolerance at the early seeding stage in rice. Plant biotechnology journal, 2020, 18（3）: 756-769.

（刘猷红、姜树坤、陈磊、赵茜、李忠杰、李波、李禹尧）

第四章 水稻营养生长期的冷害

第一节 苗期的冷害

水稻是典型的喜温作物，如苗期受低温影响，会抑制水稻正常的生长发育。寒地水稻种植初期，当遇到低温甚至是 0℃以下的低温时，育秧棚起到了一定的保护作用，但如果遇到连续异常寒冷的天气，则会造成生长延迟、生长障碍的发生。低温冷害对苗期的影响较大，而且还易与立枯病等苗期病害混合发生，造成稻苗失绿变黄、干枯，分蘖减少，重则导致青枯死亡。

一、水稻秧苗对低温的响应

（一）水稻苗期主要农艺性状对低温的响应

水稻苗期 15℃低温处理后，出现黄化叶现象，部分叶片呈现褐色，严重时出现白色或黄色至黄白色横条斑。若遇到持续低温，则易产生烂秧。在进行低温处理后，叶绿素含量呈现先升高再降低的现象，随着叶绿素含量的降低，叶色逐渐变黄，可以通过叶片的叶赤枯度来作为评价材料的耐低温能力的指标（图 4-1）（Tsukasa et al. 1990）。低温也会造成叶片卷曲，可以将低温处理后叶片卷曲度作为评价水稻幼苗耐低温能力的评价指标之一。苗期低温也会对幼苗根部生长造成一定的影响，包括根长、侧根长、主根数、侧根数、根干重等。同时苗期经过低温处理后，分蘖数表现为显著降低。

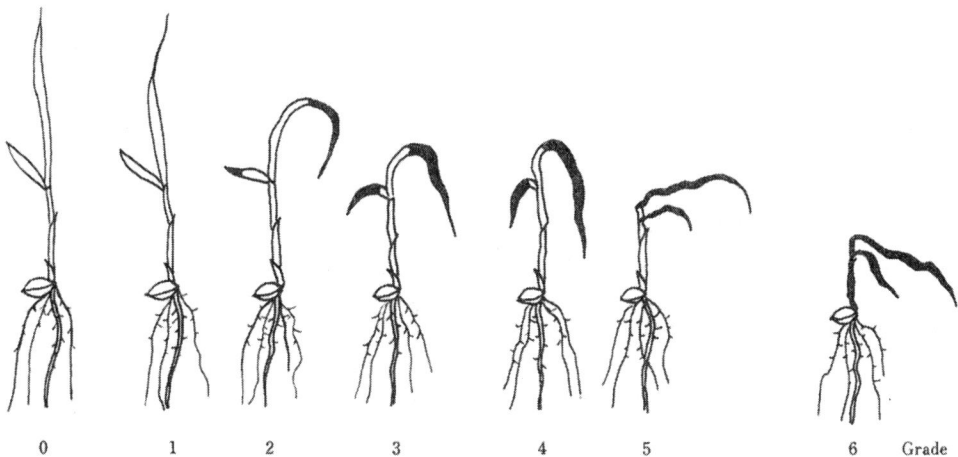

图 4-1 苗期低温冷害等级划分（Tsukasa et al. 1990）

注：0 级：健康；1 级：顶端叶片枯黄；2 级：第 2、第 3 片叶 1/3 部分枯黄；3 级：第 2、第 3 片叶 1/2 黄化；4 级:第 2、第 3 片叶 2/3 枯黄；5 级：第 2、第 3 片叶枯黄，茎部呈绿色；6 级：整体枯黄。

（二）水稻细胞组织对低温的响应

水稻苗期遇到低温胁迫后，最先受到损伤的结构为细胞膜。随着处理时间越长，处理温度越低细胞膜损伤越严重，这是由于植株的脂质过氧化作用加强引起的，而脂质过氧化是由低温影响 SOD 活性造成的。低温也会造成细胞内电解质外渗，温度越低电导率越高，同时也会造成水稻幼苗体内可溶性糖的降低（王春艳，2010）。龚明等（1988）在观察低温处理叶肉细胞、根部细胞的超微结构动态变化，明确低温对根部结构的伤害大于叶肉细胞。通过超微结构观察发现，低温处理后叶绿体解体，基粒片层数减少，与叶绿体相比线粒体表现的相对稳定，低温处理 3 天后线粒体中出现了空泡。

（三）水稻生理、代谢对低温的响应

低温对水稻生理、代谢的伤害是不可逆的，在低温条件下，植株的光合器官受损明显，抑制叶绿素的合成，破坏叶绿体结构，影响了光系统（photosystem I, photosystem II）的活性（曾乃燕等，2000；陈善娜等，1997；李平等，1990）。郭军伟等（2006）研究发现，在低温弱光条件下水稻幼苗的类囊体膜蛋白水平下降，PSII蛋白磷酸化水平发生改变，引起光能吸收及分配的变化，光能向 PSI 传递。王国莉等（2005）利用耐冷水稻品种湘糯 1 号和冷敏感材料 IR50，测定光合速率和叶绿素荧光参数的结果表明，低温损伤 PSII 反应中心和天线系统，导致水稻光合速率降低。低温条件也会降低膜脂成分的相对含量，进而影响了膜的流动性和稳定性。低温处理后叶绿素含量明显下降，丙二醛和超氧阴离子上升，脂肪酸中各个成分除18:1组分和18:2组分呈上升趋势外，其他组分含量均下降。不饱和脂肪酸指数（IUFA）在低温处理后呈上升趋势。水稻苗期遇到低温冷害，植株体内超氧化物歧化酶（SOD）再合成受阻，活性下降，清除过氧化物能力下降，对膜的破坏性加大。同时，ATP 合成酶活性降低，水解酶活性增强，ATP 含量减少，细胞自主吸收能力降低，细胞内离子外渗加重，引起水稻幼苗干枯甚至死亡。水稻幼苗中内源 ABA 水平在遇到低温胁迫时会出现暂时性增长，经过冷驯化的材料体内 ABA 含量会持续上升，进而提升水稻的抗低温冷害能力。

二、水稻幼苗期的最低温度

植物处于 0 ~ 10 ℃低温下一段时间，植株就会受到一定的伤害。水稻幼苗期的理想温度为 25 ~ 35 ℃。籼稻品种当处于 15 ~ 20 ℃一段时间后，会出现叶色变黄等冷害现象，而寒地粳稻叶片则仍表现为绿色。当温度低于 15℃以下的时候，一些水稻品种就会表现叶片枯黄的现象。大谷等（1948）在幼苗的第 1-5 叶期进行 2 ℃和 5 ℃处理 20 小时，发现 2 ℃时出现了典型的畸形叶，叶片或叶鞘裂开、矮化、幼苗生长障碍。而且在不同叶龄处理，植株表现也存在一定差异，虽然在两个温度处理中表现出一定的冷害现象，但是没有出现个体死亡的现象。研究人员为了开展低温冷害相关的研究工作，通常将低温设置到 15 ℃以下。Ma et al.

（2015）在研究 *COLD1* 基因在水稻苗期耐冷的作用时，设置的低温处理温度为 2 ~ 4 ℃。岛田多喜子（1998）等在研究幼苗根部的脂肪酸组成对低温的响应时，在黑暗条件下 5 ℃处理 3 d 恢复培养后进行测定。Li et al.（2018）在 10 ℃条件下处理 3 h、6 h、12 h、24 h、48 h 和 96 h，进行水稻抗低温相关蛋白的鉴定和功能研究。

当幼苗处于 0 ℃以下的低温时会出现冻霜害，-1 ℃ 24 h 后则会死亡，-6 ℃条件下 9 h 以上则会被冻死。水稻种子消毒后，若水稻幼苗 1 ℃处理超过 3 h，后期也表现出患立枯病的现象，并且表现出叶龄越大抗冻性越弱。寺中高岛（1972）利用人工气候箱进行低温处理，设置温度分别为 5 ℃、0 ℃、-2.5 ℃、-5 ℃，处理 1 h、2 h、4 h，在 0 ℃以下时叶片出现了白点，并在叶片上部先产生，温度越低白斑越多。

三、幼苗期冷害的品种间差异

赵利辉等（2018）通过开展低温冷害对水稻幼苗根系液泡膜脂影响的研究发现，耐冷性不同的水稻品种根系中 V-PPase 活性存在明显差异，耐冷害水稻品种中的 V-PPase 活性维持较好，保证液泡膜质子泵活性，有效地防御细胞质酸化，减少了低温的损伤。低温胁迫条件下，不同水稻品种间根部丙二醛含量的增加程度存在一定的差异，丙二醛的增加反应了植物体内活性氧的积累和膜脂过氧化作用的加剧，强耐冷水稻品种的根系中丙二醛增加量明显小于冷敏感品种。不同水稻品种根系保护酶活性表现出明显差异，强度较大的低温胁迫引起耐冷性较强的品种根系保护性酶活性提高，引起冷敏感品种保护酶活性下降（龚明，1988）。我们用 3 ℃左右的低温处理 5 d，发现不同水稻品种，表现出明显的表型差异，部分品种表现为轻微的枯黄，而不耐低温品种表现为枯死（图 4-2）。

图 4-2 寒地水稻品种苗期低温处理后表型

水稻幼苗的光合器官对低温十分敏感，因此不同类型水稻品种的黄化苗转绿能力、叶绿素荧光特性、叶片细胞的形态以及各种保护性酶的表现存在明显的差异。冷敏水稻品种的PSII反应中心及天线系统在发生冷害时受损严重，引起过剩激发能积累，抑制光合作用，而耐低温水稻品种的受损相对较轻，因此，叶绿素荧光参数的变化体现了品种间对冷害响应的差异（王国莉，2005）。Andaya & Tai（2006）根据水稻三叶期幼苗 9 ℃ 连续处理 8~16 d 叶片的枯萎程度和死亡情况，将水稻的耐寒性分成 1–9 级。Bonnecarrère et al.（2011）对水稻三叶期幼苗 10 ℃ 处理，测定不同时间点叶片中 SOD (superoxide dismutase)、APX (ascrobate peroxidase)和 CAT (catalase)等抗氧化物酶活性来评价不同材料的耐寒性。Zhang et al.（2011）则 4 ℃ 处理四叶期水稻幼苗，恢复后统计存后活率进而评价其耐寒性。刘栋峰等（2019）建立了一种恒温水浴鉴定水稻幼苗耐低温的方法，环境温度设定为 20 ℃，水浴温度设定为 4 ℃，根据恢复后植株的存活率进行鉴定。研究人员也通过冷锻炼来增强水稻的耐低温冷害能力，不同水稻品种的持续性和稳定性表现出明显的差异。冷敏感品种经历冷锻炼后细胞器膜结构与未经历冷锻炼的品种没有本质区别，而耐低温冷害的品种，则表现明显的差异。

四、幼苗期冷害的生理基础

苗期遇到低温冷害，植物体内内质网和高尔基体膨大形成囊泡，在细胞受到低温损伤时起到修复作用。遇到低温胁迫时，水稻幼苗细胞膜脂过氧化而造成膜损伤。植物细胞内通过多个途径产生 O_2^+、OH、O^2 和 H_2O_2 等自由基。同时植物细胞内也产生了清除这些自由基的活性体系，来确保水稻幼苗的抗冷害能力。遇到低温胁迫时，水稻自身通过增加根系中 MDA 含量，提高根系保护酶（POD、CAT、SOD、APX 和 GR）活性（张成良，2007）。根部内各个保护酶构成作物的抗氧化系统，进而保护稻苗遭到低温胁迫的伤害。同时，植物细胞内产一系列非酶类的内源抗氧化剂，包括谷胱甘肽（GSH）、抗坏血酸（ASA）、维生素 E 等，与各种酶类物质协同作用，形成抗冷害体系。在低温胁迫的条件下，一方面刺激根系产生更多的自由基，加快膜脂过氧化，导致体内 MDA 含量的增加；另一方面可能刺激根系统保护酶活性的增强，加快自由基清除，减轻膜脂过氧化，降低体内 MDA 的含量，这两方面形成一个动态平衡，是确保水稻耐冷的生理机制之一。光合作用是水稻苗期受低温冷害影响最明显的生理过程之一，当水稻幼苗受到冷害胁迫时，叶绿体的超微结构受到严重破坏，叶绿体电子传递功能降低。在低温胁迫发生时，耐低温水稻品种在低温胁迫下仍然保持较高的光合速率，进而确保了水稻幼苗的耐低温能力。

五、幼苗期冷害的遗传基础

水稻苗期的耐冷性是由多基因控制的数量性状，具有复杂的遗传背景和广泛的遗传多样性。研究人员已经开展了几十年的研究，虽然耐冷的遗传机制尚未十分明晰，但是已经鉴定出多个水稻苗期耐冷 QTL。研究人员利用耐冷性评价的多个指标，进行苗期耐冷性数量性状位点的分析，在 1、3、4、5、6、8、9、11 和 12 号染色体上找到了耐冷性数量性状位点。Michael et al.（2017）通过对种质资源材料进行 5 个耐冷性状的评价及 GWAS 定位，鉴定出 48 个 QTL，其中两个新 QTL *qLTSS3-4* 和 *qLTSS4-1* 控制低温幼苗存活率（LTSS）。Yang 等人鉴定了 2 个苗期耐低温的 QTLS *qCTS-6* 和 *qCTS-12*，分别定位在第 6 号染色体和 12 号染色体上。姜树坤等利用粳稻 Nipponbare、籼稻 Kasalath 及其杂交后回交衍生的 98 个 BC$_1$F$_5$ 回交重组自交系群体进行苗期自然低温处理，共检测到控制苗期抗冷的 2 个主效 QTL 和 1 个微效 QTL，分别为 *qCTS1*、*qCTS3*、*qCTS8*。胡莹等（2006）利用重组自交系群体在 1、3、8 和 11 号染色体上检测出 5 个 QTL。寻梅梅等（2006）检测到两个苗期耐低温 QTL，分别位于第 2 和第 3 染色体上。研究人员利用东乡野生稻开展了一系列水稻苗期低温 QTL 检测，分别定位在 4、8、10 号染色体上（简水溶等，2011；陈大洲等，2002；夏瑞祥等，2010）。

　　水稻苗期耐冷分子调控机制是比较复杂的，由多个基因共同调控的。*OsbZIP52/RISBZ5* 是水稻 bZIP 转录因子家族的一员，当遇到低温胁迫时，该基因表达水平升高，意味着该基因可能是低温及渗透胁迫的一部分（Liu et al., 2012）。过表达该基因则会提高转基因株系的低温敏感性，下调 *OsLea3*、*OsTPP1*、*Rab25* 等一些应激基因的表达。Zhao et al.（2017）克隆出水稻苗期耐冷基因 *qCTS-9*，该基因的表达可以提高水稻苗期的耐冷性。CBF 通路中转录因子 *OsNAC2*、*OsMYB46* 和 *OsF-BOX28* 基因在水稻苗期低温信号转导过程中起作用。*COLD1* 基因编码 G 蛋白信号传导的调控因子，位于细胞膜和内质网上，在水稻苗期耐冷性上起到重要的作用。Xiao 等（2015）人通过对 qLOP2 和 qPSR2-1 进行精细定位，*LOC_Os02g0677300* 基因为水稻苗期耐低温的诱导基因，为改良水稻耐冷性及解析水稻耐冷机制提供新的等位基因。随着越来越多的水稻苗期耐冷基因的挖掘，为深入探索水稻苗期耐冷遗传机理提供基础。

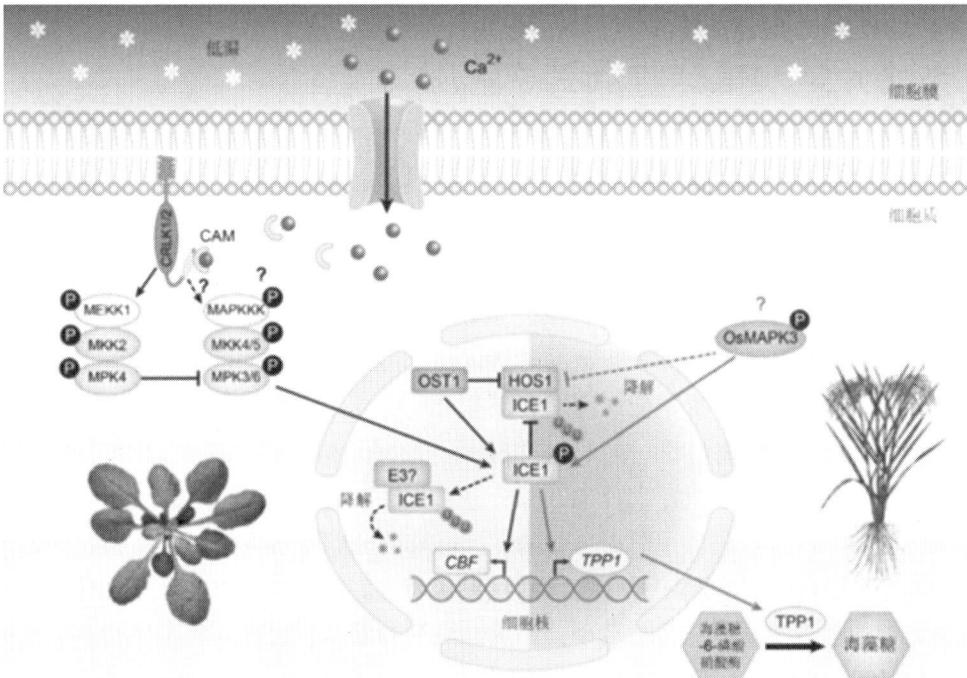

图 4-4　MAP 激酶级联反应调控拟南芥和水稻低温应答的工作模型

在植物体内多种低温应答机制及相互协同的调控网络，低温条件下 *MPK* 激活与 *ICE1* 稳定性之间的信号通路。冷胁迫诱导水稻 *OsMAPK3* 激活，而后磷酸化 *OsICE1*。同时，*OsMAPK3* 抑制 *OsHOS1* 和 *OsICE1* 的结合，进而抑制 *OsICE1* 的降解，维持了 *OsICE1* 的稳定。被磷酸化的 *OsICE1* 激活 *OsTPP1* 的转录，促进海藻糖的累积，增强水稻耐冷能力。种康团队发现水稻 *OsMAPK3* 磷酸化并维持 *OsbHLH002* 的稳定，*OsbHLH002* 通过结合至 *OsTPP1* 启动子的 E-box 基序上，冷处理后 *OsbHLH002* 可使 *OsTPP1* 转录水平上升，诱导大量海藻糖产生，从而增强水稻的抗冷能力（Zhang et al, 2017）。在水稻整个冷信号传导过程中 *MYBS3* 起到重要的作用，同时 *MYBS3* 是糖类信号传导中 *αAmy3 SRC* 的转录抑制因子，主要参与调控水稻长期冷胁迫的反应机制，而 *DREB1A* 参与水稻短期低温胁迫的调控，水稻中这两种长短期调控机制的互补协调作用，确保水稻的抗低温冷害能力（Su et al., 2010）。

第二节 分蘖期的冷害

分蘖期是水稻根系生长和有机物积累的重要时期，是形成良好群体结构的前提保证。减少无效分蘖数，提高有效分蘖率是水稻高产稳产的重要手段之一（Li et al. 2003）。分蘖期遭受的冷害属于延迟型冷害，导致水稻分蘖受到抑制，分蘖盛期推迟，有效分蘖数下降，甚至出现停止分蘖的现象，最终引起产量下降。了解水稻植株对分蘖期低温冷害的响应机制，解析分蘖期水稻冷害的生理和遗传基础，可以为提高水稻分蘖期耐冷能力提供技术方法及理论依据。

一、分蘖期植株对低温的响应

（一）分蘖期低温对水稻生长的影响

分蘖期遇到低温冷害严重影响水稻正常生长发育，造成分蘖数减少，株高降低，叶色变浅，光合速率下降，生育期明显推迟。王立志等（2009）指出低温处理 3d-6d 明显抑制水稻的分蘖，最高分蘖数和达到最高分蘖数的时间均随低温处理时间的延长而显著下降和延迟。武琦等（2012）研究发现分蘖期低温胁迫会减缓分蘖的发生速率，但是可以有效增加有效分蘖数。卞景阳（2010）研究发现，在 12 ℃低温处理期间水稻分蘖数有一定的增加，但是恢复生长后，水稻植株逐渐表现出冷害现象，部分分蘖死亡，生育期延后等现象。分蘖期是水稻分蘖形成的重要阶段，低温胁迫阻碍分蘖的发生，降低分蘖数及有效穗数，但由于水稻个体拥有更少的呼吸消耗量，有利于光合产物的积累从而提高成穗率。李彦利（2010）研究发现当分蘖高峰期遇到低温造成分蘖数减少，严重影响分蘖的生长发育，延长了营养生长与生殖生长的重叠时间，影响穗粒数的形成。若是低温出现在分蘖后期，则会减少无效分蘖的发生。

低温胁迫对水稻叶片生长产生了抑制作用，造成叶片生长缓慢，叶面积减少，叶片褪色，单位叶面积的光合作用速率下降。

（二）分蘖低温胁迫对水稻产量的影响

干物质的积累与水稻产量密切相关，分蘖期干物质的积累是后期产量形成的基础。邹春馥（1992）在分蘖期利用 14 ℃处理 10 d，地上部干物质积累减少 75 %。研究表明分蘖期低温胁迫造成各个生育期地上部干物质积累减少，低温胁迫时间越长，干物质积累减少越大。并且低温对分蘖的干物质积累影响大于主茎。低温胁迫时间越长，水稻茎鞘干物质输出率和茎鞘干物质贡献率降低越多。低温对水稻淀粉合成及积累造成一定的影响，分蘖期遇低温后有一定的恢复时间，影响较小。同时低温胁迫造成起始生长势、最大灌浆速率和平均灌浆速率逐渐下降，灌浆高峰期延迟，籽粒灌浆时间延长。这是因为分蘖期经历低温胁迫后造成叶面积指数显著降低，降低了水稻灌浆物质的"源"，进而造成起始生长势、平均灌浆速率和最大灌浆速率下降，可能造成千粒重减少，降低水稻产量。水稻返青期、分蘖期的温度变化对产量影响相对较大。分蘖期低温主要影响水稻的有效穗数，而造成水稻产量的下降。

（三）分蘖期低温胁迫对水稻生理特性的影响

分蘖期低温降低了分蘖期叶片净光合速率、蒸腾速率、气孔导度，提高胞间 CO_2 浓度。短期低温影响水稻光合作用，磷酸化水平降低，抑制叶绿体的合成，同时也会造成叶片气孔阻力增加。分蘖期遇到低温胁迫后叶片中叶绿素含量不变或上升缓慢，恢复常温后叶绿素含量迅速恢复正常，对后期叶绿素含量影响不显著。赵宏伟等（2019）研究发现低温处理后水稻根系内源激素 ABA 含量逐渐上升，IAA、GA_3 和 ZR 含量逐渐下降，进而减缓根系生长，进入休眠状态。研究表明低温胁迫下根系脱氢酶活性降低，即呼吸代谢减弱，产生 H^+减少，根系活力下降。SOD、POD 和 CAT 活性增强，减少膜脂过氧化情况的发生，减少细胞膜系统的破坏（朴雪梅等，2021）。低温胁迫会打破活性氧的产生和代谢之间的平衡关系，造成细胞质膜的过滤性降低，通透性增大，各种离子的代谢平衡失调，引起水稻细胞中清除活性氧自由基的保护酶作用性能下降，导致 MDA 的过氧化物数量急剧增加。低温胁迫条件下，也会造成脯氨酸含量和可溶性蛋白含量增加。

二、水稻分蘖期的最低温度

分蘖是确保水稻穗数，影响水稻产量的重要农艺性状之一（邹春馥等，1992；Gagres-Varon et al.，2015）。温度是影响水稻分蘖的早晚、多少及质量的重要气象因素之一。分蘖芽分化的分化和定性两个阶段是温度敏感期。水稻分蘖期最适温度为 30 ℃左右（詹可，2007）。王亚莉等（2009）研究发现水稻分蘖的适宜温度为 23~28 ℃，此时分蘖速度快，分蘖壮、数量多。当低于 20 ℃以下时分蘖缓慢甚至停止分蘖。佐藤雄佐（1994）设置 9 ℃低温处理 8 天，出现水稻 30 %枯死的现象，即在 9 ℃长时间低温处理，对水稻个体损伤较大，即使未枯死，生长后期分蘖数减少，分蘖速率减慢。凌启鸿等（1995）认为分蘖期间日均温超过 20 ℃可以加快分蘖，确保成穗率，尤其是 6 月中下旬有效高温，日分蘖数为 1~1.5 个蘖。分蘖临界低温是能使表征分蘖性状要素发生显著减少的温度下限。宋忠华等（2014）通过 Duncan 新复极差多重比较表明，19 ℃是分蘖的临界低温。结合离差平方和法对总穗数和有效穗进行系统聚类分析，进一步说明 19 ℃是水稻分蘖的临界低温。Zhang et al.（2014）通过对东北粳稻种植区域进行冷害危险评估时，认为 17 ℃是水稻分蘖的临界温度。水稻处于低于临界低温会发生生理代谢异常，株高增长缓慢，分蘖时间延长，生育期明显推后，导致有效穗数和总粒数减少。水稻分蘖期长高的最低温度为 15~16 ℃，当温度低于 10 ℃时叶片将停止生长。当水稻处于高于 38 ℃时，也会影响水稻的正常生长发育。

三、分蘖期冷害的品种间差异

遇到低温冷害时，不同水稻品种的株高、分蘖数变化，出叶速度、叶色的农艺性状以及体内的内源激素、叶绿素等生理指标存在明显的差异。徐冲等（2015）模拟水稻分蘖期低温胁迫，不同类型水稻品种表现出明显差异，耐低温水稻品种叶片的净光合速率、气孔导度、蒸腾速率明显下降，下降幅度低于不耐低温水稻品种。赵宏伟等（2019）指出耐冷性强的水稻品种，内源激素变化幅度存在明显差异，通过含量的变化来减缓低温对植株的伤害。耐冷性强的水稻品种，低温胁迫条件下内源激素、抗氧化酶活性和渗透调节物质的含量相对较高，通过功能叶片和根系的调节作用，增强植株抗氧化酶活性，及时清除活性氧及产物，增强植株的耐冷性。同时耐冷性品种具有较高的根系活力，减少根系伤害，确保植株强呼吸作用和光合作用。徐伟豪等（2020）研究不同水稻品种在低温胁迫条件下保护酶的影响发现，SOD在大多数品种中活性增强，而 CAT 和 POD 在不同品种中表现出明显差异。在低温条件下，不同水稻品种利用不同保护酶组合，相互协调来抵御逆境，增强植株的耐冷性。

四、分蘖期冷害的生理基础

内源激素是水稻植株正常生长发育的主要调节物质，参与生理的调节。在低温胁迫条件下，植株体内 ABA 含量上升，提高体内抗氧化酶活性，加速清理植株体内的超氧自由基，减少低温对细胞光合膜系统造成的伤害，提高水稻体内的水分平衡能力，促进合成相应的抗性蛋白。同时，植物体内 IAA、GA3、ZR 的含量下降，植株通过延缓生长速度，来维持体内代谢平衡，减少低温冷害造成的伤害，IAA 在植物体内抑制分蘖的发生，IAA 活性的减弱有利于低温条件下水稻分蘖。水稻在遭受低温胁迫后，抗氧化酶清除活性氧能力减弱，通过合成ABA 增强抗氧化酶的活性，清除功能叶片和根系的超氧自由基，同时降低功能叶片的光合作用，减缓根系生长。虽然功能叶片中内源激素的含量下降，但是通过自身生理调节机制，增强叶面的光合作用和呼吸作用，促进根系吸收水分和养分的能力，保持蛋白质、微量元素和核酸含量，确保水稻生理稳定性适应低温环境。

五、分蘖期冷害的遗传基础

水稻有效分蘖和分蘖质量是影响水稻产量的重要农艺性状，研究认为分蘖数是数量性状。目前，研究人员已经鉴定出近 180 个控制水稻分蘖的 QTLs，分别定位在水稻 12 条染色体上，包括 *GSOR23*、*FT1*、*DT1* 等（Li et al., 2000; Yuan et al., 2013; 唐家斌等，2001）。邹德堂等（2012）利用微卫星标记的对水对分蘖期冷水处理条件下水稻株高、分蘖数、地上部生长量及叶绿素含量等进行 QTL 分析。检测到 21 个分蘖期耐冷性相关的 QTL，分别分布在第 2、3、5、6、7、8 和 12 号染色体上。其中株高相关 QTL 3 个，分别位于第 7、8 和 12 号染色体上。株高冷水反应指数的 QTL 1 个，位于第 3 号染色体。分蘖数相关 QTL 3 个，位于 3 号染色体上，其中 *qNT-3-1* 和 *qNT-3-2* 为主效 QTL。鉴定出冷水条件下检测到与分蘖数冷水反应指数相关的 QTL 4 个以及地上部生长量相关 QTL 2 个等多个 QTLs。韩龙植等（2005）利用籼粳杂交群体，低温条件下利用叶片赤枯度基因进行定位，分别定位在第 2、3、7、9 和 11 号染色体上。张艳梅等（2012）利用 140 份东北粳稻品种（系）进行 SSR 关联分析，研究得到 18 个与分蘖期耐冷性关联的位点。为耐冷水稻品种的选育和改良以及分子标记辅助育种提供依据。李家洋团队克隆出水稻分蘖的控制基因 *MOC1*，该基因编码植物的 *GRAS* 基因转录因子家族，控制水稻腋分生组织的起始和分蘖芽的形成，同时促进分蘖芽的生长发育（Li et al, 2003; 李家洋，2008）。刘洋等（2011）通过施加外源激素，测定分蘖基因 OsTB1、OsNAC2、OsD3 和 OsD10 的表达及内源激素的变化，解析水稻分蘖芽的生长机理。研究发现可以通过调控细胞分裂素（CTK）的含量来调控相关基因的表达进而调控水稻分蘖芽生长或者通过 MAX/RMA/D 蛋白途径调控分蘖芽生长。D3、TB1、MADS57、D14 等独角金内酯合成和转导相关基因，调控水稻分蘖形成，这些基因参与调控植物激素合成以及信号转导，独角金内酯与其他植物内源激素相互作用调控水稻分蘖（Takeda et al., 2003; Guo et al., 2013; Gaiji et al., 2012）。水稻分蘖期调控机制是一个复杂的调控机制，遗传调控机理尚未十分明晰，仍然需要研究人员挖掘相关基因、深入研究各个调控通路及机理，为水稻应对低温冷害，确保水稻产量提供理论依据。

参考文献

[1]Tsukasa N, Masahiro. Genetic Variation of Chilling Injury at Seedling Stage in Rice, *Oryza sativa* L. Japan Society of Breeding, 1990, 40: 449-455.

[2]王春艳，王立志，李锐，等.黑龙江水稻冷害Ⅶ苗期低温对水稻秧苗电导率及可溶性糖含量的影响.黑龙江农业科学，2010，5: 21-21.

[3]龚明，刘友良.稻苗低温下叶片、幼根的细胞学反应.上海农业学报，1988，4(1): 47-54.

[4]王国莉，郭振飞.低温对水稻不同耐冷品种幼苗光合速率和叶绿素荧光参数的影响.中国水稻科学，2005，19(4): 381-383.

[5]曾乃燕，何军贤，赵文，等.低温胁迫期间水稻光合膜色素与蛋白水平的变化.西北植物学报，2000，20(1): 8-14.

[6]陈善娜，邹晓菊，梁斌.水稻不同抗冷性品种幼苗叶细胞膜系统的电镜观察.植物生理学通讯，1997，33(3): 191-194.

[7]李平，刘鸿先，王以柔，等.低温对杂交水稻及其亲本三系始穗期旗叶光合作用的影响.植物学报，1990，32(6): 456-464.

[8]郭军伟，魏慧敏，吴守锋，等.低温对水稻类囊体膜蛋白磷酸化及光合机构光能分配的影响.生物物理学报，2006，6(3): 197-202.

[9]大谷義雄，土井弥太郎.日本作物学会紀事，1948，16(3, 4): 9-11.

[10]岛田多喜子.イネ幼苗の根の脂肪酸組成と低温感受性.根の研究，1998，7: 109-112.

[11]赵利辉，刘友良.冷胁迫对水稻幼苗根系液泡膜质子泵的伤害及钙的调节作用.南京农业大学学报，2000，23(3): 5-8.

[12]Ma Y, Dai X, Xu Y, et al. *COLD1* Confers Chilling Tolerance in Rice. Cell, 2015, 160(6): 1209-1221.

[13]Zhang Z, Li J, Li F, et al. *OsMAPK3* Phosphorylates *OsbHLH002/OsICE1* and Inhibits Its Ubiquitination to Activate *OsTPP1* and Enhances Rice Chilling Tolerance. Dev Cell, 2017, 43: 731-743.

[14]Victoria Bonnecarrère, Gastón Quero, Eliana Monteverde, et al. Candidate gene markers associated with cold tolerance in vegetative stage of rice (*Oryza sativa* L.). Euphytica, 2015, 203(2): 385-398.

[15]刘栋峰，唐永严，雏胜韬，等.利用低温水浴鉴定水稻苗期耐寒性.植物学报，2019，54(4): 509-514.

[16]寻梅梅，江玲，刘世家，等.利用回交重组自交系群体检测水稻苗期耐冷基因座.南京农业大学学报，2006，29(2): 123-126.

[17]简水溶，万勇，罗向东，等.东乡野生稻苗期耐冷性的遗传分析.植物学报，2001，46(1): 21-27.

[18]陈大洲，钟平安，肖叶青，等.利用 SSR 标记定位东乡野生稻苗期耐冷性基因.江西农业大学学报(自然科学版)，2002，24: 753–756.

[19]夏瑞祥，肖宁，洪义欢，等.东乡野生稻苗期耐冷性的 QTL 定位.中国农业科学，2010，

43: 443–451.

[20]Liu C, Wu Y, Wang X. *bZIP* transcription factor *OsbZIP52/RISBZ5*: a potential negative regulator of cold and drought stress response in rice. Planta, 2012, 235: 1157-1169.

[21]Zhao J, Zhang S, Dong J, et al. A novel functional gene associated with cold tolerance at the seedling stage in rice. Plant Biotechnology Journal, 2017, 15: 1141-1148.

[22]Su C, Wang C, Hsieh T H, et al. A Novel *MYBS3*-Dependent Pathway Confers Cold Tolerance in Rice. Plant Physiology, 2010, 5(153):145-158.

[23]Tajima K. Shimizu N. Effect of sterol, alcohol and dimethyl sulfoxide on sorghum seedling damaged by above-freezing low temperature. Proc Crop Sci Japan, 1973, 42: 220-226.

[24]姜树坤，张喜娟，姜辉，等.水稻苗期抗冷 QTL 的检测.沈阳农业大学学报，2011，42(6): 654-657.

[25]Xiao N, Huang W, Li A, et al. Fine mapping of the *qLOP2* and *qPSR2-1* loci associated with chilling stress tolerance of wild rice seedlings. Theor Appl Gene, 2015, 128:173-185.

[26]Andaya V C, Tai T H. Fine mapping of the *qCTS12* locus, a major QTL for seedling cold tolerance in rice. Theor Appl Genet, 2006, 113: 467–475.

[27]邵继荣，刘永胜，周仕春，等.冷锻炼对提高水稻幼苗抗寒性及其细胞器膜结构稳定性的影响.作物学报，1999，9(5): 569-573+659.

[28]王亚莉，贺立源.气象条件对杂交水稻汕优 63 产量构成因子的影响.中国农学通报，2006，8: 206-210.

[29]Li X, Qian Q, Fu Z, et al. Control of tillering in rice. Nature, 2003, 422(6932): 618-621.

[30]王立志，王春艳，李忠杰，等.黑龙江水稻冷害Ⅳ分蘖期低温对水稻分蘖的影.黑龙江农业科学，2009，4:18-20.

[31]武琦，邹德堂，赵宏伟，等.不同生育时期低温胁迫下水稻耐冷指标变化的研究.作物杂志，2012，6: 95-101.

[32]宋忠华，张艳贵，黄晚华，等.超级杂交早稻分蘖期低温胁迫效应研究.中国农学通报，2014，30(36): 22-27.

[33]卞景阳.低温胁迫对水稻分蘖变化的影响.黑龙江农业科学，2010，10: 34-35.

[34]李彦利，严光彬，贾玉敏，等.2006 年、2007 年气温对吉林省水稻生长的影响.吉林农业科学，2010，35(1): 9-11.

[35]徐伟豪，柳洪良，朴雪梅，等.不同生育时期低温胁迫对水稻保护酶的影响.现代农业研究，2020，26(5): 49-53.

[36]詹可，邹应斌.水稻分蘖特性及成穗规律研究进展.作物研究，2007(S1): 588-592.

[37]Li Y, Zheng X, Li D. QTL analysis of submergence tolerance at tillering stage in rice. Chinese Rice Research Newsletter, 2000, 8(02):2-10.

[38Dwarf Phenotype in Indica Rice Mutant gsor23. Rice Science, 2013, 20(5): 320-328.

[39]邹德堂，李姣，郑洪亮，等.冷水胁迫下水稻分蘖期耐冷性状 QTL 定位研究.东北农业大学学报，2012，43(10): 96-102.

[40]后藤雄佐，大江真道.分げつ期水稻の生长に及ぼす短期間低温(9 ℃)处理の影響.日本作物学会纪事，1994，63(1):48-54.

[41]凌启鸿，苏祖芳，张海泉.水稻成穗率与群体质量的关系及其影响因素的研究.作物学报，1995(4): 463-469.

[42]邹春馥，李茜，奈良正雄. 低温对水稻不同生育阶段生长发育的影响. 黑龙江农业科学，1992，1: 7-12.

[43]徐冲，王丕武，侯立刚，等. 分蘖期低温胁迫对东北水稻主栽品种产量及光合特性的影响. 吉林农业科学，2015，40(1): 10-16.

[44]赵振东. 分蘖期不同天数冷水胁迫下寒地粳稻产量形成机理的研究. 东北农业大学，2015.

[45]赵宏伟，王喆，瞿炤珺，等. 分蘖期冷水胁迫对寒地粳稻根系生理特性及产量的影响. 东北农业大学学报，2019，50(12): 10-20.

[46]朴雪梅，柳洪良，韩云哲，等. 水稻分蘖期关键酶的表达同耐冷性相关研究. 北方水稻，2021，51(5): 19-21+38.

[47]张艳梅，邹德堂. 东北粳稻分蘖期耐冷性鉴定及 SSR 标记关联分析. 中国水稻科学，2012，26(4): 423-430.

[48]李家洋. 水稻分蘖数目与分蘖角度的分子机理. 中国基础科学，2008，3: 14-15.

[49]Gagres-Varon G, Restrepo-Diaz H. Growth and yield of rice cultivars sowed on different dates under tropical conditions. Ciencia E Investigacion Agraria, 2015, 42(2): 217-226.

[50]Takeda T, Suwa Y, Suzuki M, et al. The *OsTB1* gene negatively regulates lateral branching in rice. The Plant journal: for cell and molecular biology, 2003, 33(3): 513-520

[51]Guo S, Liu H. The interaction between *OsMADS57* and *OsTB1* modulates rice tillering via *DWARF14*. Nature Communications, 2013, 4(3):1566.

[52]Gaiji N, Cardinale F, Prandi C, et al. The computational-based structure of *Dwarf14* provides evidence for its role as potential strigolactone receptor in plants. BMC research notes, 2012, 5(1): 1-9.

（杨贤莉、姜树坤、迟力勇、孟英、夏天舒）

第五章 水稻生殖生长期的冷害

第一节 孕穗期的冷害

一、孕穗期冷害的鉴定设施

无论任何研究，研究方法和研究设施的改进对研究的进展都会起到非常重要的促进作用，研究设施的开发往往会带来飞跃的进展，因此，研究者们多致力于方法和设施的改进与创新。

（一）环境模拟装置

冷害研究离不开环境调节装置，日本科学家佐佐木1926年在京都大学使用装有玻璃的恒温箱进行冷害试验，这是现代人工气候室的雏形。1935年日本农事试验场建立了最早的人工气候室用于冷害研究（图5-1），1956年根据以往实验中存在的问题进行改进，建立了正规的大型人工气候室（图5-2）（西山岩南，1985）。1987年中日JICA项目资助，在黑龙江省农科院耕作栽培研究所建成了国内当时最好的大型人工气候室，至今仍在使用（图5-3）。20世纪90年代以来，国内多家单位参照此类气候室的结构，建设了多个大型人工气候室（图5-4、图5-5、图5-6）。

图 5-1 日本中央农事试验场（西原）人工气候室

图 5-2 北海道农业试验场人工气候室

图 5-3 黑龙江省农业科学院耕作栽培研究所（哈尔滨南岗）人工气候室

图 5-4 中国水稻研究所（杭州）人工气候室群

图 5-5 中国水稻研究所（杭州）人工气候箱群

图 5-6 黑龙江省农业科学院耕作栽培研究所（哈尔滨道外）人工气候室

（二）田间模拟装置

虽然人工气候室、人工气候箱等环境模拟装置是研究水稻冷害的有力手段之一，具有试验精度高、重复性好的天然优势，但是也存在空间受限、运行成本高、环境状态与大田实际不同等问题。在人工气候室内的模拟试验适合于研究生理机制、遗传基础、分子调控等基本原理，但不能满足田间大规模鉴定、栽培试验、育种实践等大田试验要求。因此，必须要有一种低成本的、在大田可以相对高精度地进行试验的模拟装置。

田间环境调节有许多办法，在寒冷地区设置试验场和试验地，在某种意义上来说本身就已经是处在调节的环境中了。早播早插和晚播晚插可以在一定程度上调节环境，是水稻冷害研究的常用办法之一。另外，利用山区不同海拔高度的天然温度差异也是研究水稻冷害的有效手段（马树庆等，2018）。上述手段只能在一定程度上模拟低温，但可控性较差。

表 5-1 水稻品种气候室耐冷性与冷水模拟耐冷性的关系

| 品种 | 生殖生长期 17℃低温处理 8 d | | | 冷水灌溉 模拟低温 | | | | 晚播晚插 模拟低温的 耐冷评价等级 |
| | 低温处理 结实率(%) | | 耐冷等级 | 冷水低温处理区与 对照区的产量比(%) | | | 耐冷等级 | |
	1943	1944		1944	1945	1946		
染分	59		※*	51			※*	I*
东北 23 号	57		※	51			※	I
今田糯	53		※	49			※	I
九平 2 号					47		※	II
远野 3 号					45	44	※	II
昭和 2 号		52	⊕	46			⊕	I
陆羽 132	47	55	⊕	46	37	30	⊕	II
黑糯 22 号					43		⊕	II
奥羽 172 号					39	36	⊕	III
早生爱国					39	33	⊕	III
奥羽 2 号					39	31	⊕	III
龟之尾 4 号					39	27	⊕	III
彦太郎糯		50	⊙	39			⊙	III
农林 17 号		44	⊙	43		25	⊙	III
奥羽 187 号					24	20	¶	IV
农林 16 号	39		¶	22			¶	IV
奥羽 195 号					32	18	¶	V
安系 7 号	30		¶	26			¶	V
新伊号		26	¶	25			¶	V
秋田 1 号		21	¶		28		¶	V
奥羽 19 号					22		¶	V

注：※*和 I*为特级，※为 1 级，⊕为 2 级，⊙为 3 级，¶为 4 级。引自西山岩男（1984）略作修改。

利用冷水进行温度模拟是特别有效的方法，国内外科学家很早就开始利用水的高比热特点进行低温模拟（西山岩男，1985）。而且，冷水导致的冷害问题一直广泛存在于寒地稻区和山地稻区，其本身就是构成水稻冷害的一部分。早期的冷水处理有两种方法，一种是长期冷水串灌，适于从多数品种中进行大量淘汰，缺乏严密性，精度不高；另一种是中期冷水串灌，该方法营养生长期不进行处理，在早熟材料幼穗形成期到晚熟材料抽穗始期进行 30～40 d 的冷水低温处理，采用白天停水、夜间串灌的方法。但是，这两种方法都不能进行水温的精细控制，被逐步淘汰了。角田等（1968）在上述两种方法的基础上开发了短期深水处理法，即用盆栽的材料在水稻减数分裂期前后短时间（7d）浸泡到低温（15～16℃）深（30cm）冷水中，他们用这种方法的鉴定结果与人工气候室的结果基本一致（表 5-1）。

按照这一思路，日本科学家田野 1976 年设计了最早的精确调节水温的田间调节装置，采用的是地下水与河水混合，温度精度为±0.5℃，能自动调节一定面积的水田水温，图 5-7 是该装置的示意图，图 5-8 是该装置的实际图。此后，按照这一设计思路日本东北地区以及韩国建立了一系列的冷害处理装置（图 5-9、图 5-10），国内东北地区的吉林省农科院水稻研究所、黑龙江省农科院水稻研究所（图 5-11）、黑龙江省农科院耕作栽培所（图 5-12）、东北农业大学农学院等单位也先后建设了类似的模拟装置，对水稻耐冷研究和耐冷育种起到了非常重要的支撑作用。

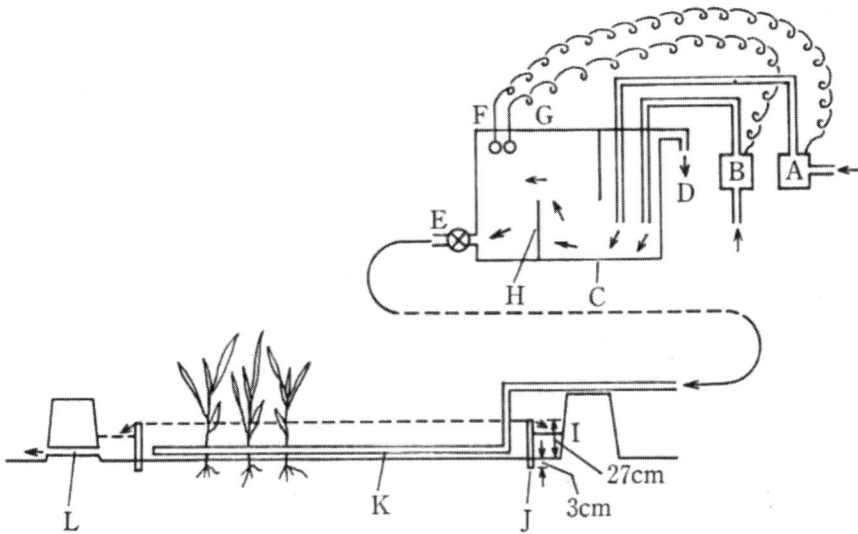

图 5-7 田野设计的田间模拟装置示意图（田野，1976）
A：江水供水泵，B：地下水供水泵，C：混水槽，D：排水口，
E：流出水调节阀，F：控温探头，G：水位调节探头，H：混水槽混水挡板，
I：田埂，J：可调节挡水板，K：进水管，L：排水口

图 5-8 田野设计的田间模拟装置

图 5-9 日本宫城县古川农业试验场冷害鉴定圃

图 5-10 韩国国立作物研究所的冷害鉴定圃

图 5-11 黑龙江省农科院水稻研究所（佳木斯）冷害鉴定池

图 5-12 黑龙江省农科院耕作栽培研究所（哈尔滨道外）冷害鉴定池

二、水稻孕穗期敏感器官的确定

孕穗期低温冷害的主要表现是空壳率的升高，从水稻开花受精的角度出发，很容易推测孕穗期低温敏感器官是穗子，西山岩男等（1969）利用人工气候室做了控制气温和水温的试验发现，水深 14 cm 以下时，即使温度从 15 ℃升高到 23 ℃也完全看不出空壳率的降低；若水深达到 21 cm 以上，19 ℃的处理就能一定程度地恢复结实情况；21 ~ 23 ℃的处理可以恢复到 90 % 以上的结实率。如果低温敏感的器官仅限于稻穗，则引起孕穗期不受精的冷媒不是空气就是灌溉水，也就是说由冷空气和冷水造成的低温冷害的致灾原因理应相同，这也是利用冷水串灌设施鉴定水稻孕穗期耐冷能力的依据。

从受精的角度来看，结实是由花粉和子房两个方面共同决定。根据低温处理引起花粉母细胞减数分裂异常和绒毡层肥大等现象，可以看出花药（花粉）可能是主要的低温敏感器官。Hayase et al.（1969）发现用健全的花粉给孕穗期低温处理后理应产生显著不受精的材料授粉，成功恢复了结实率，由此证明了花药（花粉）是孕穗期低温冷害的敏感器官。

此外，研究还发现穗上部颖花比下部颖花对低温更敏感，一次枝梗比二次枝梗对低温更敏感，上部一次枝梗比下部一次枝梗敏感，上部二次枝梗比下部二次枝梗敏感（图 5-13），可以说发育早的颖花比发育晚的颖花对低温更敏感（Nishiyama et al., 1979）。

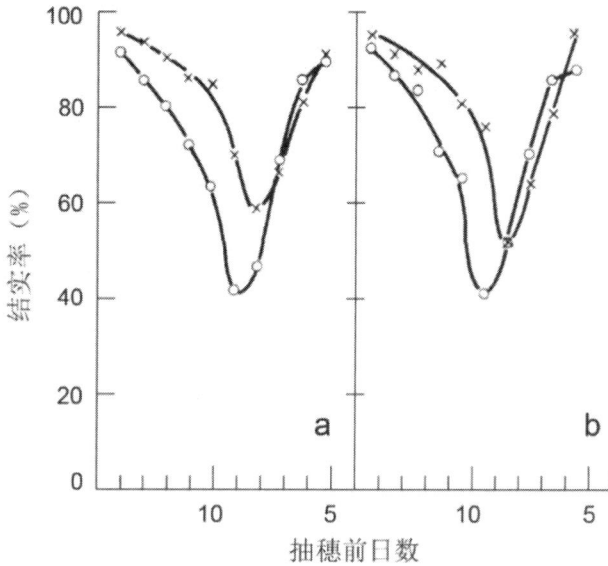

图 5-13 穗上不同位置颖花孕穗期的结实率变化
a: ○一次枝梗, ╳二次枝梗; b: ○上部枝梗, ╳下部枝梗。

三、水稻孕穗期低温冷害的临界温度

（一）孕穗期低温冷害的界限温度

水稻孕穗期低温处理发生不受精的临界温度受低温持续时间、昼夜温差等因素的影响。在低温处理时间较长的情况下，即使是相对较高的温度也会发生不受精。部分斯里兰卡的籼稻品种在 26～19 ℃（最高最低温度）范围内会产生大量不受精现象；而北海道耐冷性极强的水稻品种"早雪"在 23 ℃长期处理条件下，完全看不出空壳率的增加，但 15 ℃处理 4 d 则完全不结实（佐竹徹夫等，1970）。早期的低温冷害研究表明，20 ℃处理 5 d 看不到空壳率的增加，处理 10 d 时空壳率显著增加，而 17 ℃处理 5 d、14.5 ℃处理 3 d 稍有增加。在早期最严格的试验条件 17 ℃处理 15 d，空壳率达到了 70 %左右，尚未达到完全不受精。也有 17 ℃处理 13.5 d 就导致完全不受精的报道（近藤赖己等，1948）。Hayase 等（1969）对孕穗期水稻低温的生长发育进行了系统研究，发现昼温 19 ℃、夜温 15 ℃处理 6 d，在最高敏感期处理的空壳率增加极少；12 ℃处理 2 d，空壳率稍有增加；处理 4 d 空壳率超过 50 %；若低温处理 6 d 则几乎完全不受精。西山岩男等（1969）在进行孕穗期深水灌溉试验时发现，气温 12 ℃、水深 21 cm，空壳率的多少取决于水温。对北海道极耐冷品种"早雪"低温处理 5 d 的试验发现，空壳率开始增加的温度是 15～17 ℃，即使是 10 ℃的低温处理，结实率指数仍然能够接近 70 %。耐冷性较弱的农林 20，19～21 ℃处理 4 d 就空壳率就开始快速增加。也有 5.1 ℃夜间处理 8 h，空壳率不增加的报道（西山岩男，1985）。

（二）昼夜变温处理对空壳率的影响

众多研究表明，温度是影响孕穗期水稻结实率的关键。但是平均温影响大还是昼夜变温影响大？柴田和博等（1970）研究了昼夜变温对孕穗期空壳率的影响，结果表明即使平均气温相同，昼夜温差大的，空壳发生的较轻。但也不是日较差越大越好，实际上存在着一个空壳率最低的最适日较差。这种最适日较差因平均温度不同而异，平均气温越低，最适日较差越大。以图5-14为例，处理9 d的，平均气温20 ℃昼夜温差2.5 ℃，空壳率发生最少。平均气温18 ℃昼夜温差4 ℃，空壳率为10 %。

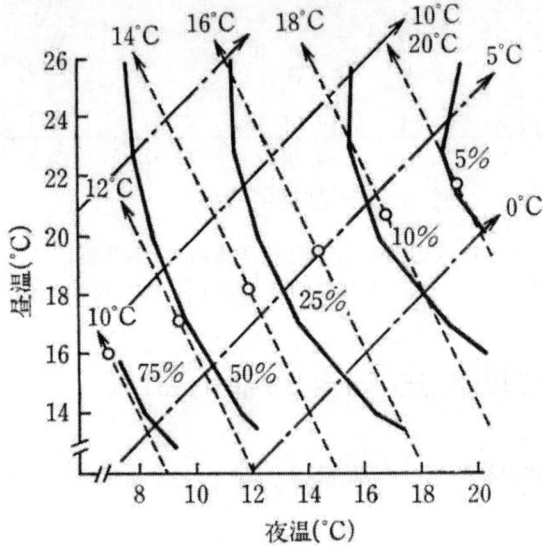

图5-14 昼夜变温对孕穗期空壳率发生的影响（柴田和博等，1970）
——空壳率等高线；……平均气温；— — —昼夜温差；○最适温差

岛崎佳郎等（1964）调查了孕穗期13 ℃连续或间断低温处理的空壳率发生情况，仅在夜间处理6 h或12 h的情况下，到第8天几乎没有空壳的发生；而白天处理6 h第8天仅有少量空壳出现。孕穗期13 ℃恒温连续处理1 d后就有空壳发生，而后急剧增加，到第4天就已经超过95 %了。这个试验表明，短时的低温冷害在温度恢复正常后可以得到恢复。

（三）品种的空壳率发生类型（U字型和V字型）

不同水稻品种孕穗期对低温的敏感时间不同，其长短与敏感性最高时的空壳率大小不一定一致。这一事实在早期分析龟之尾5号和陆羽132号的低温处理时期与空壳率关系的研究中被明确报道过（西山岩男，1985）。后来的研究表明，孕穗期强低温短时间处理（14 ℃，3 d）和弱低温长时间处理（17 ℃，6.5～9.5 d），品种间的空壳率发生程度并不一致。也就是说，对短时间强低温忍耐力强的品种，有对长时间弱低温忍耐力弱的趋势。按照敏感期的长短以及空壳率的曲线形状分别将这两类品种命名为U字型品种和V字型品种。

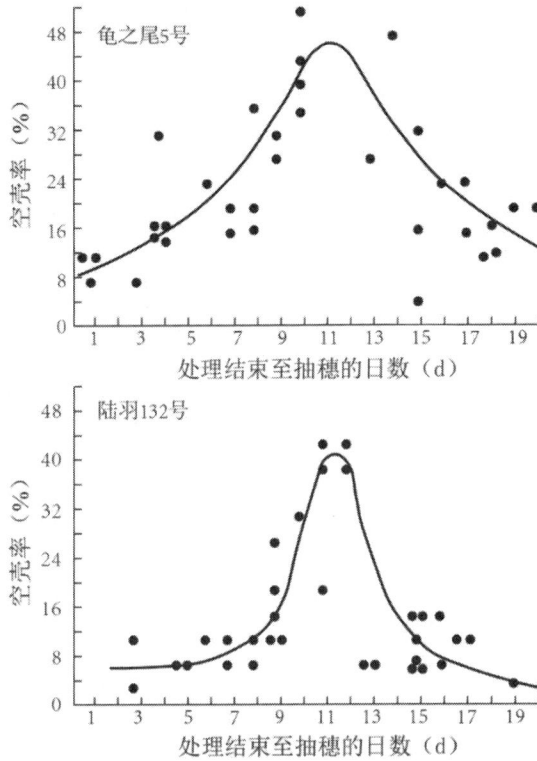

图 5-15 不同水稻品种的空壳率发生类型

（西山岩男，1985）

龟之尾 5 号：U 字型品种；陆羽 132 号：V 字型品种

（四）水稻孕穗期耐冷评价的标准品种

孕穗期是水稻对低温冷害最敏感的时期之一，孕穗期发生冷害将会导致大幅度的减产。因此，培育孕穗期强耐冷的品种已成为高纬度、高海拔地区水稻育种的关键选择目标（金成哲等，2006）。而如何将不同年份、不同方法下的水稻耐冷鉴定结果进行整合，就需要借助水稻耐冷性标准品种，在试验中将供试品种与标准品种进行比较来判断不同试验中耐冷性的强弱（李亚飞等，2010；韩龙植和张三元，2004）。韩国和日本的水稻耐冷研究较早，纷纷设立了本国的耐冷性标准品种。韩国以"五台稻"作为耐冷标准品种，而以"Saetbyelbyeo"作为冷敏感标准品种（李亚飞等，2010）。日本对标准品种的设定相对比较详细，针对各生育期的耐冷性均设定标准品种。例如在日本的东北地区，极早熟品种以"中母 36"作为耐冷性极强的标准品种，早熟品种以"庄内 32"作为耐冷性极强的标准品种，中早熟品种以"轰早生"作为耐冷性极强的标准品种（表 5-2）（松永和久和佐佐木武彦，1985）。

表 5-2 日本东北地区的耐冷性分级评价标准品种

熟期	强耐冷性弱							
	I	II	III	IV	V	VI	VII	VIII下
超早熟组			奥入濑 中母36	滨旭 小知守	藤稔	下田		
早熟组		庄内32	米代	不知山濑 陆奥锦	黎明 藤稔 陆奥香 姬糯	十和田 秋光 陆奥穗稔		
中早熟组		袭早生 新鹤粘		东北42号 沢之花	秋誉 金光 花光	笹稔 丰锦 清锦	沢稔 初锦	秀子糯

云南和东北是我国受冷害影响最大的省份，目前，云南已经建立了耐冷性标准品种体系（表5-3）（熊建华等，1995），早熟品种以"丽江新团黑谷"作为耐冷性极强的标准品种，中熟品种以"滇靖8号"作为耐冷性极强的标准品种，晚熟品种以"昆明小白谷"作为耐冷性极强的标准品种。

表 5-3 中国云南的耐冷性分级评价标准品种

熟期	强耐冷性弱						
	I	II	III	IV	V	VI	VII
早熟组		丽江新团黑谷	攀农1号 昭通麻线谷	染分	藤稔 米代	十和田	
中熟组		滇靖8号	昆粳4号	昆明217	袭早生 晋宁78-102		秀子糯
晚熟组		昆明小白谷 半节芒	云粳20 昆明830	云粳79-219		日本晴	

而黑龙江省目前才刚刚起步，我们项目组通过近20年的系统研究，确定了早熟品种以"空育131"作为耐冷性极强的标准品种，中熟品种以"龙稻5号"作为耐冷性极强的标准品种，晚熟品种以"东农428"作为耐冷性极强的标准品种，初步形成了黑龙江省的耐冷性标准品种体系（表5-4）。

表 5-4 中国黑龙江省的耐冷性分级评价标准品种

熟期	强耐冷性弱						
	I	II	III	IV	V	VI	VII
早熟组	空育131	龙粳31 龙粳20	龙粳43	莲稻1	绥粳15	龙粳39	龙粳11 绥稻3
中熟组	龙稻5		龙稻3 松粳10	龙粳19 龙稻7 松粳6	牡丹江28 牡丹江32	牡响1 绥粳18	垦稻8 垦稻12
晚熟组		东农428	松粳16	龙稻18 松粳9	龙稻23 中龙香粳1	哈粳稻2号	五优稻4

四、孕穗期冷害的敏感时期

关于孕穗期冷害的敏感时期，概括起来主要是两个时期：第一个是从幼穗分化至一二次枝梗及小花依次分化的时期，主要是因为此阶段的低温造成营养不良和发育延迟，导致枝梗缩短，颖花分化数减少，这种减少的主要原因是二次枝梗及其分化颖花的减少。第二个是减数分裂期前后，这个时期是穗伸长的时期，同时也是颖花本身急剧伸长的时期，此期低温花粉母细胞的减数分裂发生异常，会使一部分颖花形成空壳。除这两个危险时期以外，分蘖期的低温也会使颖花减少（西山岩男，1985）。

在基本确定了敏感时期在减数分裂期附近后，Hayase 等（1969）利用北海道的强耐冷品种"早雪"进行了孕穗期冷害的敏感期研究。他们设置了 2 个不同的试验条件：一个是 12℃低温处理 2、4 和 6d，另一个是 19℃/15℃（昼/夜）处理 6d。结果发现 12℃低温处理 2d 和19℃/15℃（昼/夜）处理 6d 对产量和空壳率的影响极小，而 12℃低温处理 4 和 6d 可以看到明显的空壳率增加现象，而且空壳率最高的时间出现在抽穗前的 10～11d；而且 12℃低温处理6d 还在抽穗前 24d 和抽穗后 5d 检测到了相对弱的空壳率增加现象（图 5-16）。前者相当于幼穗分化期，后者相当于开花期。王连敏等（2009）利用人工气候室对黑龙江省早、中、晚熟的 6 个水稻品种在小孢子发育阶段进行低温处理，发现孕穗期冷害敏感时期发生在抽穗前10～12d，与之前的报道一致。

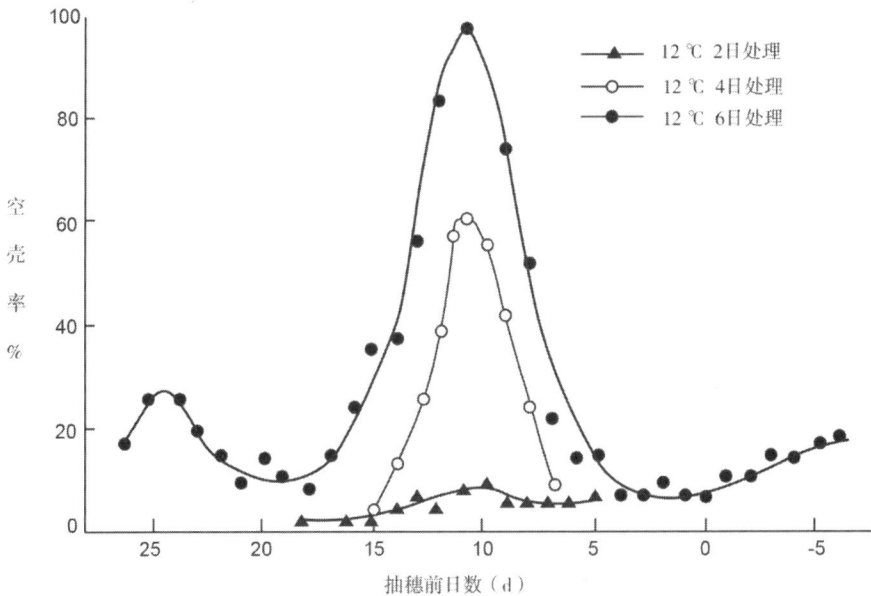

图 5-16 不同幼穗发育时期不同低温处理条件对空壳率的影响

佐竹彻夫等（1972）利用大型人工气候室，以北海道耐冷水稻品种"早雪"和不耐冷水稻品种"农林 20"为材料，采用直径 15 cm 的试验盆播种 20 粒种子，并保证植株只保留主茎。"早雪"采用 12℃处理 4 d，"农林 20"采用 12℃处理 3 d。处理后"早雪"的空壳率能够达到 58 %，"农林 20"的空壳率达到 67 %。按叶枕距选择生育一致的稻穗（"早雪"的叶枕距-

16～-13 cm；"农林 20 号"的叶枕距-13.5～-10.5 cm），分别调查穗上部三个枝梗上不同位置的小花，进而精确测定低温处理时颖花的发育阶段与不结实之间的关系。图 5-17 表示的是第一枝梗自上而下的 5 朵颖花的结实情况，可以看出在颖花发育的四分子期至小孢子第 1 收缩期（被命名为小孢子前期），颖花的结实率最低，对低温最敏感。此时的叶枕距长度在-12～-8 cm 之间，抽穗前的 10 d 左右。从图中还可以发现第二个低值点，在细线期稍前至细线期初期也存在一个低温敏感期，但受低温影响的程度比小孢子前期程度轻。

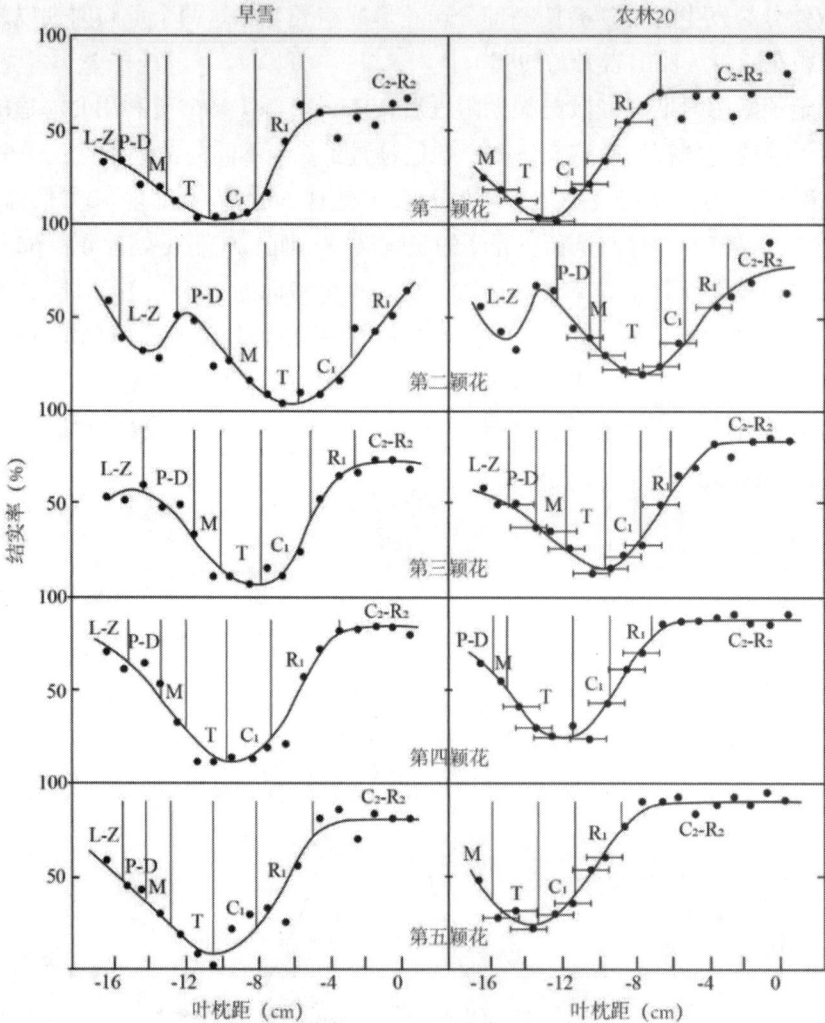

图 5-17 不同幼穗发育时期不同低温处理条件对空壳率的影响
花粉发育时期代号：L-Z 细线期-粗线期；P-D 粗线终变期；M 第 1、第 2 分裂；
T 四分子-第一收缩期稍前；C1 第一收缩期；R1 第一恢复期；C2 第二收缩期；R2 第二恢复期

随后，佐竹彻夫等（1974）利用相同的方法，以"早雪"为材料对小孢子前期之前的第二个敏感时期进行了细致分析。他们将叶枕距在-21～-6 cm 的范围内"早雪"以叶枕距 1 cm 为标准进行处理，处理条件为 12 ℃/4 d。图 5-18 表示的是第一枝梗上除了最顶端颖花外，自上而下的 4 朵颖花的低温处理后结实情况，可以看出第二个低温敏感期出现在抽穗前的 13 d 前后，此时叶枕距长度在-16～-20 cm 之间。

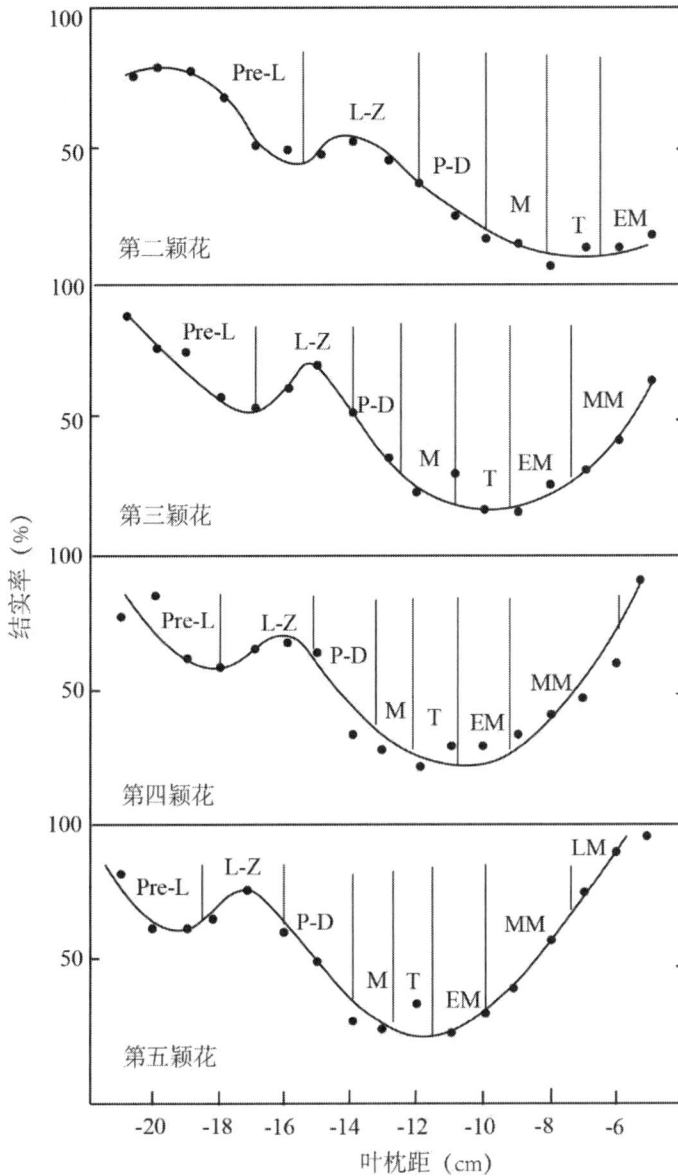

图 5-18 穗顶部 4 个颖花不同花粉发育时期的空壳率情况
Pre-L 细线期前；L-Z 细线期-粗线期；P-D 粗线终变期；M 第 1、第 2 分裂；
T 四分子-第一收缩期稍前；EM 减数分裂前期；MM 减数分裂中期；LM 减数分裂晚期

五、幼穗发育敏感期的农艺诊断

日本科学家调查了水稻幼穗和颖花的发育过程，发现发育中的颖花长度、幼穗长度与剑叶叶耳的发育阶段密切相关，同时也能从侧面反映花粉的发育状况（酒井宽一，1949）。在孕穗期，穗包裹在叶鞘中看不到，但当发育到减数分裂期左右时，剑叶的叶耳就在倒二叶叶耳附近，用手轻摸就能知道。松岛（1959）也进行了类似的调查，他把剑叶和倒二叶叶耳之间的距离称为叶耳间距（也叫叶枕距），之后叶枕距逐步被作为衡量幼穗和颖花发育阶段的重要指标之一。当剑叶叶枕在倒二叶叶枕下方时，叶枕距为负；剑叶叶枕与倒二叶叶枕在同一位置时，叶枕距为零；但剑叶叶枕在倒二叶叶枕上方时，叶枕距为正（图 5-19）。早濑等（1976）通过三年的联合试验发现，幼穗发育敏感期与叶枕距的关系在不同年份、地区、品种间都很稳定，因剑叶的出现很容易观察和判断，所以这个形态鉴定方法既实用又准确。

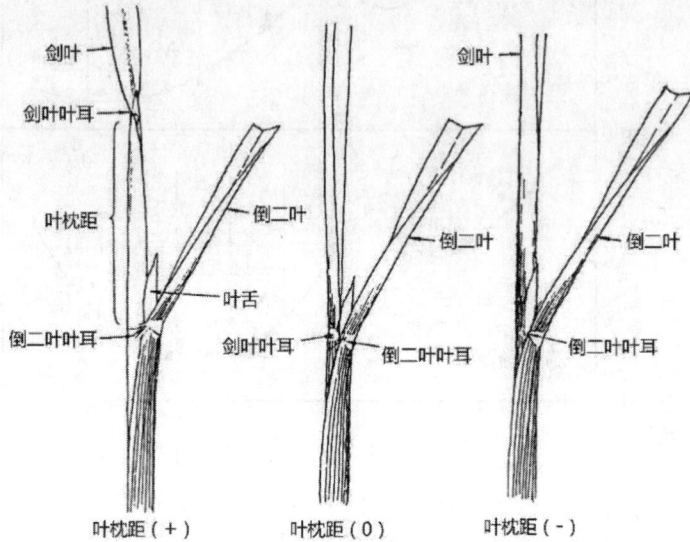

图 5-19 水稻叶枕距的形态辨析

西山岩男（1977）利用人工气候室研究了小孢子初期的叶枕距与花粉发育阶段间的变化规律，他设置了两个小孢子初期的处理条件，一个是日间（8：00-21：00）温度 23℃/夜间（21：00—8：00）18℃的常温条件；另一个是 12℃/4 d 的低温处理条件。在常温条件下，叶枕距伸长主要发生在日间，每日平均伸长 3.2 ~ 3.5 cm；在低温条件下，每日平均伸长 0.7 cm。通过上述研究基本确定了小孢子初期相当于叶枕距-8.5 ~ -3.5 cm。同时还发现叶枕距与顶部 3 个一次枝梗的顶端颖花长度呈极显著的线性相关。我们课题组分析了"龙稻 3 号"、"垦稻 12"、"空育 131"、"龙稻 7 号"、"龙粳 16"和"松粳 6 号"等 6 个品种的叶枕距与空壳率的关系，确定了小孢子初期在叶枕距-5 cm 左右（王连敏等，2009）。

六、孕穗期冷害的气象学评价指标

判断低温冷害是否发生，最重要的就是选取准确率高且与实际相对应的指标。由于低温冷害对水稻造成的危害用肉眼难以分辨，因此要建立能适用于不同地区、不同生育期的详细指标体系。根据所选指标判定水稻是否遭受冷害、受害程度，是进行水稻低温冷害研究的基础工作。国内外的许多学者对水稻低温冷害的指标研究已取得了很大进展，Hiroyuki 等（2005）、Nakazono 等（2001）、Tokita 等（2001）是对低温冷害指标研究较为深入的国外学者，国内对低温冷研究开展较早的学者是何维勋（1979）、丁士晟（1980）等人，前人研究结果有一部分仍沿用至今。田奉俊等（2008）通过分析吉林省水稻低温冷害发生特点指出，水稻孕穗期的临界温度为 17℃。武万里（2008）以宁夏引黄灌区为例，定义孕穗期冷害阈值指标为

15 ℃。姜丽霞等（2010）利用人工气候室研究了黑龙江省 6 个主要水稻品种单穗空壳率与孕穗期低温的关系，结果表明：敏感性水稻品种和耐冷性较强水稻品种的障碍型冷害临界温度分别为 17 ℃和 16 ℃。

低温冷害研究指标主要包括温度距平指标、积温指标、冷积温指标和热量指数等。目前气候意义上的低温冷害指标占据主流地位，同时也产生一系列结合农作物生长的低温冷害指标，为水稻产量灾损评估提供了依据。孙玉亭等（1986）研究认为水稻种植区日平均温度在 18 ℃以下时，水稻的结实率随温度降低显著减小。姜丽霞等（2009）在研究黑龙江省孕穗期障碍型冷害及其与产量的关系时，以日均气温连续 3 d 低于 18 ℃为水稻障碍型冷害指标。胡春丽等（2015）的试验结果表明孕穗期的临界温度是 18 ℃，其受害程度与抽穗前 9～11 d 的平均气温有关。霍治国等（2003）利用 1961—2000 年东北地区逐日气象资料、产量资料和灾情资料进行相关分析，以东北水稻花期前后 20 d 内连续 2 d 以上的日平均气温为致灾因子，该温度低于 19 ℃时发生障碍型冷害。朱海霞等（2012）进行了黑龙江省不同品种寒地水稻的人工控制试验，发现不同品种耐冷性品种的障碍型冷害指标不同，为 15～18 ℃。马树庆等（2018）在长白山北坡开展水稻开花期低温处理试验，研究空秕率与昼间温度、夜间温度、最低气温和最高气温的关系，结果表明用昼间气温和最高气温作为花期冷害指标比传统的日均气温和最低气温更适宜。当前最为广泛应用的水稻冷害指标体系是中国气象局行业标准提出的水稻冷害等级指标（中国气象局，2013），该标准对于障碍型冷害，选取孕穗期和抽穗开花期的日平均气温达到某个温度界限的持续天数为致灾因子将障碍型冷害分为轻度、重度和重度三个等级（表 5-3）。

表 5-3 东北地区水稻障碍型冷害评估指标

冷害程度	时段	冷害指标	适用区域
轻度冷害		日平均气温连续 2d 低于 17℃	
中度冷害	抽穗前 20d 至抽穗	日平均气温连续 2d 低于 17℃，或连续 2d 低于 16℃。	东北地区
重度冷害		日平均气温连续 4d 低于 17℃，或连续 3d 低于 16℃。	

七、水稻孕穗期低温后的细胞形态变化

（一）细胞形态的早期研究

关于水稻因低温造成不结实，日本科学家早期关注了颖花各个器官的形态学观察，发现花药、花丝、雌蕊、鳞片的长度受低温影响较小，子房的长度变短，每个花药的花粉数和柱头上的受粉数以及花粉萌发率都因低温而显著降低。1934 年北海道发生了严重的低温冷害，酒井宽一（1937）观察了花粉母细胞减数分裂的异常，其后又把这种减数分裂异常利用低温进行了重现，这就形成了孕穗期低温冷害敏感期是减数分裂期的概念，直到佐竹徹夫等（1970、1974）进行了更加精细的实验，敏感期才被修正为小孢子初期。当时观察到的异常是第 1 和第 2 细胞分裂受阻，其出现的临界温度是 15 ℃。同时，还发现减数分裂异常导致花粉母细胞破裂，四分子分离不完全，小孢子破裂，花粉充实不良，细胞膜生成受阻，进而引起不结实。

（二）绒毡层肥大和异常增殖

酒井寛一（1943）在 1941 年（昭和 16 年）的冷害发生之际，进行了细胞组织学的详细调查。结果观察到花粉、胚囊母细胞的分化发生异常（不分化、分化延迟、过剩分化），花粉、胚囊母细胞的减数分裂染色体不成对，花粉、胚囊母细胞的减数分裂过程，细胞膜生成受阻，减数分裂纺锤丝异常，染色质崩裂、放出，不生成花药及生成延迟，绒毡层细胞异常发达，花器畸形。随后，酒井寛一（1949）将研究重点集中在绒毡层肥大导致孕穗期不育的原因上，绒毡层肥大在形态上分为两类，即风船状肥大（图 5-20 第 1 图）和丘状肥大（图 5-20 第 2 图）。这种绒毡层肥大在 16 h 处理 13 ~ 14 ℃以下的温度处理发生频率最高,8 ~ 11 ℃处理仅 1 h 就能看出。绒毡层肥大的发生时期，是从小孢子第 1 收缩期到第 2 收缩期（小孢子前期至中期）。绒毡层肥大的程度因品种而不同，与孕穗期耐冷性有关，且因施用硫酸铵、硅酸和钾肥而改变。

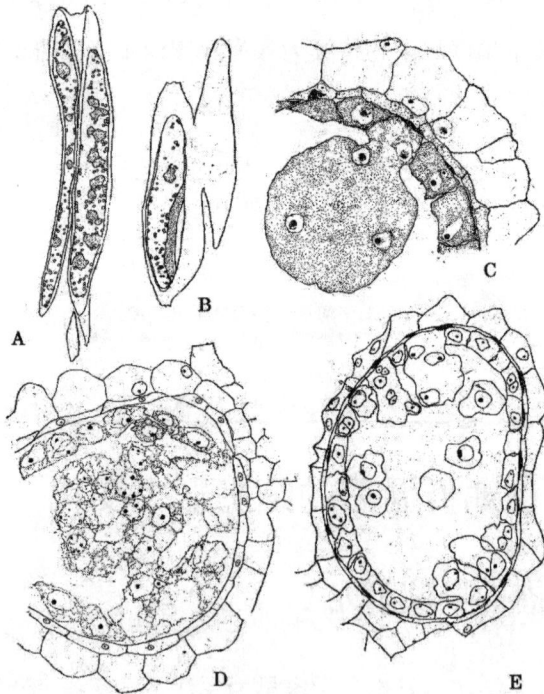

图 5-20 孕穗期低温诱发绒毡层肥大的形态示意图（酒井寛一，1949）
品种：农林 20 号；第 1、2 图：11.5℃处理 4.5d（100×），
A：绒毡层细胞风船状肥大，B：绒毡层细胞丘状肥大；
C：1 包含 4 个细胞核的肥大个绒毡层细胞（1500×）；
D：多个绒毡层细胞异常增值肥大（1000×）；
E：绒毡层肥大发育初期的绒毡层细胞（800×）

西山岩男（1970a、1970b、1976a、1976b、1976c）使用电子显微镜对绒毡层肥大的细微结构进行了一系列观察。绒毡层组织是由面向药腔的一层细胞构成的，绒毡层相邻两细胞之间的细胞壁非常薄，几乎只是个细胞膜。药腔一侧的细胞壁是初生壁，在小孢子初期溶解消失，露出细胞膜。在该初生壁下生成球状体，随着初生壁的消失露出药腔，其表面产生电子密度高的突起。绒毡层细胞内没有大液泡。虽然低温处理产生绒毡层细胞的异常肥大，但其形态因处理的时期而不同（西山岩男，1970b、西山岩男，1976a）。在绒毡层细胞还有初生壁时（减数分裂）的肥大，仅限于丘状。初生壁消失后（小孢子初期），因低温造成的肥大，除了丘状外还有风船状、炎状以及一些中间型。这些初生壁消失后发生的各种类型，不仅外部形态是连续的，而且其细微结构也有共同之处。

西山岩男（1970b）根据对绒毡层细胞结构的观察认为，细胞膨压的提高是造成绒毡层肥大的原因，提出了低温处理诱使糖浓度增加是引起膨压增加的原因。绒毡层肥大是由绒毡层细胞肥大的同时，绒毡层细胞间的细胞壁破碎融合造成的（图 5-20 第 4 图）。这正是在细胞质显著增殖时，并未发现细胞核增殖的原因。对有初生壁的丘状肥大来说，虽然产生了小孢子体的膨润，但一般的细胞器官（线粒体、质体、高尔基体、小液泡、球状体）至少在肥大的初期形态是正常的。因低温处理在药腔中常常可以看到绒毡层细胞起源物质的浮游。这些物质被看作是从肥大了的绒毡层细胞或没肥大的细胞因膨压直接压碎后带到花药细胞中。佐竹徹夫（1976）也观察了小孢子初期低温处理后的绒毡层肥大过程，发现绒毡层肥大在12℃处理的第 1 天就已经被观察到了，以后随处理日数的增加递增。这一过程虽与小孢子异常的增加过程相平行，然而却比小孢子异常发生的频率高。这从侧面暗示绒毡层肥大可能是小孢子异常的原因。基于上述研究结果，西山岩男（1983）提出了低温引起孕穗期不育的机制（图 5-21）。

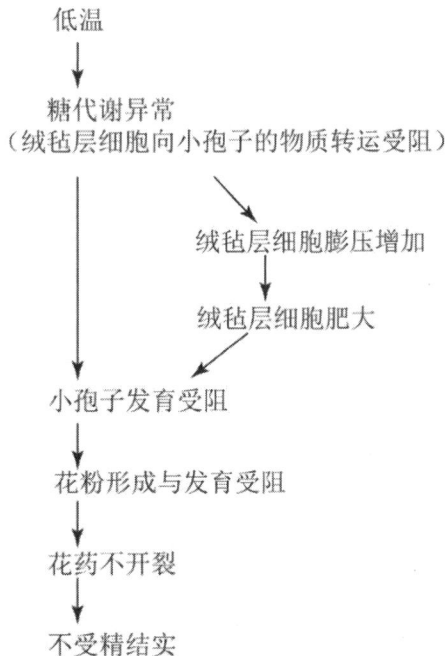

低温

糖代谢异常
（绒毡层细胞向小孢子的物质转运受阻）

绒毡层细胞膨压增加

绒毡层细胞肥大

小孢子发育受阻

花粉形成与发育受阻

花药不开裂

不受精结实

图 5-21 孕穗期不结实的发生机制

（三）小孢子分化的异常是孕穗期不耐冷的原因

酒井寛一（1949）很早就重视了绒毡层的肥大，认为不受精的主要原因是花药发育的异常，因而对花药和花粉的发育过程继续进行研究。一般而言，孕穗期低温处理，饱满花粉率降低，当饱满花粉率降低到30%以下时，颖花就很难完成受精过程（清沢茂久，1962）。从开花期的颖花来看，不受精的主要原因是花药不开裂，不开裂的主要原因是花粉充实不良。进一步分析发现孕穗期不耐冷的主要原因是小孢子分化发育过程的异常，包括花药发育停滞，花粉充实不良，花丝伸长不良，花药开裂不良，花粉飞散不良，授粉数不足以及花粉萌发不良等原因，其中花粉充实不良是最主要的原因。小孢子和花粉发育不良按其发育时期可分为四类：一是小孢子前期异常，二是小孢子中期异常，三是小孢子后期异常，四是花粉充实不良。小孢子前期异常是在外壳形成前或形成初期发生的，之后分解消失。小孢子中期及后期异常具有部分或完全的外壳，但以后内容物分解，开花时与药胞一起变成扁平。花粉充实不良是花粉分裂以后发生的异常。统计分析低温处理4 d后的异常频率发现，异常药胞比例是29%，中期异常的比例是26%。佐竹彻夫（1976）整理了小孢子初期低温发生小孢子退化乃至花粉充实不良的过程（图5-22）。

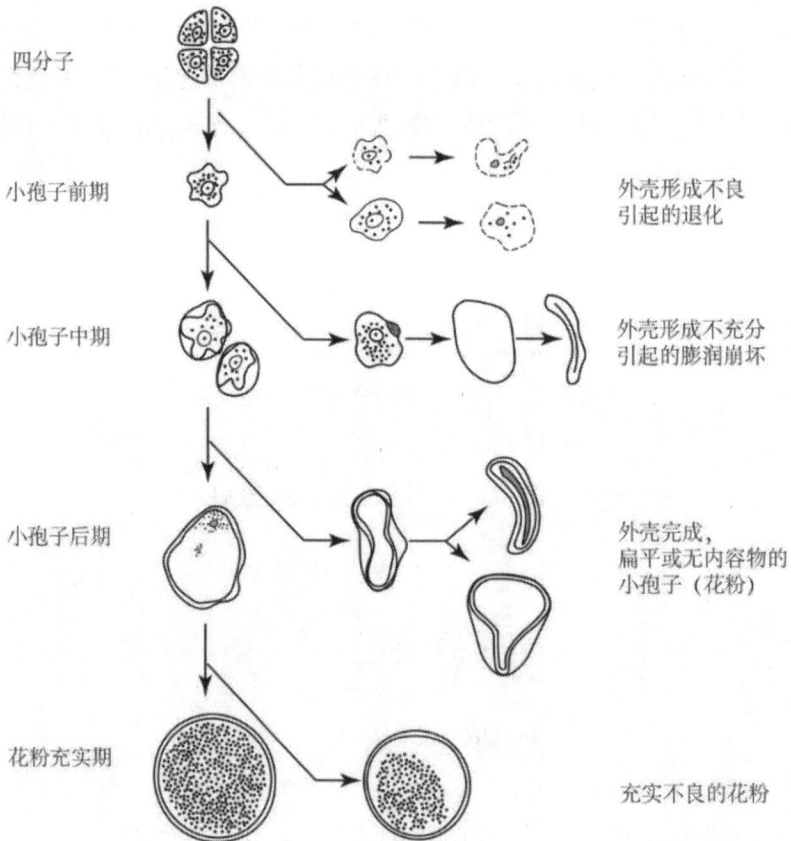

图 5-22 小孢子初期低温发生小孢子退化乃至花粉充实不良的过程
（佐竹彻夫，1976）

七、孕穗期冷害的生理学基础

水稻孕穗期耐冷性的基因型变异取决于四个因素：①已分化小孢子的数量，作为花粉粒潜在数量的代表；②花粉存活率，表示为低温处理后产生的活花粉粒数除以分化的小孢子数；③脱落并落在柱头上的有活力的花粉粒的比例和④花粉萌发率，表示为成功萌发的脱落到柱头上的花粉的比例（Hiroyuki et al., 2016）。

当低温发生时，水稻体内过氧化氢等活性氧类物质大量积累，绒毡层细胞过早启动程序性死亡，进而导致花粉发育不良。强耐冷水稻材料在遇到孕穗期低温时，体内的 SOD 和 POD 的活性显著升高，清除活性氧的能力增强，绒毡层细胞进行正常的程序性死亡，花粉发育正常（Xu et al., 2020）。ATP 的活性和含量是孕穗期低温胁迫中的另一个重要生理指标，Zhang et al.（2017）从云南晚熟水稻品种"昆明小白谷"中鉴定了一个孕穗期耐冷基因 *CTB4a*，通过近等基因系的生理指标分析发现，含有耐冷基因 *CTB4a* 的品种在冷胁迫下 ATP 的活性和含量增高，花粉育性增强，水稻结实率提高。水稻抗坏血酸过氧化酶（APX）活性也与孕穗期耐冷性高度相关。在水稻中过表达 *OsAPXa* 增强了转基因水稻抗坏血酸过氧化酶的活性。在 12 ℃低温下处理 6 d 后，野生型植株中过氧化氢和丙二醛的含量分别增加了 1.5 倍和 2 倍；与此相反，转基因株系中过氧化氢和丙二醛的含量仅出现微小变化，并显著低于野生型中的含量，转基因株系的小穗育性明显比野生型植株高。在冷处理下增强的抗坏血酸过氧化酶活性与过氧化氢含量和丙二醛含量表现负相关。更高的抗坏血酸过氧化酶活性增强了过氧化氢清除能力，保护小穗免受脂质过氧化作用，从而提高低温胁迫下小穗育性（Sato et al., 2011）。Li et al.（2021）利用 GWAS 技术鉴定了一个在绒毡层、花粉粒和花药中高表达的葡糖基转移酶基因，命名为 *CTB2*。低温胁迫下，*CTB2* 通过影响甾醇糖苷和乙酰化甾醇糖苷的含量，进而维持细胞膜的渗透性，保护花粉粒及花粉外壁结构，最终提高水稻的耐冷性。此外，水稻花药中蔗糖的积累与孕穗期的耐冷性高度相关。

八、孕穗期耐冷的遗传基础

孕穗期耐冷性是水稻全生育时期中最重要的耐冷性状，一直是中外研究学者们的热门话题。传统的遗传研究表明，水稻不同时期的耐冷性都是典型的数量性状，受多基因控制。由于近年来分子标记及基因组测序技术的出现和普及，使得人们对水稻耐冷基因的挖掘分析进展变快，尤其是对水稻孕穗期耐冷性研究较为突出。通过分析发现，截至目前，科研人员利用不同类型的遗传研究群体，累计鉴定了 50 多个孕穗期耐冷 QTL 位点（表 5-4、图 5-23），这些 QTL 位点分布在水稻的 12 条染色体上，主要集中在第 1（4 个）、4（6 个）和 11 号（4 个）染色体上（Andaya et al., 2003; Endo et al., 2016; Kuroki et al., 2007; Li et al., 2008; Mori et al., 2011; Oh et al., 2004; Saito et al., 2001; Shimono et al., 2016; Shirasawa et al., 2012; Suh et al., 2010; Sun et al., 2018; Tang et al., 2019; Wainaina et al., 2018； Xu et al., 2008; Zeng et al., 2009; Zhou et al., 2010; 韩龙植等，2005；黑木慎等，2011；刘凤霞等，2003）。

表 5-4 孕穗期耐冷相关 QTLs 的定位与效应情况

位点	群体类型	杂交组合	耐冷血缘	染色体	区间	参考文献
qCTB1.1	BC₅F₂	KMXBG/Towada/4/Towada	Kunmingxiaobaigu	1	RM1282-RM3148	Xu et al., 2008
qCTB1.1	BC₅F₃	KMXBG/Towada/4/Towada	Kunmingxiaobaigu	1	RM3148-RM6340	Zeng et al., 2009
qCTB1.1	RIL	Hokkai-PL9/Hokkai287	Hokkai-PL9	1	RM6464-RM7278	黑木慎等，2011
qCTB1.2	RIL	M202/IR50	M202	1	RM151–RM259	Andaya et al., 2003
qCTB1.2	F₂:₃	密阳 23/吉冷 1 号	密阳 23	1	RM259-RM292	韩龙植等，2005
qCTB1.3	BC₄F₂	桂朝 2 号/东乡野生稻	东乡野生稻	1	RM312-RM5	刘凤霞等，2003
qCTB1.4	RIL	Kirara397/Hatsushizuku	Hatsushizuku	1	RM1003-RM3482	Kuroki et al., 2007
qCTB1.4	RIL	Hokkai-PL9/Hokkai287	Hokkai-PL9	1	RM3304-RM11856	黑木慎等，2011
qCTB10.1	BC₅F₂	KMXBG/Towada/4/Towada	Kunmingxiaobaigu	10	RM3590-RM24918	Xu et al., 2008
qCTB10.2	BC₇F₂	ZL31-2/Towada	Kunmingxiaobaigu	10	RM25121-MM0568	Li et al., 2018
qCTB10.2	F₂	Hananomai/WAB56-104	WAB56-104	10	RM7217-RM1083	Wainaina et al., 2018
qCTB10.2	BC₅F₂	KMXBG/Towada/4/Towada	Kunmingxiaobaigu	10	RM2125-RM2887	Xu et al., 2008
qCTB10.3	RIL	Kirara397/Hatsushizuku	Hatsushizuku	10	RM1125-RM333	Kuroki et al., 2007
qCTB11.1	BC₅F₂	KMXBG/Towada/4/Towada	Kunmingxiaobaigu	11	RM1812-RM332	Xu et al., 2008
qCTB11.2	RIL	Milyang 23/Hapcheonaengmi3	Hapcheonaengmi3	11	RM3701-RM552	Oh et al., 2004
qCTB11.3	BC₄F₂	桂朝 2 号/东乡野生稻	桂朝 2 号	11	RM202-RM229	刘凤霞等，2003
qCTB11.4	F₂:₃	密阳 23/吉冷 1 号	密阳 23	11	RM21-RM206	韩龙植等，2005
qCTB12	RIL	Tohoku-PL3/Akihikari	Tohoku-PL3	12	RM5196-RM17	Shimono et al., 2016
qCTB12	RIL	IAPAR-9/Akihikari	Akihikari	12	RM511-RM3739	Tang et al., 2019
qCTB12	F₂:₃	密阳 23/吉冷 1 号	吉冷 1 号	12	RM270-RM17	韩龙植等，2005
qCTB2.1	RIL	M202/IR50	M202	2	RM324–RM301	Andaya et al., 2003
qCTB2.2	F₂:₃	密阳 23/吉冷 1 号	吉冷 1 号	2	RM263-RM6	韩龙植等，2005
qCTB3.1	RIL	IR66160-121-4-4-2/Geumobyeo	ShenNung89-366	3	RM569-RM231	Suh et al., 2010
qCTB3.2	RIL	M202/IR50	M202	3	RM156–RM214	Andaya et al., 2003
qCTB3.2	BC₂F₆	Joukei-04502/Hoshimaru	Silewah	3	RM3180-RM6974	Mori et al., 2011
qCTB3.3	BC₂F₂	Ukei840/Hitomebore	Lijiangxintuanheigu	3	RM3719-RM7000	Shirasawa et al., 2011

位点	群体类型	杂交组合	耐冷血缘	染色体	区间	参考文献
qCTB4.1	BC$_5$F$_2$	KMXBG/Towada/4/Towada	Kunmingxiaobaigu	4	RM518-RM6770	Xu et al., 2008
qCTB4.2	BC$_5$F$_2$	KMXBG/Towada/4/Towada	Kunmingxiaobaigu	4	RM7200-RM8213	Xu et al., 2008
qCTB4.2	BC$_5$F$_3$	KMXBG/Towada/4/Towada	Kunmingxiaobaigu	4	RM7200-RM8213	Zeng et al., 2009
qCTB4.3	RIL	Dongnong422/Kouui131	Kouui131	4		Sun et al., 2018
qCTB4.4	BC$_4$F$_6$	Kuchum/Hitomebore	Kuchum	4	9_1-10_13	Endo et al., 2016
qCTB4.5	RIL	Dongnong422/Kouui131	Kouui131	4		Sun et al., 2018
qCTB4.6	BC$_1$F$_5$	Kirara397/Norin-PL8//Kirara397	Norin-PL8	4	R2737-XNpb102	Saito et al., 2001
qCTB4.6	BC$_1$F$_5$	Kirara397/Norin-PL8//Kirara397	Norin-PL8	4	SCAB11-R740	Saito et al., 2001
qCTB4.6	F$_{2:3}$	密阳 23/吉冷 1 号	吉冷 1 号	4	RM255-RM349	韩龙植等，2005
qCTB5	RIL	Tohoku-PL3/Akihikari	Tohoku-PL3	5	RM18767-RM5784	Shimonoet al., 2016
qCTB5	RIL	Dongnong422/Kouui131	Kouui131	5		Sun et al., 2018
qCTB5	BC$_5$F$_2$	KMXBG/Towada/4/Towada	Kunmingxiaobaigu	5	RM7452-RM7271	Xu et al., 2008
qCTB5	BC$_5$F$_2$	KMXBG/Towada/4/Towada	Kunmingxiaobaigu	5	RM19106-RM31	Xu et al., 2008
qCTB5	BC$_5$F$_3$	KMXBG/Towada/4/Towada	Kunmingxiaobaigu	5	RM7452-RM7271	Zeng et al., 2009
qCTB6.1	RIL	Dongnong422/Kouui131	Kouui131	6		Sun et al., 2018
qCTB6.1	BC$_4$F$_2$	桂朝 2 号/东乡野生稻	东乡野生稻	6	RM204-RM253	刘凤霞等，2003
qCTB6.2	RIL	Dongnong422/Kouui131	Kouui131	6		Sun et al., 2018
qCTB7.1	RIL	IR66160-121-4-4-2/Geumobyeo	Jimbrug	7	RM3767-RM1377	Suhet al., 2010
qCTB7.2	BC$_5$F$_2$	ZL1929-4/Towada	Kunmingxiaobaigu	7	RI02905-RM21862	Zhou et al., 2010
qCTB8	F$_2$	Hokkai-PL9/Hokkai287	Hokkai-PL9	8	RM5647-PLA61	Kuroki et al., 2007
qCTB8	F$_2$	Hananomai/WAB56-104	Hananomai	8	RM1376-RM8271	Wainainaet al., 2018
qCTB8	RIL	Hokkai-PL9/Hokkai287	Hokkai-PL9	8	RM3819-RM5428	黑木慎等，2011
qCTB9	RIL	M202/IR50	M202	9	RM257–RM242	Andayaet al., 2003
qCTB9	RIL	IR66160-121-4-4-2/Geumobyeo	Jimbrug	9	RM24427-RM24545	Suhet al., 2010

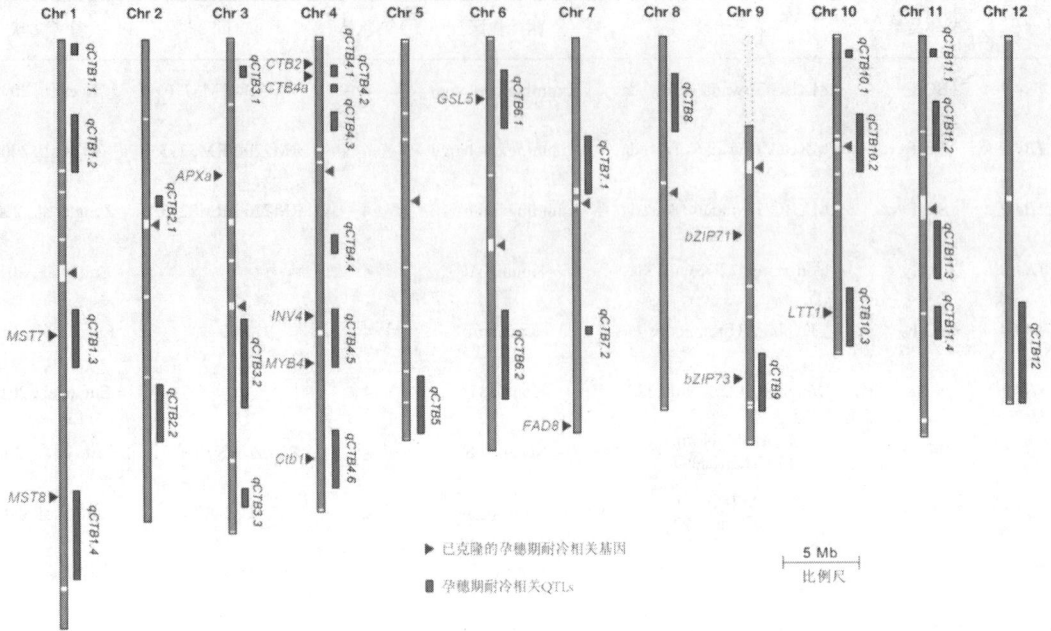

图 5-23 孕穗期耐冷相关 QTLs 的染色体分布

　　虽然有大量的 QTLs 位点被检测到，但由于孕穗期耐冷表型状评价必须依托高精度的人工气候室或者大型的鉴定平台，导致现阶段被成功克隆的 QTL 较少。目前已经完成克隆的水稻孕穗期耐冷基因有 5 个，包括 *Ctb1*、*CTB4a*、*LTT1*、*bZIP73*、*OsAPX1* 和 *CTB2*。2004 年，Saito 选择农林 PL8 作为耐冷供体，Silewah 作为受体，获得了一套染色体代换系，用 2008 个分离单株将水稻孕穗期耐冷 QTLs 定位在 4 号染色体 56kb 区间内（Saito，2004）。该区间含有两个候选基因，通过转基因验证说明 *Ctb1* 编码 F-box 蛋白，低温下决定花药长度，酵母双杂证明该基因编码的蛋白与 E3 泛素连接酶 Skp1 互作（Saito，2010）。李自超研究组通过构建水稻孕穗期耐冷粳稻"昆明小白谷"和冷敏感粳稻"十和田"的近等基因系，利用 QTL 方法鉴定到 1 个水稻孕穗期耐冷基因 *CTB4a*（Cold tolerance at booting stage）。该基因编码 1 个类受体蛋白激酶，其与 ATPase 的 β 亚基 AtpB 互作，从而增强水稻在低温下的 ATP 酶活性和 ATP 的含量。此过程可增强水稻花粉的育性，从而提高水稻的结实率和产量。单倍型分析表明，耐冷单倍型 Tej-Hap-KMXBG 是温带粳稻驯化过程中在特定低温环境中产生的新等位基因（Zhang et al., 2017）。姚善果团队利用化学诱变获得了水稻孕穗期耐冷突变体 ltt1，并成功克隆了 *LTT1* 基因，含有该基因的强耐冷水稻材料在遇到孕穗期低温时，体内的 SOD 和 POD 的活性显著升高，清除活性氧的能力增强，绒毡层细胞进行正常的程序性死亡，花粉发育正常（Xu et al., 2020）。储成才组最新工作进一步显示，*bZIP73^{Jap}* 的对低温耐受性的调控作用同样发生孕穗期，并揭示了其调控的分子机制。*bZIP73^{Jap}* 在低温情况下表达上调，尤其是在花粉发育双核期的穗中表达。进一步研究发现，*bZIP73^{Jap}* 与 *bZIP71* 形成异源二聚体，在自然冷胁迫条件下，*bZIP73^{Jap}* 和 *bZIP71* 共表达转基因株系显著提高了结实率和籽粒产量。*bZIP73^{Jap}*:*bZIP71* 不仅抑制了花药中的 ABA 水平，而且促进了可溶性糖从花药到花粉的运输，提高了结实率和产量

（Liu et al. 2019）。李自超团队利用自然低温和冷水处理两种方式评价了 580 份水稻种质的生殖生长期耐冷性，利用从 3000 Rice Genome Project (3kRGP)测序获得的 11 622 307 个 SNPs 作为基因型，通过全基因组关联分析发掘出 156 个生殖生长期耐冷关联位点。结合局部 LD 分析、显著 SNPs 分析和表达模式分析，明确了耐冷主效位点 qCTB1t 的候选基因。通过耐冷性表型和地理分布分析发现，温度作为生态环境的主要因子促进了籼粳分化过程，籼粳间及粳稻内均存在生殖生长期冷适应性的分化。通过群体遗传分析，分别鉴定出 22 和 29 个调控籼粳间及粳稻内生殖生长期冷适应性分化的遗传分化区段，但重叠区段少，表明籼粳间及粳稻内生殖生长期冷适应性分化具有不同的遗传基础。通过联合演化分析发现，生殖生长期耐冷基因 bZIP73 和 OsAPX1 直接从粳型野生稻中演化而来，具有明显的籼粳分化特性，而 CTB4a 和 Ctb1 则是高纬度、高海拔的高寒稻区粳稻中新产生的有利突变。等位基因频率分析发现，bZIP73 和 OsAPX1 在粳稻耐冷性的驯化改良过程中已得到广泛利用，而 CTB4a 和 Ctb1 在粳稻的耐冷育种中具有较大的利用潜力，其有效利用可保障高海拔和高纬度等高寒稻区的高产和稳产。联合单倍型分析表明，基于耐冷优势等位基因加性效应的聚合育种将是水稻生殖生长期耐冷性遗传改良的有效途径（Guo et al., 2020）。李自超团队随后又利用 54 份粳稻和 67 份籼稻种质资源的孕穗期耐冷表型进行全基因组关联分析，挖掘到一个新的耐冷基因 CTB2。CTB2 编码一个葡糖基转移酶，在绒毡层、花粉粒和花药中高表达。在低温胁迫下，CTB2 通过影响甾醇糖苷和乙酰化甾醇糖苷的含量，进而维持细胞膜的渗透性，保护花粉粒及花粉外壁结构，最终提高水稻的耐冷性（Li et al., 2020）。

第二节 开花期的冷害

在水稻低温冷害的研究中，开花期发生的结实障碍是最早提出的问题。正如在第一节中关于孕穗期低温冷害敏感时期研究中提到的，在冷害研究的最早期（1934 年以前）认为，开花期是结实障碍发生的最大危险期。现在已经基本清楚了，水稻低温结实障碍的最大危险期是小孢子初期，而开花期是仅次于它的敏感时期，也是水稻低温减产的主要原因之一（西山岩男，1985）。

一、水稻开花对温度的响应

关于温度对水稻开花的影响，最早的研究认为开花的温度范围在 23 ~ 31 ℃，最适温度为 28 ℃左右，最低温度为 15 ℃。在用气候箱的研究中发现，40 ~ 50 ℃的范围内仍能开花，超过 55 ℃就不能开花了。50 ℃花药已经完全干了，因为不能完成受粉，所以不能说是正常开花。后续的研究表明正常开花的温度范围在 28 ~ 35 ℃之间，其适温约为 30 ℃，最低温度在 18 ℃左右（西山岩男，1985）。一般而言，开花往往受日最高气温的支配，开花最适最高气温是在 28 ~ 30 ℃，大约到 25 ℃以下水稻开花就会被强烈抑制；日最低气温也影响开花，尤其是在日最高气温偏低时，日最低气温的影响更大（表 5-5、表 5-6）。胡芬（1981）的研究认为日最高气温的界限温度是 23 ℃，低于 23 ℃开花结实受到明显危害。

表 5-5 水稻开花的温度响应情况

适否	最高气温（℃）	最低气温（℃）	平均气温（℃）	开花率（%）
最适温	28.0 ~	22.0 ~	25.0 ~	约 16
适温	27.0 ~ 28.0	18.0 ~ 22.0	22.5 ~ 25.0	约 14 ~ 16
稍适温	25.0 ~ 27.0	15.0 ~ 18.0	20.0 ~ 22.5	约 10 ~ 14
不适温	20.0 ~ 25.0	6.0 ~ 15.0	13.0 ~ 20.0	约 2 ~ 10
完全不适	~ 20.0	~ 6.0	~ 13.0	约 ~ 2

表 5-6 水稻受精的温度响应情况

适否	最高气温（℃）	最低气温（℃）	平均气温（℃）	不受精率（%）
最适温	29.5 ~ 32.5	19.5 ~ 22.5	24.5 ~ 27.5	3 ~ 7
适温	27.5 ~ 29.5	17.5 ~ 19.5	22.5 ~ 24.5	7 ~ 12
稍适温	24.5 ~ 27.5	14.5 ~ 17.5	19.5 ~ 22.5	12 ~ 25
稍不适温	21.5 ~ 24.5	10.5 ~ 14.5	16.0 ~ 19.5	25 ~ 50
不适温	18.5 ~ 21.5	7.5 ~ 10.5	13.0 ~ 16.0	50 ~ 85
完全不适	~ 18.5	~ 7.5	~ 13.0	85 ~

二、低温对水稻开花的影响

开花时间和结实率是开花期受低温影响最明显的指标，且一天内的盛花迟早受低温影响最大。低温发生时水稻开花延迟，即使能够开花也表现为花后闭颖极慢，持续时间可达 2 ~ 4 h，同时抑制颖花的张开结实率大幅下降（胡芬，1981）。胡芬（1981）还研究了花粉育性，发现低温处理后的花粉粒均可被 I-KI 染色，且外形正常，内含物多；在开花后 1 ~ 2 h 低温处理的花药可以正常散粉，表明开花期低温对花粉发育和裂药散粉没有不良影响。开花期低温的影响主要体现在花粉粒的萌发和受精方面，花粉粒的萌发量随温度的降低而减少，受精过程随低温强度的增加而延迟，结实率随低温强度的增加而降低（胡芬，1981；李达模等，1986a）。还发现开花期低温处理后，水稻前期还表现出"闭花耐冷"的生理特点，但随着低温处理时间的延长，则被迫开花，表明其闭花耐冷能力有一定限度。而且低温闭颖在籼粳亚种间表现出明显差异，通常粳稻具备在较低温度下早开颖的能力（李太贵，1988；李达模等，1986b）。此外，开花期低温处理还会降低水稻的千粒重（曾研华等，2015）。系统研究水稻开花期 10、12、15 和 17 ℃低温处理 2、4、6 和 8 d 的结实情况，发现结实率随低温处理时间的延长和低温强度的提高而降低，越接近开花时间的颖花耐冷能力越弱。利用正常温度条件下培育的花粉对低温处理的颖花进行受粉可以恢复水稻的结实率，表明开花期冷害的敏感器官是颖花的雄性器官花粉。柱头上花粉数仅随低温强度和处理时间的延长而轻微降低，而花粉萌发数却显著受开花期低温的影响。只有当萌发花粉数达到 5~10 个以上时，小花才能正常受精（Satake & Koike，1983）。随后研究又发现夜间开始低温处理的结实率比白天开始低温处理的高 20%左右，低温处理后的水温、是否有光照对结实没有明显影响（Koike & Satake，1989；丹野久等，2002）。

三、开花期冷害的评价方法

水稻开花期耐冷的评价对鉴定设施的要求较高，一般都是在大型人工气候室内进行（細井德夫，1989；丹野久等，2000）。細井德夫（1989）利用人工气候室系统研究了恒温条件（22.5 ℃、20.0 ℃、17.5 ℃、15.0 ℃、12.5 ℃和10.0 ℃）、变温条件（日间 12 h-夜间 12 h：22.5~17.5 ℃、20.0~15.0 ℃、17.5~12.5 ℃、15.0~10.0 ℃、12.5~7.5 ℃ 和 10.0~5.0 ℃）和辐射条件（15.4 MJ/m²/d 和 5.5 MJ/m²/d）对开花期冷害评价的影响。发现开花期低温冷害程度与日辐射量和平均温密切相关，开花期的低恒温处理效果比变温效果明显。随后建立了从抽穗后开始，利用 22.5~17.5 ℃的恒定低温以每 1.0 ℃的梯度，在低辐射（5.5 MJ/m²/d）条件下连续处理 20 天进行开花期耐冷分级（細井德夫，1989）。随后又提出将每个品种在低温处理后达到 80%完整籽粒的下限温度作为开花期耐冷的评价方法，并利用这种方法将 77 份日本水稻品种划分为 7 类（細井德夫，1989）。丹野久等（2000）后来又建立了一个简单的开花期冷害鉴定方法，利用遮光 50%、17.5 ℃低温处理 15 d 的气候室条件进行开花期耐冷能力评价，以处理后的结实率表示耐冷能力的强弱。也可以使用 15.0 ℃低温处理 8 d 和 12.0 ℃低温处理 6 d 的气候室条件（丹野久等，2000）。在农业气象学研究方面，是否大面积发生开花期冷害指标是水稻开花期间连续 2 d 以上日平均气温低于 18 ℃（早熟区）、19 ℃（中熟区）和 19.5 ℃（晚熟区）（中国气象局，2013）。

四、开花期冷害的生理与遗传基础

开花期低温导致空壳率上升的原因，不是花粉粒发育不正常，而是散粉后花粉着落量减少、花粉不能正常萌发以及花粉管伸长受阻引起的（胡芬，1981；王连敏等，1997）。图 5-24 展示的是开花期低温处理后的花粉萌发和花粉管伸长情况，可以看出在常温对照条件下，4 个品种的花粉萌发和花粉管伸长表现一致；而在低温处理时，开花期耐冷性强的品种 Eikei88223 和 Hoshinoyume 的花粉萌发和花粉管伸长情况都远远好于耐冷性弱的品种 Ayahime 和 Suisei（Shinada et al，2013）。综上分析，开花期耐低温和孕穗期耐低温的机理并不相同，大量的研究也表明二者之间没有显著的相关关系，暗示开花期耐冷与孕穗期耐冷具有不同的遗传基础（後藤明俊等，2008；丹野久等，2000；丹野久等，2001）。

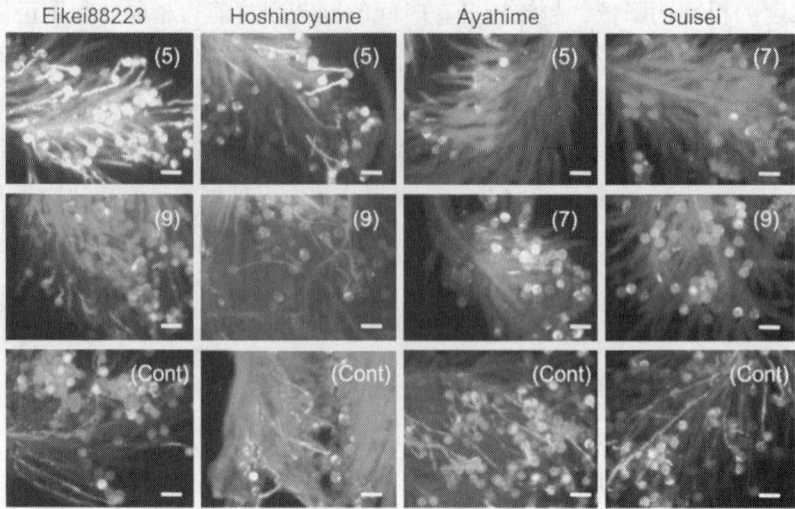

图 5-24 开花期低温处理后的花粉萌发和花粉管伸长情况

注：Cont：常温对照；（ ）内的数字表示低温处理日数。

关于开花期耐冷性遗传基础的研究很少，截至目前仅有少数的几篇报道。Shinada et al.（2013）利用强耐冷材料 Eikei88223 和弱耐冷材料 Suisei 的 BC_1F_4 群体鉴定到了 3 个控制开花期耐冷性的 QTLs（图 5-25）。3 个 QTLs 的增效等位基因均来自强耐冷亲本 Eikei88223，其中 *qCTF7* 和 *qCTF12* 是主效 QTLs。随后他们又利用选择的近等基因系材料将 *qCTF7* 的染色体区间缩小至 RM20923-RM21052 之间的 1.9 Mb 范围内（Shinada et al., 2013），并在不同水稻品种中验证了这 3 个 QTL 的聚合效果（Shinada et al., 2014）。

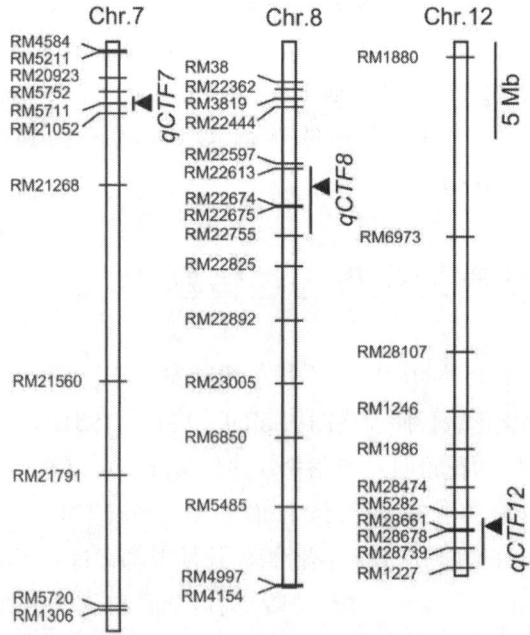

图 5-25 水稻开花期耐冷的 QTLs 分布情况

参考文献

[1]西山岩男. イネの冷害生理学，北海道大学図書刊行会，札幌，1985.

[2]马树庆，潘长虹，金龙范，等. 基于高山梯度试验的粳稻开花期低温对结实的影响. 生态学杂志，2018，37(4):1043-1050.

[3]西山岩男，伊藤延男，早瀬広司，等. 水稲の障害型冷害防止にたいする水温および水深の効果. 日本作物学会紀事，1969，38(3): 554-555.

[4]Hayase H, Satake T, Nishiyama I, et al. Male sterility caused by cooling treatment at the meiotic stage in rice plants (II) The most sensitive stage to cooling and the fertilizing ability of pistils. Proc. Crop Sci. Soc. Jpn, 1969, 38: 706-711.

[5]Nishiyama I, Satake T. Male sterility caused by cooling treatment at the young microspore stage in rice plants (XIX) The difference in susceptibility to coolness among spikelets on a panicle. Japan. Jour. Crop Sci. 1979, 48(2): 181-186.

[6]佐竹徹夫，早瀬広司. イネの小胞子初期冷温処理による雄性不稔第5報花粉発育時期および冷温感受性のもつともたかい時期の推定. 日本作物学会紀事，1970，39(4): 468-473.

[7]佐竹徹夫，早瀬広司. イネの小胞子初期冷温処理による雄性不稔第10報減数分裂開始期(レプトテン直前～レプトテン初期)にみられた第2の冷温感受性期. 日本作物学会紀事，1974，43: 36-39.

[8]近藤頼己，五十嵐憲蔵. 水稲品種の冷害抵抗性及び其の検定方法に関する研究 II 幼穂発育期の低温障害に関する低温の程度及び期間の関係並に其の品種間差異. 日本作物学会紀事，1948，17(1): 58.

[9]柴田和博，佐々木一男，島崎佳郎. 時期別の気温・水温処理が水稲の成育に及ぼす影響：第1報昼夜別気温・水温および処理日数と不稔籾歩合との関係. 1970，39(4): 401-408.

[10]島崎佳郎，佐竹徹夫，渡辺潔，等. 穂孕期の昼夜温ならびに遮光処理が不稔粒発生におよぼす影響. 北海道農業試験場彙報，1964，83: 10-16.

[11]王连敏，王立志，王春艳，等. 黑龙江省水稻冷害III 障碍型冷害敏感期的外部形态诊断. 黑龙江农业科学，2009，3：13-15.

[12]酒井寛一. 低温による稲の小胞子形成細胞分裂の阻害. 日本作物学会紀事，1937，9(2): 207-212.

[13]酒井寛一. 昭和16年の冷害に於ける北海道水稲の不稔機構に関する細胞組織学的調査. 北海道農業試験場報告，1943，40: 1-17.

[14]酒井寛一. 冷害におけるイネ不稔性の細胞組織学的並びに育種学的研究. 北海道農試報告，1949，43：1-46.

[15]西山岩男. イネの小胞子初期冷温処理による雄性不稔第6報冷温感受性期における正常なタペート細胞の電子顕微鏡的観察. 日本作物学会紀事，1970a，39(4): 474-479.

[16]西山岩男. イネの小胞子初期冷温処理による雄性不稔第7報冷温処理により肥大したタペート細胞の電子顕微鏡的観察. 日本作物学会紀事，1970b，39(4): 480-486.

[17]西山岩男. イネの小胞子初期冷温処理による雄性不稔第 12 報微細構造にもとづくタペート肥大の分類. 日本作物学会紀事，1976a，45(2): 254-262.

[18]西山岩男. イネの小胞子初期冷温処理による雄性不稔第 13 報 1 次壁のないタペート肥大の微細構造. 日本作物学会紀事，1976b，45(2): 270-278.

[19]西山岩男. イネの小胞子初期冷温処理による雄性不稔第 14 報葯腔中に浮遊するタペート性物質. 日本作物学会紀事，1976c，45(2): 308-313.

[20]佐竹徹夫. イネの障害型冷害における冷温感受性期の確定.北海道農試報告，1976，113：1-43.

[21]西山岩男. イネの温度障害: とくに不受精について. 日本作物学会紀事，1983，52(1): 108-117.

[22]清沢茂久. イネの花粉の発育におよぼす二, 三の環境因子の影響.日本作物学会紀事，1962，31(1): 37-40.

[23]Xu Y, Wang R, Wang Y,et al. A point mutation in *LTT1* enhances cold tolerance at the booting stage in rice. Plant Cell Environ. 2020, 1-16.

[24]Hiroyuki S, Akira A, Naohiro A, et al. Combining mapping of physiological quantitative trait loci and transcriptome for cold tolerance for counteracting male sterility induced by low temperatures during reproductive stage in rice. Physiologia Plantarum, 2016, 157(2):175-192.

[25]全成哲，金成海，金京花，等.延边地区水稻冷害及其防御技术. 延边大学农学学报，2006，28(3): 172-176.

[26]李亚飞，王连敏，曹桂兰，等.不同低温胁迫下粳稻耐冷种质的孕穗期耐冷性比较.植物遗传资源学报，2010，11（6）：691-697.

[27]韩龙植，张三元.水稻耐冷性鉴定评价方法. 植物遗传资源学报，2004，5(1): 75-80.

[28]熊建华，王怀义，戴陆园，等.云南水稻耐寒标准品种的选定.作物品种资源，1995，3：34-36.

[29]Sato Y, Masuta Y, Saito K, et al. Enhanced chilling tolerance at the booting stage in rice by transgenic overexpression of the ascorbate peroxidase gene, *OsAPXa*. Plant Cell Reports, 2011, 30(3): 399-406.

[30]Andaya V C, Mackill D J. QTLs conferring cold tolerance at the booting stage of rice using recombinant inbred lines from a japonica x indica cross. Theor Appl Genet, 2003, 106: 1084-1090.

[31]Endo T , Chiba B , Wagatsuma K , et al. Detection of QTLs for cold tolerance of rice cultivar 'Kuchum' and effect of QTL pyramiding. Theoretical and Applied Genetics, 2016, 129(3):631-640.

[32]Kuroki M, Saito K, Matsuba S, et al. A quantitative trait locus for cold tolerance at the booting stage on rice chromosome 8. Theor Appl Genet, 2007, 115: 593-600.

[33]Kuroki M, Saito K, Matsuba S, et al. Quantitative Trait Locus Analysis for Cold Tolerance at the Booting Stage in a Rice Cultivar, Hatsushizuku. JARQ, 2009, 43 (2): 115-121.

[34]Li J, Pan Y, Guo H, et al. Fine mapping of QTL *qCTB10-2* that confers cold tolerance at the booting stage in rice. Theor Appl Genet, 2018, 131(1): 157-166.

[35]Mori M, Onishi K, Tokizono Y, et al. Detection of a novel quantitative trait locus for cold tolerance at the booting stage derived from a tropical japonica rice variety Silewah. Breeding Science, 2011, 61: 61–68.

[36]Oh C S, Choi Y H, Lee S J, et al. Mapping of Quantitative Trait Loci for Cold Tolerance in

Weedy Rice. Breeding Science, 2004, 54: 373-380.

[37]Saito K, Miura K, Nagano K, et al. Identification of two closely linked quantitative trait loci for cold tolerance on chromosome 4 of rice and their association with anther length. Theor Appl Genet, 2001, 103(6-7): 862-868.

[38]Shimono H, Abe A, Aoki N, et al. Combining mapping of physiological quantitative trait loci and transcriptome for cold tolerance for counteracting male sterility induced by low temperatures during reproductive stage in rice. Physiologia Plantarum, 2016, 157(2):175-192.

[39]Shirasawa S, Endo T, Nakagomi K. et al. Delimitation of a QTL region controlling cold tolerance at booting stage of a cultivar, 'Lijiangxintuanheigu', in rice, *Oryza sativa* L. Theor Appl Genet, 2012, 124:937–946.

[40]Suh J P, Jeung J U, Lee J I,et al.Identification and analysis of QTLs controlling cold tolerance at the reproductive stage and validation of effective QTLs in cold-tolerant genotypes of rice (*Oryza sativa* L.).Theor Appl Genet, 2010,120,985–995.

[41]Sun J , Yang L , Wang J , et al. Identification of a cold-tolerant locus in rice (*Oryza sativa* L.) using bulked segregant analysis with a next-generation sequencing strategy. Rice, 2018, 11: 24.

[42]Tang J, Ma X, Cui D, et al. QTL analysis of main agronomic traits in rice under low temperature stress. Euphytica, 2019, 215: 193.

[43]Wainaina C M, Makihara D , Nakamura M , et al. Identification and validation of QTLs for cold tolerance at the booting stage and other agronomic traits in a rice cross of a Japanese tolerant variety, Hananomai, and a NERICA parent, WAB56-104. Plant Production Science, 2018, 21(2): 132-143.

[44]Xu L, Zhou L , Zeng Y, et al. Identification and mapping of quantitative trait loci for cold tolerance at the booting stage in a *japonica* rice near-isogenic line. Plant Science, 2008, 174(3): 340-347.

[45]Zeng Y, Yang S, Cui H, et al. QTLs of Cold Tolerance-Related Traits at the Booting Stage for NIL-RILs in Rice Revealed by SSR. Genes & Genomics, 2009, 31(2): 143-154.

[46]Zhou L, Zeng Y, Zheng W,et al.Fine mapping a QTL *qCTB7* for cold tolerance at the booting stage on rice chromosome 7 using a near-isogenic line. 2010, Theor Appl Genet, 121:895-905.

[47]韩龙植，乔永利，张媛媛，等. 水稻孕穗期耐冷性 QTLs 分析. 作物学报，2005，31(5)：653-657.

[48]黒木慎，斎藤浩二，松葉修一，等. イネ系統「北海 PL9」の穂ばらみ期耐冷性に関する QTL の検出. 育種学研究，2011，13: 11-18.

[49]刘凤霞，孙传清，谭禄宾，等. 江西东乡野生稻孕穗开花期耐冷基因定位. 科学通报，2003，48（17）: 1864-1867.

[50]Liu C, Schläppi M R, Mao B, et al. The *bZIP73* transcription factor controls rice cold tolerance at the reproductive stage. Plant Biotechnology Journal, 2019, 17(9): 1834-1849.

[51]胡芬. 水稻花期低温冷害的气象指标与机理. 中国农业科学，1981，2：60-64.

[52]李达模，于新民，王洪春. 水稻开花期耐冷机理与鉴定指标的研究. 中国农业科学，1986，2: 12-17.

[53]李太贵. 水稻开花期的低温对结实率的影响. 作物学报，1988，14（1）: 66-70.

[54]李达模，于新民，王洪春. 湘西北晚籼稻开花期耐冷性鉴定初报. 作物学报，1986，12（2）: 139-142.

[55]曾研华，张玉屏，王亚梁，等. 甬优系列杂交稻组合开花期耐冷性评价. 中国水稻科学，2015，29（3）: 291-298.

[56]Satake T, Koike S. Sterility caused by cooling treatment at the flowering stage in rice plants I The satge and organ susceptible to cool temperature. Japan jour crop sci, 1983, 52(2): 207-214.

[57]Koike S, Satake T. Sterility caused by cooling treatment at the flowering stage in rice plants IV Effects of the starting time of cooling, moring and evening, and the soil temperature and the light conditions after cooling on the feritility. Japan jour crop sci, 1983, 52(2): 207-214.

[58]丹野久，木下雅文，木内均，等. 短日処理による到穂日数の短縮が水稲の開花期耐冷性に及ぼす影響について. 日本作物学会紀事，2002，71(2):186-191.

[59]細井徳夫. イネの出穂開花期における耐冷性検定方法. 育種学雑誌，1989，39（3）：353-363.

[60]細井徳夫. 日本のイネ品種の出穂開花期における耐冷性とその地域的特徴. 育種学雑誌，1989，39（3）：481-494.

[61]丹野久，木内均，平山裕治. 人工気象室を用いた水稲開花期耐冷性の簡易検定法の開発. 日本作物学会紀事，2000，69: 43-48.

[62]中国气象局. 水稻冷害评估技术规范(QX/T182-2013). 北京: 气象出版社，2013.

[63]王连敏，王立志，张国民. 寒地水稻耐冷基础的研究 III.花期低温对水稻结实的影响. 中国农业气象，1997，18（5）：9-11.

[64]後藤明俊，笹原英樹，重宗明子，等. インド型イネにおける穂ばらみ期および開花期耐冷性の評価. 日本作物学会紀事，2008，77（2）：167-173.

[65]丹野久，木下雅文，木内均，等. 東北以南の日本水稲品種における開花期耐冷性評価と穂ばらみ期耐冷性との関係: 地域的特徴を中心として. 日本作物学会紀事，2001，70: 209-214.

[66]丹野久，木下雅文，木内均，等. 北海道水稲品種における開花期耐冷性の評価およびその穂ばらみ期耐冷性との関係について. 日本作物学会紀事，2000，69(4): 493-499.

[67]Shinada H, Iwata N, Sato T, et al. Genetical and morphological characterization of cold tolerance at fertilization stage in rice. Breeding Science, 2013, 63: 197-204.

[68]Shinada H, Iwata N, Sato T, et al. QTL pyramiding for improving of cold tolerance at fertilization stage in rice. Breeding Science, 2014, 63(5): 483-488.

（姜树坤、王立志、张喜娟）

第六章 水稻灌浆成熟期的冷害

第一节 水稻灌浆期的冷害

一、水稻灌浆期对低温的响应

水稻对不同低温的反应速度不同，根据这种反应速度可以将冷害分成直接伤害（短期之内出现伤斑或坏死）和间接伤害（低温危害后无异常表现，几天后出现组织柔软、萎蔫）两大类（李合生，2002）。根据水稻产量受到低温影响而减少的原因来分类，可分为四大类：延迟型冷害、障碍型冷害、混合型冷害及稻瘟病型冷害。不同生育时期经历低温冷害也会产生不同的危害症状，例如分蘖期冷害主要表现在对叶片和根系的生长方面，最终导致水稻植株成活不良，分蘖少，幼穗形成较晚。孕穗期是水稻生长发育的关键时期，为营养生长向生殖生长转换的重要时期，孕穗期低温冷害导致出穗延迟，器官易发生各种异常，由于枝梗及颖花的分化受到抑制并退化导致穗长变短，颖花产生畸变，花粉发育不正常，空瘪率增加。而灌浆期冷害主要影响籽粒特性，例如成熟不良，籽粒不饱满，米质差等。灌浆初期遇低温冷害，米粒长度减少甚至停止发育，中期产生乳白米，原因主要是低温抑制叶片正常的光合作用和光合产物的转运和积累。

灌浆期是籽粒发育和粒重增长的重要时期。在温度胁迫条件下，水稻产量变化是各种器官生长发育过程和生理生化变化的最终体现。若同一品种在单位面积颖花量和结实率不变的条件下，千粒重每提高 1 g，产量可增加 3.5 %（王余龙等，1995）。已有研究表明，水稻粒重的高低受多种因素的影响，但从谷粒性状来看，主要取决于谷壳的大小和谷粒充实度。研究认为低温通过降低最大灌浆速率而延迟整个灌浆进程（高亮之等，1994；Ahmed et al.，2008）。齐穗后 20d 是粒重增长及温度敏感的主要时段，此时段正是水稻受精后胚乳生长的关键时期（朱碧岩等，1996）。花后 0~15 d 称作灌浆前期，第二时段为花后 15~30 d 称作灌浆中期，第三时段为花后 30 d 至成熟期称作灌浆后期。低温的效应以灌浆前期大于中、后期（付景等，2014；Ahmed et al.，2008）。气温对水稻灌浆速率的影响主要表现在低温会降低最大灌浆速率而延迟整个灌浆进程。开花以后灌浆初期的 5 d，低温对灌浆的影响最大，10 d 次之，15 d 以后影响就比较小，20~25 d 以后影响就愈来愈小（图 6-1）。当灌浆初期的平均气温为 19 ℃时，秕粒率就明显增加，温度愈低，秕粒愈多。此外，后期低温有加速弱势粒灌浆，缩小强、弱势粒灌浆差距的现象（袁继超等，2004；曾研华等，2016）。

前人从籽粒灌浆特性（王丰等，2006）、淀粉合成代谢（程方民等，2003；金正勋等，2005）、氮代谢（金正勋等，2007）、籽粒内源激素含量变化等方面进行了较为深入的研究。袁莉民等（2006）研究指出灌浆期不同时段低温处理，易导致籽粒外形异常，垩白面积提高，胚乳结构明显变化。付景等（2014）认为超级稻品种籽粒结实对低温反应比常规高产品种更敏感，且灌浆期低温显著降低结实率和穗粒重（耿立清等，2009）。

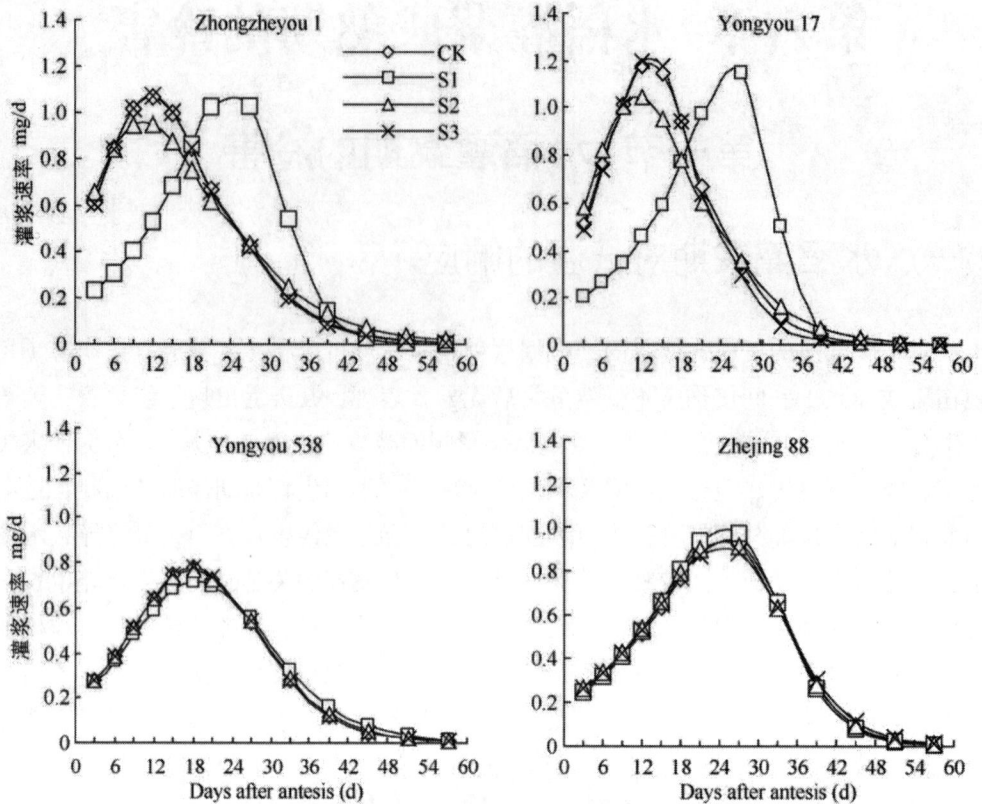

图 6-1 灌浆期低温处理下不同品种籽粒灌浆速率变化
（曾研华等，2016）
S1，S2，S3 为灌浆前、中、后期时段的低温处理

温度是影响作物生长发育和产量的重要环境因素，也是影响稻米品质的首要环境因子（孟亚利，1997；盛婧；2007）。温度变化直接影响水稻抗氧化系统（王国骄等，2013）、光合和呼吸作用及碳水化合物的转运（王艳春等，2009；侯立刚等，2013），从而对米质造成影响。灌浆期是稻米品质形成的关键时期。直链淀粉和蛋白质含量是稻米的主要品质指标，也是影响米饭适口性的重要因素，直链淀粉含量高，使米饭的黏性、柔软性和光泽度变差，进而影响米饭的食味品质（Hamakeret al.，1993；舒庆艳等，1998；吴殿星等，2001）。夏楠等（2016）研究认为，灌浆结实期冷水胁迫导致不同寒地粳稻品种的每穗实粒数、千粒重及结实率均显著降低，直链淀粉含量显著上升。李林（1989）的研究认为，粳稻直链淀粉含量与结实期的平均温度相关性在 21℃以上呈正相关，21℃以下却呈负相关。

随着经济的发展和人民生活水平的提高，对水稻品质的要求也相应提高，在水稻育种方面对品质也越来越重视。蛋白质、脂肪、直链淀粉是稻米的重要组成部分，对稻米的外观和食味品质产生重要影响。莫惠栋等（1993）认为，温度是对稻米品质影响比较大的环境因素，抽穗至成熟期阶段温度过高会使灌浆时间过短，籽粒饱满度受到影响；温度过低也会使垩白增加蛋白含量降低，从而使水稻品质降低。周广洽（1997）研究表明，灌浆期温度在 25℃左右稻米中蛋白质含量最高，而在较低温度下，蛋白质含量较低。程方民等（2000）研究发现，灌浆成熟期对稻米直链淀粉含量的影响主要表现在从齐穗开始到齐穗后 20 d 左右，其余时间作用较小。殷延勃等（2002）得出了糙米率和精米率与灌浆结实期温度呈负相关的研究结果。王连敏等（2005）研究认为，黑龙江省水稻灌浆期低温胁迫使垦稻10号、哈99-352、富士光和空育131的糙米率、精米率和整精米率降低。林洪鑫等（2016）认为灌浆期低温冷害造成精米率、整精米率和直链淀粉含量下降，垩白粒率、垩白度和蛋白质含量增加。脂肪也是稻米的重要成分，它与蛋白质、淀粉相比具有更高的能量，且与维生素A、D、E、F、K共存，多为优质不饱和脂肪酸或者淀粉脂肪的复合物，是影响稻米食用品质的重要因素。于永红等（2006）研究指出，在一定范围内，提高稻米脂肪含量能极显著的改善稻米食味品质，脂肪含量高的米蒸煮后，表面光亮，米饭适口性和香气都较好。宋广树等（2011）研究认为品种是决定稻米营养品质的关键因素，不同时期低温处理下籽粒蛋白质、脂肪和直链淀粉含量均降低，降幅均表现出品种间差异大于处理时期差异。金正勋等（2000）研究表明，食味品质优良的品种，直链淀粉含量与蛋白质含量有3种关系：①蛋白质含量高直链淀粉含量低；②直链淀粉含量高蛋白质含量低；③蛋白质含量和脂肪含量均适中。

二、灌浆期冷害风险评价方法

对于灌浆期耐冷性鉴定有几种方法（李太贵，1981）：开花后将水稻植株体放入12℃的冷水中处理10 d，或将开花5 d的植株体放在15℃的人工气候箱中处理15 d，或将开花5 d的植株体放在光强低或无光照条件的7℃人工气候箱中处理3 d。处理完毕搬到光照充足、温度超过20℃以上的室内或室外。考种时，去掉空壳，然后测粒重，与对照的粒重作比较。此外，也可以调查垩白粒率等。

耐冷系数是指某一品种低温处理产量占对照产量的百分比，能够从生物学的角度反应植物的耐冷能力。低温处理品种产量越高，耐冷系数越大，反之则越小。灌浆期4种生理指标隶属函数与耐冷系数的相关系数均达到极显著水平（$P<0.01$），从大到小顺序依次是：丙二醛>叶绿素>脯氨酸>过氧化物酶（宋广树等，2011）。

表 6-1　灌浆期低温处理水稻四种生理指标隶属函数及 D 值分析（宋广树等，2011）

品种 Varieties	丙二醛 MDA	脯氨酸 Proline	叶绿素 Chloropyll	过氧化物酶 POD	D 值 D value	耐冷系数 CTC	耐冷评价 Ass.of CT
吉粳 81	0.9326	0.9564	0.9563	1.0000	0.9610	0.9355	高抗 （HR）
吉粳 83	0.8526	0.9422	1.0000	0.9595	0.9379	0.9100	高抗 （HR）
吉糯 7	1.0000	0.7327	0.8760	0.7526	0.8417	0.8645	高抗 （HR）
吉粳 88	0.7275	1.0000	0.6985	0.8305	0.8134	0.8350	高抗 （HR）
吉粳 803	0.7613	0.7653	0.7282	0.6254	0.7207	0.7993	高抗 （HR）
吉粳 105	0.6126	0.6821	0.6501	0.7133	0.6640	0.7655	中抗 （MR）
吉粳 108	0.6359	0.5783	0.6633	0.6757	0.6381	0.7402	中抗 （MR）

品种 Varieties	丙二醛 MDA	脯氨酸 Proline	叶绿素 Chlorophyll	过氧化物酶 POD	D 值 D value	耐冷系数 CTC	耐冷评价 Ass.of CT
平粳 7	0.6985	0.4200	0.7183	0.3563	0.5500	0.7134	中抗 （MR）
吉粳 806	0.3048	0.5554	0.6247	0.5773	0.5140	0.6865	中抗 （MR）
吉粳 800	0.5546	0.3620	0.4318	0.4368	0.4471	0.6382	中抗 （MR）
吉粳 503	0.4670	0.3256	0.3618	0.3846	0.3853	0.6060	低抗 （SR）
吉粳 101	0.4125	0.4778	0.0000	0.4810	0.3428	0.5697	低抗 （SR）
吉粳 94	0.2227	0.2767	0.3212	0.0000	0.2060	0.5435	低抗 （SR）
长白 9	0.1809	0.0000	0.2763	0.2625	0.1797	0.5037	低抗 （SR）
长白 16	0.0000	0.2063	0.2012	0.1930	0.1490	0.3986	低抗 （SR）
相关系数 r^2	-0.941**	0.916**	0.917**	0.904**	0.989**		
指标权数 Index weight	0.2558	0.2490	0.2493	0.2458			

灌浆期低温冷害也可以采用自然灾害风险指数法进行风险评估，一般而言，低温冷害风险取决于 4 个因素：低温冷害的危险性、暴露性（承灾体）、承灾体的脆弱性及管理措施和能力。考虑到低温冷害的管理措施和能力主要反映在作物产量和作物种植面积等方面，因此低温冷害风险主要是由危险性、暴露性和脆弱性 3 个因素综合作用的结果，其大小为 3 个风险因素的和（张继权和李宁，2007），即：

$$低温冷害风险 = 危险性 + 暴露性 + 脆弱性$$

低温冷害风险评估指标的选取和权重计算，主要采用层次分析法（AHP）求指标权重，它是利用该领域多位专家的经验，对每个因子进行比较、判断和赋值，得到一个判断矩阵，经过计算得到每一因子的权重值并进行一致性检验。通过对指标进行一对一的比较，可以连续进行并能随时改进，是比较方便有效的计算方法（曾远清等，2005；舒卫萍和崔远来，2005）。

危险性主要选取了影响低温发生程度的气象与地形因素，如海拔、纬度、5—9 月积温、灾害发生频率等；暴露性表示当低温冷害发生时受灾地区的水稻产量，用单位面积作物产量作为暴露性评价指标；脆弱性表示受灾区暴露物体受低温冷害影响的程度，由于作物受低温冷害影响面积百分比可以表示出作物产量的损失程度和地域差异性，因此选取受低温冷害影响面积百分比作为评价地区低温冷害脆弱性的指标。图 6-2 列出了低温冷害风险评估指标及其根据层次分析法得到的权重（张继权和李宁，2007）。

低温冷害风险
- 危险性
  - 灾害发生率　0.3
  - 纬度　0.2
  - 海拔　0.2
  - 5—9月积温　0.3
- 暴露性
  - 单位面积产量　1.0
- 脆弱性
  - 受影响种植区百分比　1.0

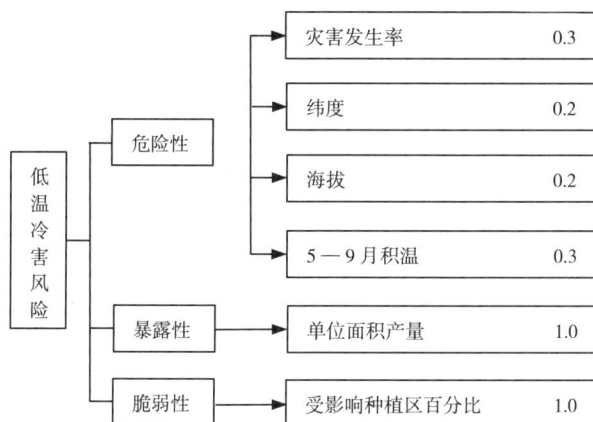

图 6-2 黑龙江省低温冷害评价指标系统及其权重值
（张继权和李宁，2009）

三、灌浆期冷害的生理基础

耿立清等（2009）研究表明，灌浆期低温导致结实率明显下降，穗粒重降低。薛菁芳等（2014）研究表明，灌浆期低温导致整精米率下降。一般情况下，水稻颖壳的大小主要受其生长最快的减数分裂期的环境条件决定（松岛省三，1957），其大小在抽穗期已基本决定。水稻抽穗开花后，灌浆状况决定谷粒的充实度。在低温等逆境条件下，胚乳细胞分裂、淀粉体增殖和生长受阻，胚乳细胞和组织充实不良，最终导致谷粒充实度较差（袁莉民等，2006）。

王萍等（2006）研究发现，苗期、孕穗期、抽穗期和灌浆期低温导致植株叶绿素含量下降。低温胁迫通过阻碍水稻叶绿素正常合成，对光合作用过程造成伤害，导致水稻光合下降（Haruo et al.，1995）。Makino et al.（2007）研究认为随着叶片温度的降低，水稻光合速率逐渐下降。水稻遭受低温胁迫时会破坏叶绿体形态，使排列不规则，破坏其内部结构特性，导致叶绿素合成受到抑制，从而抑制光合作用。李健陵等（2014）认为水稻在孕穗期低温胁迫会使得叶绿素和光合速率下降，处理时间越长、温度越低降幅越大。丙二醛（MDA）是膜脂过氧化的最终产物，它直接影响到膜上结合酶的比例和活性，过量的 MDA 使细胞代谢失调。宋广树等（2011）研究显示，水稻苗期、孕穗期、抽穗期、灌浆期低温均导致植株体内 MDA含量上升。

植物内源激素对水稻籽粒发育过程起重要的调节作用，胁迫条件影响籽粒中植物激素的含量。一般而言，植物内源激素 IAA（生长素）、ZR（玉米素）为生长促进型激素，而 ABA（脱落酸）、GA3（赤霉素）为生长抑制型激素。灌浆前、中期低温处理籽粒中 IAA、ZR 含量显著降低，抑制胚乳细胞分裂和分化降低籽粒灌浆；同时通过降低 IAA 含量，减少胚乳细胞数量的增加和体积的增大，从而降低谷粒同化产物的积累，并影响与谷粒积累同化产物有关的酶（蛋白质），最终抑制籽粒淀粉含量的积累，导致籽粒灌浆不良。灌浆前、中期低温处理增加甬优 17 和中浙优 1 号籽粒的 GA3 含量，进一步影响了籽粒胚乳细胞的增殖与灌浆进程，降低籽粒灌浆速率，从而延长了籽粒灌浆持续期。有研究表明，水稻灌浆初期，ABA 主要通过提高籽粒淀粉合成酶、酸性转化酶及 ATP 酶的活性，从而提高籽粒对蔗糖的卸载和转化能力（Rook et al.，2001；Yang et al.，2009），通过提高籽粒 ADPG 焦磷酸化酶和淀粉分支酶（SBE）活性促进淀粉合成（Rook et al.，2001）。低温处理后籽粒中内源激素含量变化影响籽粒灌浆，其变化与灌浆动态一致。

籽粒灌浆过程受到光合产物的供应、茎秆储藏物质的转运、运输组织和籽粒自身生理活性的影响，并受到多种酶和激素等内在因子的调控，且受 CO_2、温度和水分等环境因子的限制（Yang et al.，2007a，2007b；Tanaka et al.，2009）。张荣萍等（2015）研究表明，灌浆前期低温胁迫处理水稻的产量显著降低，品质随处理天数的增加而先增高后降低。灌浆结实期低温则会降低穗部干物质重和所占的比例，不利于茎鞘中的干物质向穗部的转运。王人民等（1991）的研究表明低温降低成熟期穗部干物质重，增加茎鞘的干物质重。灌浆结实期低温降低干物质积累与转运能力，使得水稻籽粒灌浆充实程度差，青米率比例高，从而降低水稻加工品质。李林等（1989）研究认为，水稻灌浆结实期温度小于 21°C，整精米率降低 3～10 个百分点。灌浆初期(齐穗后 20d)是温度影响水稻产量和品质形成的关键时期，适温（21～26 ℃）有利于水稻灌浆和淀粉的充实与沉积，过高或过低温度均不利于提高水稻产量和品质（龚金龙等，2013）。

气候生态条件对稻米品质的影响效应在不同品质性状间存在着明显的差异，垩白度、碱解值等易受气候生态条件的影响，而粒长、粒形等在不同气候生态条件下则相对稳定。程方民和钟连进（2001）对水稻品质性状的变异系数进行聚类分析结果如下：第一类性状包括粒长、粒形、糙米率和精米率，其变异系数均较小，是对气候生态条件变化反映较为迟钝的一类性状，可称为生态稳定性状；第二类包括直链淀粉含量、蛋白质和整精米率三个性状；第三类、第四类和第五类分别是胶稠度、碱解值和垩白度，其中垩白度的变异系数远大于前两者，是所有稻米品质性状中对气候生态条件变化反映最敏感的性状，可称为生态敏感性状。而与之相比，第三类和第四类性状更接近于第二类性状（图 6-3），其变异系数居各品质性状的中间水平，可统称为中间性状，其表现既受品种遗传特征的制约，但又在很大程度上受气候生态因子的影响。

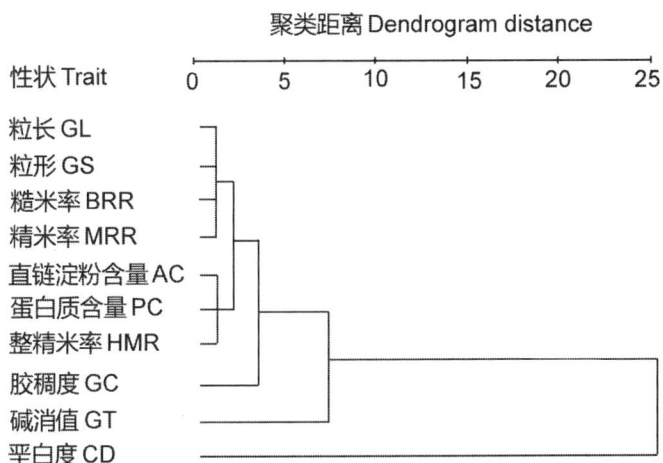

聚类距离 Dendrogram distance

性状 Trait

粒长 GL
粒形 GS
糙米率 BRR
精米率 MRR
直链淀粉含量 AC
蛋白质含量 PC
整精米率 HMR
胶稠度 GC
碱消值 GT
垩白度 CD

图 6-3 稻米品质诸性状变异系数的聚类树形图
（程方民和钟连进，2001）

稻米的加工品质和外观品质主要包括糙米率、精米率、整精米率、粒长、粒宽和长宽比。朱碧岩等（2000）研究认为水稻整精米率形成的适宜结实期温度：籼稻 23.11 ~ 24.65 ℃，粳稻 21.61 ~ 23.48 ℃。稻米外观品质是评价稻米品质优劣最直接的指标，主要包括垩白粒率、垩白大小和垩白度。垩白的形成除了受水稻基因型的调控外，还受到生长条件的影响，其中灌浆期温度对水稻垩白的形成影响较大（盛婧，2007）。在一定范围内温度越高，稻米垩白粒率和垩白度越高，但过低温度也会导致稻米外观品质下降。

蛋白质是水稻籽粒中仅次于淀粉的第二大类贮藏物质，占糙米总量的 8% ~ 10%。蛋白质含量、蛋白组分和氨基酸含量是评价稻米营养品质的重要指标，与稻米食味品质优劣密切相关。前人研究认为稻米蛋白质含量高，，会抑制淀粉粒吸水、膨胀及糊化，稻米食味品质差（Chen et al.，2012）。水稻齐穗后 20d 内是稻米粒重和整精米率及其对环境因素影响反应的主要和敏感阶段（高如嵩和张嵩午，1994）。结实期温度对粒重和整精米率的影响效果存在累积延续效应。结实期气温对稻米碾磨品质的影响同时还与籽粒的灌浆充实过程有关。对稻米整精米率的形成动态研究表明，灌浆速率稍慢型有利于形成较高的整精米率，而灌浆速率稍快型灌过快，灌浆时间缩短，籽粒不充实，千粒重降低，胚乳糊粉层细胞数量增多，糠层变厚，从而影响到碾磨品质（张嵩午，1993）。贾志宽（1992）指出，水稻抽穗后的前 15 ~ 20 d 温度对稻米垩白的影响效应要远大于其后阶段的温度状况。

周德翼等（1994）研究发现中、低直链淀粉品种在低温胁迫下籽粒中直链淀粉含量过高。贾志宽等（1990）认为灌浆结实期温度对直链淀粉含量的影响主要看是否有利于淀粉的形成和积累，温度太高或太低都不利于其积累。灌浆期低温胁迫严重阻碍淀粉的合成和积累。灌浆期低温胁迫直接伤害淀粉合成关键酶，降低 ADPG 焦磷酸羧化酶、Q 酶活性；降低籽粒总淀粉的含量，破坏籽粒淀粉微结构，淀粉体排列不紧密引起微孔出现，淀粉体易破碎导致淀粉粒裸露；RVA 谱中的最高黏度（HPV）、冷胶黏度（CPV）、回复值（CSV）和消减值（SBV）显著上升，以及峰值黏度（PKV）、崩解值（BDV）下降，最终导致品质变劣。

稻米蒸煮食味品质是稻米品质重要性状之一，包括米饭外观、光泽、香气、味道、口感、黏度、硬度、冷饭的回生度等。直链淀粉含量（AC）、糊化温度（GT）、胶稠度（GC）是评价稻米食味品质重要指标（韩金等，2009），稻米食味品质与AC、GT、GC密切相关，一般研究认为低AC、低GT、高GC，稻米食味品质优。蒋李建（2009）研究发现结实期高温降低了直链淀粉含量，低温提高了直链淀粉含量。直链淀粉含量是评价稻米食味品质重要指标，结实期温度与直链淀粉含量关系的复杂性也反映出稻米食味品质研究的复杂性。沈枫等（2020）研究东北稻区灌浆期温度与食味品质的关系，认为辽粳433最适合的灌浆温度在22~25℃之间，温度升高3℃，食味值降低8.75%，温度降低6℃，食味值降低13.99%。

一般稻米RVA谱中的峰值黏度较高、崩解值较大、最终黏度小，并且碱消值为负值（舒庆亮，1998；黄发松；1998），米饭冷热均较软而黏，适口性好。淀粉RVA谱作为稻米品质重要的特性，不仅因品种而异，还在很大程度上受环境条件影响，如灌浆结实期低温会阻碍淀粉的有序高效积累，从而影响RVA谱特征值（赵国珍；2010）。武琦（2013）研究发现，不同生育时期低温胁迫下，寒地粳稻RVA谱中的最高黏度、冷胶黏度、回复值和碱消值显著上升，峰值黏度、崩解值下降，最终导致品质变劣。

第二节 水稻的早霜冻害

俗话说，"一场秋雨一场凉"，由于东北秋季经常发生气温骤降，一些低温年份常常发生早霜冻害。对东北水稻生产而言，早霜冻害是影响东北水稻生产，尤其是品质形成的重要气象灾害之一。关于霜冻对稻米品质的影响，日本的姬田正美（1996）和稻津（1995）曾结合延迟型低温冷害的研究做过一些关于霜冻害的报道。我国科研人员也开展过一些初步研究，主要集中在早霜对水稻产量和品质的影响方面（矫江等，2002；矫江等，2003）。但是，总的来看这方面的研究还较少，而且关于霜冻害发生程度对稻米产量和品质影响的规律性还未见系统报道。

一、水稻对早霜冻害的响应

水稻抽穗开花后，很快就进入了灌浆成熟阶段。矫江（2002）研究表明，正处于灌浆成熟期的水稻经霜冻处理后，植株整体上呈水渍状，随后开始褪绿枯死，生长发育完全停止。霜冻处理时间距水稻抽穗期越短，也就是霜冻害发生越早，对水稻的影响越大，其中影响最明显的是稻谷的瘪粒率。这种霜冻后的瘪粒是指在颖花受精后灌浆过程遇到霜冻害，导致灌浆过程停止，从而产生成熟度不良的谷粒（矫江，2002）。已有研究表明，水稻抽穗后的霜冻处理时间与空瘪粒率之间呈近似指数相关，一般的规律表现为随着霜冻处理时间的提前，水稻空瘪粒率相应提高，在曲线拐点时间（抽穗后35 d）以后，空瘪粒率随霜冻处理时期的变化较小。

霜冻处理对稻谷籽粒增重的曲线也是指数曲线，虽然会因品种、熟期等有所变化，但一般变化趋势基本一致。随着霜冻处理的越早，稻谷籽粒增重所受的影响越大，拐点出现在抽穗后 25 d 左右（矫江，2002）。

二、霜冻害对稻米加工品质的影响

研究表明，稻米的糙米率、精米率和整精米率都受霜冻害的影响（表 6-2）。糙米率和精米率受霜冻的影响变化规律一致，都是大约在抽穗后 25 d 为界限，抽穗后 25 d 以前的霜冻害处理对稻米糙米率和精米率的影响较大，25 d 以后的霜冻害处理对糙米率和精米率的影响几乎可以忽略不计。而霜冻害对整精米率的影响则相对较大，即使在抽穗后 25 d 以后进行冷害处理，也会造成整精米率的大幅度下降（矫江，2002）。

表 6-2 霜冻影响稻米加工品质的分析结果（矫江，2002）

品种	处理日期	距抽穗日数	糙米率(%)	精米率(%)	整精米率(%)
龙稻 4 号	13/8	15	78.7	70.8	-
	18/8	20	81.1	73.0	50.1
	23/8	25	82.2	74.0	70.7
	28/8	30	82.3	74.1	28.2
	2/9	35	82.6	74.2	69.0
	7/9	40	82.4	74.2	66.8
	12/9	45	82.4	74.2	37.1
系选 1 号	13/8	13	78.1	70.3	-
	18/8	18	78.6	70.7	53.0
	23/8	23	80.3	72.3	40.2
	28/8	28	80.8	72.8	27.6
	2/9	33	81.2	73.1	66.5
	7/9	38	81.5	73.4	59.4
	12/9	43	81.0	72.9	34.8

三、霜冻害对稻米蒸煮品质的影响

从表 6-3 可以看出，不同处理间直链淀粉含量变化幅度较小。早熟的龙稻 4 号 7 个处理间的极差仅为 1.4 %，最大变率为 8.4 %；中熟的系选 1 号 7 个处理间极差仅为 0.95 %，最大变率仅为 6.2 %。这说明霜冻对稻米直链淀粉含量的影响不大。蛋白质含量与直链淀粉含量之间呈负相关，一般趋势是随霜冻处理时间的提前，蛋白质含量呈增加趋势，但统计结果未达到显著水平。这可能是由于水稻灌浆初期蛋白质增速高于直链淀粉增速所致。试验中受霜冻影响最大的蒸煮品质指标是胶稠度，两个品种都表现为随着霜冻处理时间的提前，胶稠度呈变小趋势。此外，研究还表明，霜冻对碱消值的影响不大（矫江，2002）。

表 6-3 霜冻影响稻米蒸煮品质的分析结果（矫江，2002）

品种	处理日期	距抽穗日数	直链淀粉(%)	蛋白质(%)	胶稠度(mm)	碱消值
	13/8	15	15.52	7.69	49.5	7.0
	18/8	20	16.60	6.99	71.0	7.0
	23/8	25	16.33	7.11	78.3	7.0
龙稻4号	28/8	30	15.91	7.44	64.0	7.0
	2/9	35	15.80	7.53	85.5	6.8
	7/9	40	15.90	6.99	76.5	7.0
	12/9	45	15.97	6.73	87.2	7.0
	13/8	13	14.56	7.96	65.1	7.0
	18/8	18	14.33	7.67	64.5	7.0
	23/8	23	14.76	7.32	82.0	7.0
系选1号	28/8	28	15.13	6.94	74.2	7.0
	2/9	33	15.00	7.03	60.5	7.0
	7/9	38	14.78	7.24	82.0	7.0
	12/9	43	15.25	7.31	91.0	7.0

四、霜冻害对稻米外观品质的影响

矫江（2002）还研究了水稻霜冻害对稻米外观，尤其是垩白相关性状的影响。从垩白发生较严重的龙稻4号看，垩白率和垩白面积均与霜冻处理时间的提前呈非线性相关，即提前程度越大，垩白发生越严重（表6-4）。整体来看，以抽穗后25 d为界，抽穗后25 d之前的霜冻害处理造成稻米垩白的增加，25 d以后的处理影响程度明显减少，到抽穗后35 d垩白发生最小。

综上可以看出，霜冻害影响稻米品质，一般在抽穗后25 d之内的霜冻害影响较大，25 d之后的影响变小。从生产实际的角度来看，抽穗后25 d之内发生霜冻害的几率较小。

表 6-4 霜冻影响稻米外观品质的分析结果（矫江，2002）

品种	处理日期	距抽穗日数	垩白面积	垩白率(%)
龙稻 4 号	13/8	15	-	-
	18/8	20	30.0	39.0
	23/8	25	7.14	5.0
	28/8	30	3.57	4.0
	2/9	35	0.00	0.0
	7/9	40	7.14	1.0
	12/9	45	5.96	6.0
系选 1 号	13/8	13	-	-
	18/8	18	0.00	0.00
	23/8	23	0.00	0.00
	28/8	28	8.33	6.00
	2/9	33	0.00	0.00
	7/9	38	5.96	6.00
	12/9	43	0.00	0.00

参考文献

[1]Ahmed N，Maekawa M，Tetlow I J. Effects of low temperature on grain filling，amylose content，and activity of starch biosynthesis enzymes in endosperm of basmati rice. Aust J Agric Res，2008，59: 599–604.

[2]Chen Y, Wang M, Ouwerkerk PBF. Molecular and environmental factors determining grain quality in rice. Food and Energy Security，2012，2：111-132.

[3]Hamaker B R，Griffin V K. Effect of disulfide bond containing protein on rice starch gelatinization and pasting. Cereal Chemistry, 1993, 70:377-380.

[4]Haruo S, Masatoshi T. Effect of chilling on activated oxygen-scavenging enzymes in low temperature sensitive and tolerant cultivars of rice(*Oryza sativa* L.). Plant Science, 1995, 109(2)：105-113.

[5]Makino A, Sage R F. Temperature response of photosynthesis in transgenic rice transformed with 'Sense or Antisense, rbcS. Plant Cell Physiol, 2007, 48(10): 1472-1483.

[6]Rook F, Corker F, Card R. Impaired sucrose-induction mutants reveal the modulation of sugar-induced starch biosynthetic gene expression by abscisic acid signaling. Plant J, 2001, 26: 421–433.

[7]Tanaka K, Onishi R, Miyazaki M, et al. 2009. Changes in NMR relaxation of rice grains，kernel quality and physicochemical properties in response to a high temperature after flowering in heat-tolerant and heat-sensitive rice cultivars. Plant Production Science, 12: 185-192.

[8]Yang J，Zhang H. Hormones in the grains and roots in relation to post-anthesis development of inferior and superior spikelets in *japonica*/*indica* hybrid rice. Plant Physiol Biochem, 2009, 47:195-204.

[9]Yang J, Zhang J, Liu K, et al. Involvement of polyamines in the drought resistance of rice. Journal of Experimental Botany, 2007, 58: 1545-1555.

[10]Yang L, Wang Y, Dong G, et al. The impact of free-air CO_2 enrichment (FACE) and nitrogen supply on grain quality of rice. Field Crops Research, 2007, 102: 128-140.

[11]曾研华，张玉屏，潘晓华，等.花后低温对水稻籽粒灌浆与内源激素含量的影响.作物学报，2016，42(10): 1551-1559.

[12]曾运清，王春颖，肖丽娜.层次分析法(AHP)在民船动员征用中的应用.武汉理工大学学报(信息与管理工程版)，2005(03): 195-199.

[13]陈善娜，梁斌，张蜀君，等.云南高原水稻幼苗的抗冷性与其活性氧清除系统的关系.云南植物研究，1995，17(4): 452-458.

[14]程方民，钟连进，孙宗修.灌浆结实期温度对早籼水稻籽粒淀粉合成代谢的影响.中国农业科学，2003，36: 492-501.

[15]程方民，丁元树，朱碧岩.稻米直链淀粉含量的形成及其与灌浆结实期温度的关系.生态学报，2000，20(1): 646-652.

[16]程方民，钟连进.不同生态条件下稻米品质性状的变异及主要影响因子分析.中国水稻科学，2001，15，3：187-191.

[17]付景，王志琴，杨建昌.抽穗–灌浆期低温与弱光对超级稻结实率和生理性状的影响.扬州大学学报(农业与生命科学版)，2014，35(4): 68-74.

[18]高亮之，金之庆.全球气候变化和中国的农业.江苏农业学报，1994，10(2): 1-10.

[19]高如嵩，张嵩午.稻米品质气候生态基础研究.西安：陕西科学技术出版社，1994.

[20]耿立清，王嘉宇，陈温福.孕穗—灌浆期低温对水稻穗部性状的影响.华北农学报，2009，24(3): 107-111

[21]李健陵，霍治国，吴丽姬，等.孕穗期低温对水稻产量的影响及其生理机制.中国水稻科学，2014，28(3): 277-288.

[22]韩金香，胡培松，焦桂爱，等.稻米蒸煮食味品质及其仪器分析的研究现状.中国稻米，2009，(2): 1-4.

[23]侯立刚，马巍，齐春燕，等.低温条件下磷肥对水稻幼苗耐冷性及相关生理特性的影响.东北农业大学学报，2013，44(7): 39-45.

[24]黄发松，孙宗修，胡培松，等.食用稻米品质形成研究的现状与展望.中国水稻科学，1998，2(3): 172-176.

[25]贾志宽，高如嵩，张嵩午.稻米垩白形成的气象生态基础研究.应用生态学报，1992，3(4): 321-326

[26]贾志宽，朱碧岩.灌浆期气温的分布对稻米直链淀粉累积效应的研究.陕西农业科学，1990，4: 9-11.

[27]蒋李建.结实期温度胁迫对水稻产量和品质的影响.扬州：扬州大学，2009.

[28]金正勋，钱春荣，杨静，等.水稻灌浆成熟期籽粒谷氨酰胺合成酶活性变化及其与稻米品质关系的初步研究.中国水稻科学，2007，21: 103–106.

[29]金正勋，杨静，钱春荣，等.灌浆成熟期温度对水稻籽粒淀粉合成关键酶活性及品质的影响.中国水稻科学，2005，19: 377–380.

[30]金正勋，秋太权，孙艳丽，等.黑龙江省稻米蒸煮食味品质特性的品种间变异研究.黑龙江农业科学，2000，1: 1-4.

[31]李合生.现代植物生理.北京：高等教育出版社，2002.

[32]李林，沙国栋，陆景淮.水稻灌浆期温光因子对稻米品质的影响.中国农业气象，1989，3: 33-38.

[33]李太贵.在低温下筛选水稻不同生长期耐寒品种的室内方法.国外农业科技，1981(4): 18 - 21.

[34]李文亮，张丽娟，张东有.黑龙江省低温冷害风险评估与区划研究.干旱区资源与环境，2009，23（10）.

[35]林洪鑫，胡启锋，肖宇龙，等.寒露风对双季晚稻品种产量构成和品质的影响.江西农业学报，2016，28(5): 20-23.

[36]孟亚利，周治国.结实期温度与稻米品质的关系.中国水稻科学，1997，1: 51-54.

[37]盛婧，陶红娟，陈留根.灌浆结实期不同时段温度对水稻结实与稻米品质的影响.中国水稻科学，2007(04): 396-402.

[38]莫惠栋.我国稻米品质的改良.中国农业科学，1993，26(4): 8-14.

[39]沈枫，蒋洪波，姚继攀，等.播期和灌浆期温度对辽粳433营养品质和食味品质影响.中国稻米，2020，26，(6): 96-99.

[40]舒庆尧，吴殿星，夏英武，等.稻米淀粉RVA谱特征与使用品质的关系.中国农业科学，1998，31(3): 25-29.

[41]松岛省三.水稻の收量成立と予察に関する作物学の研究.农技研报，1957，A5: 120-127.

[42]宋广树，孙忠富，孙蕾，等.东北中部地区水稻不同生育时期低温处理下生理变化及耐冷性比较.生态学报，2011，31(13): 3788-3795.

[43]王丰，程方民，刘奕，等.不同温度下灌浆期水稻籽粒内源激素含量的动态变化.作物学报，2006，32: 25-29.

[44]王国骄，王嘉宇，苗微，等.耐冷性水稻新品系J07-23抗氧化系统对长期冷水胁迫的响应.作物学报，2013，39(4): 753-759.

[45]王连敏，王立志，李忠杰，等.灌浆阶段低温对寒地水稻碾米及外观品质的影响.黑龙江农业科学，2005，(6): 1-4.

[46]王萍，张成军，陈国祥，等.低温对水稻幼苗类囊体膜脂肪酸组分及膜脂过氧化的影响.中国水稻科学，2006，20(4) : 401 -405.

[47]王人民，丁元树.水稻抽穗和结实期的生态因子研究 II 光照和温度对早稻结实与干物质生产及分配的影响.浙江农业大学学报，1991，17，2：59-64.

[48]王艳春，王士强，赵海红，等.寒地水稻冷害减产原因与生理机制的研究进展.现代化农业，2009，(9): 7-8.

[49]王余龙，姚友礼，李昙云，等.水稻籽粒有关性状与粒重关系的初步探讨.作物学报，1995，21(5): 573-578.

[50]吴殿星，舒庆尧，夏英武.利用RVA谱快速鉴别不同表观直链淀粉含量早籼稻的淀粉粘滞特性.中国水稻科学，2001，15(1): 57-59.

[51]武琼.不同生育时期低温胁迫下寒地粳稻淀粉积累规律的研究.哈尔滨：东北农业大学，2013.

[52]夏楠，赵宏伟，吕艳超，等.灌浆结实期冷水胁迫对寒地粳稻籽粒淀粉积累及相关酶活性的影响.中国水稻科学，2016，30(4): 62-74.

[53]薛菁芳，陈书强，杜晓东，等.黑龙江省两种不同穗型水稻品种的子粒灌浆特性.湖北农业科学，2014，53(12) : 2736 – 2742.

[54]殷延勃，朱美静，马洪文，等.环境因子对宁夏水稻品质性状的影响-水稻主要品质性状对环境因子的逐步回归分析.宁夏农林科技，2002，(2): 17-19.

[55]于永红，朱智伟，程方民.稻米的脂肪.中国稻米，2006(3): 12-13.

[56]袁继超，刘从军，朱庆森，等.播期对水稻籽粒灌浆特性的影响.西南农业学报，2004，17(2) : 164 – 168.

[57]袁莉民，常二华，徐伟，等.结实期低温对杂交水稻胚乳结构的影响.作物学报，2006，32: 96–102

[58]张继权，李宁.主要气象灾害风险评价与管理的数量化方法及其应用.北京：北京师范大学

出版社，2007.

[59]张荣萍.灌浆前期低温胁迫对籼粳稻产量和品质的影响.江苏农业科学，2015，43(8):63-68.

[60]张嵩午，周德翼.温度对水稻整精米率的影响.中国水稻科学，1993，7(4): 211-216

[61]赵国珍，Yang SJ，Yea JD，等.冷水胁迫对云南粳稻育成品种农艺性状的影响.云南农业大学学报(自然科学版)，2010，25(2)：158-165.

[62]周德翼，张嵩午，高如嵩，等.稻米直链淀粉含量与结实期温度间的关系研究.西北农业大学学报，1994，24(2): 1-5.

[63]周广洽，李训贞.温光对稻米蛋白质及氨基酸含量的影响.生态学报，1997，17(5): 537-542.

[64]朱碧岩，程方民，吴永常，等.稻米粒重形成规律与结实期温度的关系.西北农业大学学报，1996，24(4): 53–58

[65]朱碧岩，黎杰强，程方民，等.稻米直链淀粉含量形成动态及结实期温度的影响.华南师范大学学报(自然科学版)，2000，(1): 94-98.

[66]姬田正美.近年における米の食味研究概括. 1996, 8: 866-872.

[67]稲津.冷害と食味.農業技術, 1995, 8: 33-34.

[68]矫江，王伯伦，寇洪萍.早霜冻对水稻商品品质的影响.自然灾害学报, 2002, 11(1)：103-107.

[69]矫江，王伯伦.寒地早霜冻对水稻产量和品质影响初步研究.中国农业气象, 2003, 24(1): 25-26.

[70]矫江.东北地区主要气候条件对稻米品质影响的研究.沈阳农业大学，2002.

（姜树坤、石延英、高鸿儒、姜辉、谢婷婷）

下篇
预警防控篇

第七章 水稻低温冷害的监测与预警

低温冷害的监测预警是水稻低温冷害研究工作中的重要环节，也是水稻低温冷害评估和防御的重要前提基础。首先要确定水稻低温冷害的评价指标，在此基础上，通过各种相关方法或建立预测模型，从而可以实现对水稻低温冷害的监测和预警，为农业防灾减灾和可持续发展提供科技支撑。同时，水稻低温冷害的监测与预警工作，也是农业气象学与农学、遥感等多学科交叉融合的创新研究领域之一。

第一节 东北地区水稻低温冷害诊断

一、水稻延迟型低温冷害诊断

水稻延迟型低温冷害诊断常用方法包括：气象指标诊断方法和遥感监测诊断方法。气象指标诊断方法早在20世纪80年代已经开始应用，利用气象观测站点数据计算结果，开展以站点代替县域的诊断工作。之后，由于地理信息技术发展，通过GIS插值技术，实现了低温冷害无缝隙诊断，但在不同下垫面环境、不同地形地势条件下存在较大误差。随着科技发展，遥感作为一种新型的手段，因其图像覆盖范围大、充分考虑不同下垫面特点，21世纪已经应用到水稻低温冷害诊断中，目前遥感对低温冷害诊断方法在不断发展。

（一）基于5—9月平均气温之和的距平指标低温冷害诊断

利用5—9月平均气温之和的距平指标来诊断水稻延迟型低温冷害方法最为成熟，应用最广泛（霍治国等，2009；马树庆等，2013；马树庆等，2017）。该方法以5—9月平均气温之和的距平值作为冷害的诊断指标（表7-1），在东北地区根据早熟区、中熟区、晚熟区设定不同的指标值，划分轻度、中度、严重冷害等级（马树庆等，2017）。水稻延迟型低温冷害诊断过程为：首先收集历年及当年月平均气温资料，计算历年和当年5—9月各月月平均气温之和及距平值；其次根据5—9月各月月平均气温之和的多年平均值确定早熟区、中熟区、晚熟区；然后利用当年5—9月各月月平均气温之和的距平值结合指标诊断是否发生轻度、中度、严重冷害或无冷害。

表 7-1 东北地区不同热量区域的水稻延迟型冷害指标（℃）

$\overline{\sum}T_{5-9}$	早熟区		中熟区		晚熟区	
	≤83	83.1~88	88.1~93	93.1~98	98.1~103	>103
轻度 ΔT_{5-9}	−1.0~−1.4	−1.3~−1.8	−1.6~−2.0	−1.8~−2.5	−2.4~−3.0	−2.8~−3.5
中度 ΔT_{5-9}	−1.5~−2.0	−1.9~−2.2	−2.1~−2.6	−2.6~−3.2	−3.1~−3.8	−3.6~−4.2
严重 ΔT_{5-9}	<−2.0	<−2.2	<−2.6	<−3.2	<−3.8	<−4.2

注：ΔT_{5-9} 为当年 5—9 月各月月平均气温之和的距平值；$\overline{\sum}T_{5-9}$ 为 5—9 月各月月平均气温之和的多年平均值。

（二）基于不同生育期的 ≥10℃活动积温距平指标低温冷害诊断

利用不同生育时期的 ≥10℃活动积温距平指标来诊断水稻延迟型低温冷害也是农业气象领域较为成熟的方法（马树庆等，2013；马树庆等，2015；马树庆等，2017）。但是由于资料获取和计算比 5—9 月平均气温之和的距平指标复杂，应用范围受限。该方法以移栽—齐穗和移栽—成熟两个生育阶段 ≥10℃活动积温距平值作为冷害的划分指标（表 7-2），在东北地区根据早熟区、中熟区、晚熟区设定不同的指标值，划分轻度、中度、严重冷害等级（马树庆等，2017）。水稻延迟型低温冷害诊断过程为：首先收集历年及当年水稻发育期、日平均气温、历年 ≥10℃活动积温资料，计算历年和当年移栽—齐穗 ≥10℃活动积温及距平值或移栽—成熟 ≥10℃活动积温及距平值；其次根据历年 ≥10℃活动积温确定早熟区、中熟区、晚熟区；然后利用当年 ≥10℃活动积温距平值诊断是否发生轻度、中度、严重冷害或无冷害。若同时使用 5—9 月平均气温之和的距平指标和不同生育期的 ≥10℃活动积温距平指标诊断水稻延迟型低温冷害出现结果不一致时，以不同生育期的 ≥10℃活动积温距平指标诊断水稻延迟型低温冷害结果为准。

表 7-2 ≥10℃活动积温差值（$\triangle\sum T10$）水稻延迟型冷害指标（℃·d）

等级	早熟区		中熟区		晚熟区	
	移栽-齐穗	移栽-成熟	移栽-齐穗	移栽-成熟	移栽-齐穗	移栽-成熟
轻度 $\triangle\sum T10$	−50~−40	−60~−50	−60~−50	−70~−60	−70~−60	−80~−70
中度 $\triangle\sum T10$	−60~−50	−70~−60	−70~−60	−80~−70	−80~−70	−90~−80
严重 $\triangle\sum T10$	<−60	<−70	<−70	<−80	<−80	<−90

注：水稻生育时期为普遍期，即 50%的水稻达到该发育期的日期。

（三）基于遥感植被指数的低温冷害诊断

植被指数选取 EVI 发育期检测值作为指标值（表 7-3），各发育期指的是发育普遍期，两个发育期范围中间的空区间为两个发育期的过渡阶段。

表 7-3 水稻各发育期 EVI 参考值范围及判识准确率

指数	移栽期	返青期	分蘖期	拔节期	孕穗期	抽穗期	乳熟期	成熟期
参考值范围	-0.06 ~ 0.18	0.25 ~ 0.34	0.45 ~ 0.53	0.60 ~ 0.70	0.77 ~ 0.83	0.70 ~ 0.75	0.54 ~ 0.64	0.37 ~ 0.43
准确率（%）	80.48	77.62	76.26	80.23	81.48	76.20	77.18	76.44

利用植被指数开展水稻延迟型低温冷害诊断过程较为复杂。首先是收集当年遥感观测资料和水稻发育期资料。其次由于东北三省只有 36 个农业气象观测站，每个观测站数据只对周围小范围物候现象有代表性，而东北三省的气候和地形相差较大，仅有的观测数据无法代表相距观测站较远地区的水稻发育期情况，因此需要对没有发育期观测数据的地区进行数据插补，对无农业气象观测点发育期推算。以发育期日序为因变量，以经度、纬度和海拔高度为自变量，建立线性回归方程。表 7-4 列出了不同发育期的回归方程，方程中 Y 代表日序，log 代表经度（°），lat 代表纬度（°），alt 代表海拔高度（m）。利用推算方程计算东北水稻发育期的日序。然后构建发育期空间分布图，参考程勇翔（2014）的方法，利用 ENVI+IDL 工具通过一块滑动筛选版与各静态发育期数据相比较，得到逐日水稻发育期分布图。最后推算的水稻发育期静态图按照表 7-3 中 EVI 的参考值范围对比，判识水稻发育期情况，进而诊断是否发生了低温冷害。

表 7-4 水稻各发育期推算方程

发育期	回归方程
移栽期	Y=82.336+0.968 log-1.297 lat-0.012 alt
返青期	Y=113.036+0.531 log-0.899 lat+0.010 alt
分蘖期	Y=66.667+1.165 log-1.071 lat+0.006 alt
拔节期	Y=180.243+0.445 log-0.974 lat-0.001 alt
孕穗期	Y=127.893+1.262 log-1.816 lat-0.021 alt
抽穗期	Y=202.681+0.768 log-1.884 lat-0.007 alt
乳熟期	Y=170.152+1.131 log-1.734 lat-0.019 alt
成熟期	Y=338.930-0.457log-0.399 lat-0.012 alt

（四）基于遥感 $T_{5—9}$ 距平指标的低温冷害诊断

利用遥感数据计算 5—9 月平均气温之和的距平指标，对东北地区水稻低温冷害进行遥感监测研究，需要在构建全天候全覆盖气温估算数据基础上，从像元和县（市）级两种空间尺度出发，计算 5—9 月平均气温之和的距平（刘丹，2016）。与利用台站气温数据计算低温冷害指标值的方法类似，遥感方法首先估算历年和当年 5—9 月各月月平均气温之和。由于气象行业标准中的 5—9 月平均气温之和的平均值是近 3 个完整十年的平均值，而遥感监测数据未达到 30 年，因此还需要将现有遥感历年的 5—9 月平均气温之和的平均值订正到 30 年的平均值。订正方法可以根据台站对应的遥感历年年限内 5—9 月平均值与 30 年 5—9 月平均值的线性回归关系，订正得到遥感 30 年 5—9 月平均气温之和的平均值。其次根据 5—9 月各月月平均气温之和的多年平均值确定早熟区、中熟区、晚熟区。然后利用当年 5—9 月各月月平均气温之和的距平值结合指标诊断是否发生轻度、中度、严重冷害或无冷害。

二、水稻障碍型低温冷害诊断

由于全球变暖，极端天气多发（孔锋，2021），东北地区水稻障碍型冷害时有发生，水稻安全生产受到威胁，考虑东北寒地水稻实际生产及障碍型冷害的发生特点，基于障碍型冷害指标，在孕穗期（抽穗前 20 d）开始开展东北寒地水稻障碍型冷害诊断，至开花期（抽穗后 10d）结束。

（一）水稻障碍型低温冷害诊断指标

水稻障碍型冷害诊断指标研究较多，如日平均温度（郭建平等，2009；姜丽霞等，2010）、冷积温（马树庆等，2003；纪仰慧等，2009）、空壳率（王连敏等，2010）、相对冷敏指数（阮仁超等，2007）、花药长度（叶昌荣等，1996）等。但是受资料来源、评价难易程度、准确率等综合影响，各项诊断指标应用范围不同。目前水稻障碍型冷害诊断指标应用较为广泛的是日平均温度指标。霍治国等（2009）制定的气象行业标准水稻冷害等级选用了日平均气温指标，将孕穗期和开花期气温分别定为 17℃和 19℃。马树庆等（2013）制定气象行业标准时再次选用了该指标，指标划分更加细致。王萍等（2014）制定的黑龙江省地方标准时也选用该指标。该指标分孕穗期和开花期两个生育期，以日平均气温及持续天数作为冷害的划分指标（表 7-5），在东北地区根据早熟区、中熟区、晚熟区设定不同的指标值，划分轻度、中度、严重冷害等级（马树庆等，2017）。

表 7-5 水稻障碍型冷害日平均气温及其持续期指标(℃)

等级	早熟区		中熟区		晚熟区	
	孕穗期	开花期	孕穗期	开花期	孕穗期	开花期
轻度	连续2dTa≤16.0	连续3dTb≤18.0，或连续2dTb≤17.0	连续2dTa≤17.0	连续3dTb≤19.0，或连续2dTb≤18.0	连续2dTa≤17.5	连续3dTb≤19.5，或连续2dTb≤18.5
中度	连续3dTa≤16.0，或连续2dTa≤15.0	连续4dTb≤18.0，或连续3dTb≤17.0，或连续2dTb≤16.0	连续3dTa≤17.0，或连续2dTa≤16.0	连续4dTb≤19.0，或连续3dTb≤18.0，或连续2dTb≤17.0	连续3dTa≤17.5，或连续2dTa≤16.5	连续4dTb≤19.5，或连续3dTb≤18.5，或连续2dTb≤17.5
重度	连续4d以上Ta≤16.0，或连续3d以上Ta≤15.0	连续5d以上Tb≤18.0，或连续4d以上Tb≤17.0，或连续3d以上Tb≤16.0	连续4d以上Ta≤17.0℃，或连续3d以上Ta≤16.0	连续5d以上Tb≤19.0，或连续4d以上Tb≤18.0，或连续3d以上Tb≤17.0	连续4d以上Ta≤17.5，或连续3d以上Ta≤16.5	连续5d以上Tb≤19.5，或连续4d以上Tb≤18.5，或连续3d以上Tb≤17.5

注：Ta 为抽穗前 20 d 内的日平均气温，Tb 为抽穗后 10 d 内的日平均气温。

（二）水稻障碍型低温冷害诊断方法

水稻障碍型低温冷害诊断过程与延迟型低温冷害诊断过程基本一致。首先收集当年水稻发育期、日平均气温、历年≥10℃活动积温资料，分别计算当年孕穗期（抽穗期前 20 d 内）15℃、16℃、16.5℃、17℃、17.5℃，开花期（抽穗期后 10 d 内）16℃、17℃、17.5℃、18℃、18.5℃、19℃、19.5℃的持续日数。其次根据历年≥10℃活动积温确定早熟区、中熟区、晚熟区。然后利用各级别气温及持续日数计算结果，根据水稻障碍型冷害指标诊断是否发生轻度、中度、严重冷害或无冷害。

第二节 东北地区水稻低温冷害预警

东北地区地处中高纬度，在全球气候变化影响下，不同熟期作物栽培界限发生北移，水稻发生冷害的风险增大，且水稻发生低温冷害呈现不确定性。因此，深入研究低温冷害预报方法进而达到准确预报，对水稻防灾减灾具有宝贵的参考价值。

一、水稻延迟型低温冷害预测

（一）基于热量指数的长期预测技术

基于热量指数的延迟型冷害长期预测技术，分为 7 种预测方法，在当年 4 月开始对水稻延迟型低温冷害开展预测，于 6 月、7 月、8 月根据当年实际热量指数进行滚动预测，逐月提高预报准确率。

1. 热量指数的计算方法

参考已有研究成果，水稻热量指数计算公式可以表达为（郭建平等，2004；王秋京等，2020）：

$$F(T) = 100 \times \frac{(T-T_1)(T_2-T)^B}{(T_0-T_1)(T_2-T_0)^B} \tag{7.1}$$

$$B = (T_2-T_0)/(T_0-T_1) \tag{7.2}$$

式中 $F(T)$ 为热量指数，表示实际气温和三基点温度决定的当日温度适宜度；T 为 5—9 月逐日平均气温；T_1、T_2、T_0 分别为某生长时段内水稻生长发育所需的下限温度、上限温度和适宜温度（表 7-6）。当 $T \leq T_1$，或 $T \geq T_2$ 时，$F(T)=0$；当 $T=T_0$ 时，$F(T)=1$。东北三省水稻的发育时段见表 7-7。

表 7-6 高产条件下水稻各发育期的 T_1、T_2、T_0

生长发育时期	苗期	营养生长期	营养生殖并进期	开花 – 灌浆期	灌浆 – 成熟期
T1	9.0	12.5	15.0	15.0	10.5
T2	21.0	32.0	33.0	33.0	30.0
T0	28.0	25.0	27.8	26.3	19.3

表 7-7 东北三省各区域水稻发育期区域

地区	苗期	营养生长	营养、生殖并进期	开花 – 灌浆期	灌浆 – 成熟期
黑龙江省北部	5 下 – 6 上	6 中 – 7 中	7 下 – 8 上	8 中 – 8 下	9 上 – 9 中
黑龙江省南部	5 中 – 5 下	6 上 – 7 上	7 中 – 7 下	8 上 – 8 中	8 下 – 9 上
吉林省东部	5 下 – 6 上	6 中 – 7 中	7 下 – 8 上	8 中 – 8 下	9 上 – 9 中
吉林省西部	5 中 – 5 下	6 上 – 7 上	7 中 – 7 下	8 上 – 8 中	8 下 – 9 上
辽宁省	5 下 – 6 上	6 中 – 7 中	7 下 – 8 上	8 中 – 8 下	9 上 – 9 下

2. 热量指数的逐步回归预测模型

（1）副高强度指数预测模型（模型 A）。

利用当年 1 月至预报月前两个月及上年 7—12 月逐月的北半球副高、北非副高、北非大西洋北美副高、西太平洋副高、东太平洋副高、北美副高、南海副高、印度副高、北美大西洋副高、太平洋副高强度指数与 $F(T)$ 进行相关分析，获得显著的因子与 $F(T)$ 进行了逐步回归分析，建立水稻热量指数的副高强度指数预测模型。黑龙江省与 $F(T)$ 相关显著的因子见表 7-8。

表 7-8 黑龙江省与 $F(T)$ 相关显著的副高强度指数因子

预测因子	物理意义	预测因子	物理意义
X_1	上年 10 月南海副高强度热量指数	X_2	上年 10 月印度副高面积强度指数
X_3	当年 5 月大西洋副高强度指数		

黑龙江东部、西部、全省水稻热量指数的副高强度指数预测模型（表 7-9）。

表 7-9 黑龙江省水稻热量指数的副高强度指数预测模型

分区	模型	预报月	预测模型	相关系数（R）
东部	1	5	$Y=339.236+2.025X_1$	0.358
	2	6	$Y=277.59+1.959X_1+F_{5实}$	0.412
	3	7	$Y=205.455+1.715X_2+F_{5实}+F_{6实}$	0.376
	4	8	$Y=121.027+0.843X_3+F_{5实}+F_{6实}+F_{7实}$	0.403
西部	1	5	$Y=354.707+1.925X_1$	0.369
	2	6	$Y=283.429+2.034X_1+F_{5实}$	0.471
	3	7	$Y=211.499+2.16X_2+F_{5实}+F_{6实}$	0.493
	4	8	$Y=123.308+0.985X_3+F_{5实}+F_{6实}+F_{7实}$	0.488
全省	1	5	$Y=346.839+2X_1$	0.374
	2	6	$Y=277.59+1.959X_1+F_{5实}$	0.448
	3	7	$Y=208.647+1.916X_2+F_{5实}+F_{6实}$	0.438
	4	8	$Y=122.168+0.914X_3+F_{5实}+F_{6实}+F_{7实}$	0.452

吉林省副高强度指数与 $F(T)$ 相关显著的因子及吉林省东部、西部、全省水稻热量指数的副高强度指数预测模型分别见表 7-10、表 7-11。

表 7-10 吉林省与 $F(T)$ 相关显著的副高强度指数因子

预测因子	物理意义	预测因子	物理意义
X_1	上年 10 月西太平洋副高强度热量指数	X_2	上年 11 月北非大西洋北美副高强度指数
X_3	上年 10 月大西洋副高强度指数	X_4	上年 9 月北美副高强度指数
X_5	上年 11 月北非副高强度指数	X_6	当年 3 月南海副高强度指数

预测因子	物理意义	预测因子	物理意义
X_7	当年 1 月南海副高强度指数	X_8	当年 3 月北美副高强度指数
X_9	上年 10 月印度副高面积强度指数	X_{10}	上年 11 月南海副高强度指数
X_{11}	上年 11 月北半球副高强度指数	X_{12}	上年 8 月大西洋副高强度指数
X_{13}	上年 10 月南海副高强度指数	X_{14}	上年 8 月北美大西洋副高强度指数
X_{15}	上年 10 月北美副高强度指数	X_{16}	当年 3 月北美副高强度指数
X_{17}	上年 8 月北美副高强度指数	X_{18}	上年 7 月南海副高强度指数
X_{19}	当年 5 月北非副高强度指数	X_{20}	上年 10 月北半球副高强度指数
X_{21}	当年 2 月西太平洋副高强度指数	X_{22}	上年 7 月西太平洋副高强度指数
X_{23}	当年 4 月大西洋副高强度指数	X_{24}	上年 9 月南海副高强度热量指数
X_{25}	上年 9 月大西洋副高强度指数	X_{26}	上年 9 月北非大西洋北美副高强度指数
X_{27}	上年 8 月北非副高强度指数		

表 7-11 吉林省水稻热量指数的副高强度指数预测模型

分区	模型	预报月	预测模型	相关系数（R）
东部	1	5	$Y=369.292-1.207X_1+1.069X_2$	0.770
	2	6	$Y=301.261-0.986X_1+1.163X_2+2.793X_{10}-0.423X_{11}+F_{5实}$	0.862
	3	7	$Y=173.686-1.145X_{15}+0.711X_{17}-2.199X_{16}-2.161X_{18}+F_{5实}+F_{6实}$	0.778
	4	8	$Y=111.919+1.089X_5-0.131X_{20}+0.401X_{12}-0.577X_{21}-0.242X_{22}+1.344X_{23}+F_{5实}+F_{6实}+F_{7实}$	0.924
西部	1	5	$Y=403.869+1.309X_5-0.523X_1$	0.649
	2	6	$Y=297.918+0.877X_5+0.347X_{12}-1.31X_{13}+F_{5实}$	0.704
	3	7	$Y=224.227+0.199X_{14}-0.178X_{19}+F_{5实}+F_{6实}$	0.646
	4	8	$Y=142.823+1.01X_{25}-0.314X_{26}+0.175X_{27}+F_{5实}+F_{6实}+F_{7实}$	0.735
全省	1	5	$Y=395.784-0.983X_1+1.212X_2+0.623X_3-0.553X_4$	0.857
	2	6	$Y=315.118-0.711X_1+0.7222X_2-3.334X_6+2.715X_7+1.609X_8+1.103X_9+F_{5实}$	0.919
	3	7	$Y=200.306+0.233X_{14}-0.826X_{15}-0.2X_{16}+F_{5实}+F_{6实}$	0.718
	4	8	$Y=121.304+0.96X_5-0.082X_{20}+0.392X_{12}-0.539X_{21}-0.146X_{22}+1.633X_{23}-0.632X_{24}+F_{5实}+F_{6实}+F_{7实}$	0.938

辽宁省副高强度指数与$F(T)$相关显著的因子及辽宁省水稻热量指数的副高强度指数预测模型分别见表7-12、表7-13。

表 7-12 辽宁省与$F(T)$相关显著的副高强度指数因子

预测因子	物理意义	预测因子	物理意义
X_1	上年8月北美副高强度指数	X_2	上年10月北美副高强度指数
X_3	上年8月北美大西洋副高强度指数	X_4	当年3月西太平洋副高强度指数
X_5	上年9月大西洋副高强度指数	X_6	上年11月西太平洋副高强度指数

表 7-13 辽宁省水稻热量指数的副高强度指数预测模型

模型	预报月	预测模型	相关系数（R）
	1	5	$Y=412.08+0.38X_1-0.732X_2$	0.889
全省	2	6	$Y=330.419+0.524X_1-0.716X_2+F_{5实}$	0.611
	3	7	$Y=244.726+0.173X_3-0.543X_2-0.164X_4+F_{5实}+F_{6实}$	0.778
	4	8	$Y=165.075+0.316X_5-0.197X_6+F_{5实}+F_{6实}+F_{7实}$	0.656

（2）副高面积指数预测模型（模型B）。

利用当年1月至预报月前两个月及上年7—12月逐月的北半球副高、北非副高、北非大西洋北美副高、西太平洋副高、东太平洋副高、北美副高、南海副高、北美大西洋副高、太平洋副高面积指数与$F(T)$进行相关分析，获得显著的因子与$F(T)$进行了逐步回归分析，建立水稻热量指数的副高面积指数预测模型。黑龙江省与$F(T)$相关显著的因子见表7-14。

表 7-14 黑龙江省与F（T）相关显著的副高面积指数因子

预测因子	物理意义	预测因子	物理意义
X_1	当年5月大西洋副高面积指数	X_2	上年10月南海副高面积指数
X_3	上年5月北非副高面积指数	X_4	上年10月印度副高面积指数
X_5	上年10月北非副高面积指数		

黑龙江东部、西部、全省水稻热量指数的副高面积指数预测模型（表7-15）。

表 7-15 黑龙江省水稻热量指数的副高面积指数预测模型

分区	模型	预报月	预测模型	相关系数（R）
东部	1	5	$Y= 336.466+3.609\,X_2$	0.391
	2	6	$Y=268.929+3.395X_2+F_{5实}$	0.452
	3	7	$Y=167.767+2.197X_3-0.83X_5+F_{5实}+F_{6实}$	0.551
	4	8	$Y=116.979+1.966\,X_1+F_{5实}+F_{6实}+F_{7实}$	0.452
西部	1	5	$Y= 350.883+3.723\,X_2$	0.438
	2	6	$Y=280.207+3.733X_2+F_{5实}$	0.530
	3	7	$Y=210.51+3.21X_4+F_{5实}+F_6$	0.520
	4	8	$Y=126.27+3.182X_4+F_{5实}+F_{6实}+F_{7实}$	0.513
全省	1	5	$Y= 343.559+3.698\,X_2$	0.425
	2	6	$Y=274.681+3.547X_2+F_{5实}$	0.498
	3	7	$Y=171.634+2.196\,X_3-0.835\,X_5+F_{5实}+F_{6实}$	0.573
	4	8	$Y=124.921+2.952X_4+F_{5实}+F_{6实}+F_{7实}$	0.474

吉林省副高面积指数与 $F(T)$ 相关显著的因子见表 7-16。

表 7-16 吉林省与 $F(T)$ 相关显著的副高面积指数因子

预测因子	物理意义	预测因子	物理意义
X_1	上年 8 月北非副高面积指数	X_2	上年 9 月北美副高面积指数
X_3	上年 9 月北美大西洋副高面积指数	X_4	上年 10 月东太平洋副高面积指数
X_5	上年 10 月太平洋副高面积指数	X_6	上年 9 月大西洋副高面积指数
X_7	上年 11 月东太平洋副高面积指数	X_8	上年 8 月北非大西洋北美副高面积指数
X_9	当年 3 月西太平洋副高面积指数	X_{10}	上年 7 月南海副高面积指数
X_{11}	上年 11 月印度副高面积指数	X_{12}	当年 1 月印度副高面积指数
X_{13}	当年 1 月南海副高面积指数	X_{14}	当年 4 月南海副高面积指数
X_{15}	上年 7 月北美副高面积指数	X_{16}	当年 2 月西太平洋副高面积指数
X_{17}	上年 11 月北非大西洋北美副高面积指数	X_{18}	当年 3 月大西洋副高面积指数
X_{19}	上年 12 月北美副高面积指数	X_{20}	当年 5 月印度副高面积指数
X_{21}	当年 4 月大西洋副高面积指数	X_{22}	当年 2 月北美副高面积指数

预测因子	物理意义	预测因子	物理意义
X_{23}	当年3月北美大西洋副高面积指数	X_{24}	当年4月印度副高面积指数
X_{25}	当年1月北美副高面积指数	X_{26}	上年10月西太平洋副高面积指数
X_{27}	上年9月南海副高面积指数	X_{28}	上年7月大西洋副高面积指数
X_{29}	当年5月北美大西洋副高面积指数	X_{30}	上年10月大西洋副高面积指数
X_{31}	上年8月北美大西洋副高面积指数	X_{32}	上年9月北美副高面积指数
X_{33}	上年11月北非副高面积指数	X_{34}	当年2月北非副高面积指数
X_{35}	当年5月西太平洋副高面积指数	X_{36}	当年4月西太平洋副高面积指数
X_{37}	当年3月北美大西洋副高面积指数	X_{38}	上年12月南海副高面积指数
X_{39}	当年6月南海副高面积指数	X_{40}	上年8月大西洋副高面积指数
X_{41}	当年6月北非副高面积指数	X_{42}	当年6月西太平洋副高面积指数

吉林省东部、西部、全省水稻热量指数的副高面积指数预测模型（表7-17）。其中东部地区5、6月热量指数及西部地区7月热量指数与副高面积指数没有相关关系，未建立预测模型。

表7-17 吉林省水稻热量指数的副高面积指数预测模型

分区	模型	预报月	预测模型	相关系数（R）
东部	1	5	-	
	2	6	-	
	3	7	$Y=148.664+1.663X_{14}-0.459X_{15}-1.623X_{16}+0.713X_{17}+1.102X_{18}-2.199X_{19}+0.646X_{20}-4.895X_{21}+1.012X_{22}-0.213X_{23}+0.435X_{24}+0.539X_{25}+0.394X_{26}-0.507X_{27}+F_{5实}+F_{6实}$	0.998
	4	8	$Y=44.67+3.717X_{31}-1.484X_{36}-5.418X_{10}-1.401X_{37}+3.756X_{38}-0.809X_8-1.099X_{39}+F_{5实}+F_{6实}+F_{7实}$	0.944
西部	1	5	$Y=343.887+2.237X_6-2.828X_2+3.378X_7+1.493X_1$	0.836
	2	6	$Y=303.509+1.236X_6+F_{5实}$	0.523
	3	7	-	
	4	8	$Y=129.912+2.781X_{40}-0.979X_{41}+0.683X_{33}-0.406X_{42}+F_{5实}+F_{6实}+F_{7实}$	0.825
全省	1	5	$Y=312.15+1.785X_1-4.072X_2+1.893X_3+4.073X_4-0.543X_5$	0.887
	2	6	$Y=188.567+1.437X_8-1.697X_9-4.557X_{10}+5.753X_{11}-4.386X_{12}+2.241X_{13}+F_{5实}$	0.887
	3	7	$Y=148.664+1.663X_{14}-0.459X_{15}-1.623X_{16}+0.713X_{17}+1.102X_{18}-2.199X_{19}+0.646X_{20}-4.895X_{21}+1.012X_{22}-0.213X_{23}+0.435X_{24}+0.539X_{25}+0.394X_{26}-0.507X_{27}+F_{5实}+F_{6实}$	0.998
	4	8	$Y=73.756+1.671X_{31}-1.142X_{32}+0.846X_{33}-0.988X_{34}-1.377X_{10}-0.684X_{35}+F_{5实}+F_{6实}+F_{7实}$	0.938

辽宁省副高面积指数与 $F(T)$ 相关显著的因子及辽宁省水稻热量指数的副高面积指数预测模型分别见表7-18、表7-19。

表 7-18 辽宁省与 $F(T)$ 相关显著的副高面积指数因子

预测因子	物理意义	预测因子	物理意义
X_1	上年8月北美大西洋副高面积指数	X_2	当年3月西太平洋副高面积指数
X_3	上年7月南海副高面积指数	X_4	上年11月印度副高面积指数
X_5	上年11月东太平洋副高面积指数	X_6	上年7月太平洋副高面积指数
X_7	上年9月南海副高面积指数	X_8	上年10月南海副高面积指数
X_9	上年9月大西洋副高面积指数	X_{10}	当年5月北非副高面积指数
X_{11}	上年8月北美大西洋副高面积指数		

表 7-19 辽宁省水稻热量指数的副高面积指数预测模型

分区	模型	预报月	预测模型	相关系数（R）
全省	1	5	$Y=386.777+0.957X_1$	0.536
	2	6	$Y=288.104+1.699X_1-1.398X_2-2.13X_3+3.094X_4+2.02X_5-0.236X_6+F_{5变}$	0.854
	3	7	$Y=217.292+1.375X_1-0.519X_2-1.898X_3+1.699X_7-1.168X_8+0.576X_9-0.169X_6-0.508X_{10}+F_{5变}+F_{6变}$	0.912
	4	8	$Y=217.292+1.375X_{11}-0.519X_2-1.898X_3+1.699X_7-1.168X_8+0.576X_9-0.169X_6-0.508X_{10}+F_{5变}+F_{6变}+F_{7变}$	0.966

（3）副高脊线预测模型（模型C）。

利用当年1月至预报月前两个月及上年7—12月逐月的北半球副高、北非副高、北非大西洋北美副高、西太平洋副高、东太平洋副高、北美副高、南海副高、北美大西洋副高、太平洋副高脊线与 $F(T)$ 进行相关分析，获得显著的因子与 $F(T)$ 进行了逐步回归分析，建立水稻热量指数的副高脊线指数预测模型。黑龙江省与 $F(T)$ 相关显著的因子见表7-20。

表 7-20 黑龙江省与 $F(T)$ 相关显著的副高脊线因子

预测因子	物理意义	预测因子	物理意义
X_1	当年3月太平洋副高脊线	X_2	上年11月大西洋副高脊线
X_3	上年7月西太平洋副高脊线	X_4	当年3月北半球副高脊线
X_5	上年11月印度副高脊线	X_6	上年10月大西洋副高脊线
X_7	上年7月东太平洋副高脊线	X_8	上年7月太平洋副高脊线

预测因子	物理意义	预测因子	物理意义
X_9	上年11月南海副高脊线	X_{10}	上年11月北非大西洋北美副高脊线
X_{11}	上年10月西太平洋副高脊线	X_{12}	当年4月北非大西洋北美副高脊线
X_{13}	上年10月东太平洋副高脊线	X_{14}	上年9月太平洋副高脊线
X_{15}	上年8月北非大西洋北美副高脊线	X_{16}	上年8月北非副高脊线
X_{17}	上年10月南海副高脊线	X_{18}	上年11月西太平洋副高脊线
X_{19}	上年8月印度副高脊线	X_{20}	当年2月太平洋副高脊线
X_{21}	当年3月北非大西洋北美副高脊线	X_{22}	当年1月西太平洋副高脊线
X_{23}	上年9月西太平洋副高脊线	X_{24}	当年4月大西洋副高脊线
X_{25}	上年10月北美大西洋副高脊线	X_{26}	当年5月南海副高脊线
X_{27}	当年3月印度副高脊线	X_{28}	当年3月南海副高脊线
X_{29}	当年6月北半球副高脊线	X_{30}	当年5月太平洋副高脊线
X_{31}	上年11月北美大西洋副高脊线	X_{32}	当年2月东太平洋副高脊线
X_{33}	上年9月东太平洋副高脊线	X_{34}	当年2月印度副高脊线
X_{35}	当年4月南海副高脊线	X_{36}	当年6月北非副高脊线
X_{37}	当年6月大西洋副高脊线	X_{38}	上年12月印度副高脊线
X_{39}	上年11月北非副高脊线	X_{40}	当年3月东太平洋副高脊线
X_{41}	当年6月东太平洋副高脊线		

黑龙江省东部、西部、全省水稻热量指数的副高脊线预测模型，见表 7-21。

表 7-21 黑龙江省水稻热量指数的副高脊线预测模型

分区	模型	预报月	预测模型	相关系数（R）
东部	1	5	$Y=226.32+6.711X_4+3.052X_5$	0.606
	2	6	$Y=290.869+4.173X_5+2.028X_9+4.587X_{12}-1.343X_{13}-3.146X_{14}-5.18X_{16}+2.372X_{17}+2.143X_{18}+F_{5实}$	0.905
	3	7	$Y=173.35+1.763X_{25}+3.435X_{26}+1.924X_9+3.722X_{27}-4.008X_{28}-2.218X_{30}-1.58X_{31}+F_{5实}+F_{6实}$	0.864
	4	8	$Y=74.083+2.744X_{26}+1.129X_{25}+F_{5实}+F_{6实}+F_{7实}$	0.572

分区	模型	预报月	预测模型	相关系数（R）
西部	1	5	$Y=352.794+7.514X_1-2.447X_2-3.557X_3+1.485X_6-3.358X_7+3.83X_8$	0.861
	2	6	$Y=246.755+5.381X_{19}+2.231X_9-2.032X_{10}-4.239X_{11}+3.208X_{20}-0.997X_{13}+2.774X_{12}-2.812X_{21}+2.336X_{22}+F_{5夏}$	0.945
	3	7	$Y=71.808+5.058X_5-2.163X_{10}+1.472X_9-1.642X_{23}+13.0768X_{24}+0.968X_{32}-1.508X_{11}+0.955X_{33}+0.93X_{31}-2.133X_{34}+F_{5夏}+F_{6夏}$	0.956
	4	8	$Y=19.448+5.758X_5-3.784X_{39}+2.2X_{40}+1.212X_{41}-1.722X_{14}+7.936X_{24}+F_{5夏}+F_{6夏}+F_{7夏}$	0.865
全省	1	5	$Y=364.508+7.883X_1-2.616X_2-3.085X_3$	0.703
	2	6	$Y=292.611+4.913X_5+2.359X_9-1.748X_{10}-3.467X_{11}+2.929X_{12}-0.915X_{13}+3.574X_{14}-2.833X_{15}+F_{5夏}$	0.924
	3	7	$Y=53.444+4X_5+1.738X_9-1.34X_{10}-1.483X_{23}+10.681X_{24}+2.124X_{12}+F_{5夏}+F_{6夏}$	0.873
	4	8	$Y=42.096+4.283X_{35}+3.99X_{36}-2.339X_{37}-1.063X_{10}+2.143X_{38}+F_{5夏}+F_{6夏}+F_{7夏}$	0.764

吉林省副高脊线指数与 $F(T)$ 相关显著的因子及吉林省水稻热量指数的副高脊线指数预测模型分别见表7-22、表7-23。

表 7-22 吉林省与 F（T）相关显著的副高脊线因子

预测因子	物理意义	预测因子	物理意义
X_1	上年7月北美大西洋副高脊线	X_2	当年1月北半球副高脊线
X_3	上年8月西太平洋副高脊线	X_4	当年2月北非大西洋北美副高脊线
X_5	上年11月太平洋副高脊线	X_6	上年12月北半球副高脊线
X_7	上年7月北美大西洋副高脊线	X_8	当年2月南海副高脊线
X_9	上年7月大西洋副高脊线	X_{10}	上年10月南海副高脊线
X_{11}	上年12月西太平洋副高脊线	X_{12}	上年7月西太平洋副高脊线
X_{13}	当年2月南海副高脊线	X_{14}	上年9月北美副高脊线
X_{15}	上年11月北美副高脊线	X_{16}	上年7月南海副高脊线
X_{17}	上年12月大西洋副高脊线	X_{18}	上年12月北美副高脊线
X_{19}	上年11月北美大西洋副高脊线	X_{20}	上年10月太平洋副高脊线
X_{21}	当年1月东太平洋副高脊线	X_{22}	当年5月西太平洋副高脊线
X_{23}	上年7月东太平洋副高脊线	X_{24}	上年10月北美大西洋副高脊线

预测因子	物理意义	预测因子	物理意义
X_{25}	当年 3 月太平洋副高脊线	X_{26}	上年 10 月大西洋副高脊线
X_{27}	上年 8 月太平洋副高脊线	X_{28}	上年 8 月北非副高脊线
X_{29}	当年 1 月北半球副高脊线	X_{30}	上年 11 月西太平洋副高脊线
X_{31}	当年 3 月大西洋副高脊线	X_{32}	当年 5 月北美大西洋副高脊线
X_{33}	上年 12 月南海副高脊线	X_{34}	当年 4 月北非副高脊线
X_{35}	上年 10 月北美副高脊线	X_{36}	当年 5 月印度副高脊线
X_{37}	上年 11 月东太平洋副高脊线	X_{38}	上年 9 月东太平洋副高脊线
X_{39}	当年 3 月北半球副高脊线	X_{40}	当年 3 月北非大西洋北美副高脊线
X_{41}	上年 8 月南海副高脊线	X_{42}	当年 1 月东太平洋副高脊线
X_{43}	当年 1 月南海副高脊线	X_{44}	当年 4 月大西洋副高脊线
X_{45}	上年 11 月北非大西洋北美副高脊线	X_{46}	当年 2 月印度副高脊线
X_{47}	当年 4 月北美大西洋副高脊线	X_{48}	当年 3 月北美副高脊线
X_{49}	当年 1 月北非副高脊线	X_{50}	当年 2 月大西洋副高脊线

表 7-23 吉林省水稻热量指数的副高脊线预测模型

分区	模型	预报月	预测模型	相关系数（R）
东部	1	5	$Y=278.26+1.697X_3+7.702X_4-3.423X_5$	0.667
	2	6	$Y=213.685+2.217X_{12}+F_{5实}$	0.551
	3	7	$Y=178.376+1.318X_3-4.526X_{22}+2.137X_9+F_{5实}+F_{6实}$	0.712
	4	8	$Y=65.506-5.759X_{32}+4.518X_7-3.086X_{19}+3.731X_{33}+6.048X_{28}+3.731X_{34}-1.701X_{35}-0.782X_{36}+1.7X_{37}+0.429X_{17}-1.963X_{11}-1.368X_{38}-0.664X_{39}-3.349X_{40}-0.575X_{41}-1.764X_{42}+0.854X_{43}+0.184X_{16}-1.462X_{44}+0.055X_{45}+0.211X_{46}+0.019X_{47}-0.42X_{48}-0.094X_{49}+F_{5实}+F_{6实}+F_{7实}$	1
西部	1	5	$Y=418.213-5.304X_6+4.254X_7-4.692X_8$	0.738
	2	6	$Y=410.837-6.123X_5-4.024X_{13}-3.18X_{14}+5.967X_{15}+3.094X_{16}-1.83X_{17}+2.847X_{18}-4.146X_{19}+2.207X_{20}-3.116X_{21}+0.742X_{12}+F_{5实}$	0.982
	3	7	$Y=235.941+2.368X_9-2.893X_{24}-2.859X_{25}+0.675X_{26}-1.397X_{10}-1.269X_{27}+2.127X_{28}+1.31X_{29}-0.482X_9+F_{5实}+F_{6实}$	0.962
	4	8	$Y=55.766+6.222X_{28}-1.67X_{30}+3.517X_{42}-2.008X_{50}-2.217X_{25}-1.292X_{27}+F_{5实}+F_{6实}+F_{7实}$	0.886

分区	模型	预报月	预测模型	相关系数（R）
全省	1	5	$Y=287.267+4.407X_1-3.234X_2$	0.559
	2	6	$Y=280.42+4.022X_9-2.443X_{10}-2.754X_{11}+F_{5\text{实}}$	0.717
	3	7	$Y=220.798+2.862X_9-3.828X_{22}-0.67X_{23}+F_{5\text{实}}+F_{6\text{实}}$	0.763
	4	8	$Y=64.215+3.47X_{28}-1.484X_{30}-2.986X_{31}-0.862X_{19}+2.175X_7+F_{5\text{实}}+F_{6\text{实}}+F_{7\text{实}}$	0.846

辽宁省副高脊线指数与 $F(T)$ 相关显著的因子及辽宁省水稻热量指数的副高脊线指数预测模型分别见表7-24、表7-25。

表7-24 辽宁省与 F（T）相关显著的副高脊线因子

预测因子	物理意义	预测因子	物理意义
X_1	上年11月大西洋副高脊线	X_2	上年11月北非副高脊线
X_3	上年11月北美大西洋副高脊线	X_4	当年3月印度副高脊线
X_5	上年12月北非副高脊线	X_6	上年10月北非副高脊线
X_7	上年10月大西洋副高脊线	X_8	上年10月印度副高脊线
X_9	当年1月南海副高脊线	X_{10}	上年8月西太平洋副高脊线
X_{11}	上年7月大西洋副高脊线	X_{12}	上年9月大西洋副高脊线
X_{13}	当年6月北美大西洋副高脊线	X_{14}	当年6月西太平洋副高脊线
X_{15}	上年12月北非大西洋北美副高脊线	X_{16}	上年11月南海副高脊线
X_{17}	上年11月西太平洋副高脊线	X_{18}	当年2月西太平洋副高脊线
X_{19}	当年5月北非大西洋北美副高脊线	X_{20}	当年3月北非副高脊线
X_{21}	上年9月南海副高脊线	X_{22}	上年7月西太平洋副高脊线

表7-25 辽宁省水稻热量指数的副高脊线预测模型

分区	模型	预报月	预测模型	相关系数（R）
全省	1	5	$Y=421.823-1.188X_1+1.828X_2$	0.578
	2	6	$Y=325.117+2.781X_3-1.999X_4+2.274X_5-3.21X_6+1.218X_7-1.437X_8-1.326X_9+0.624X_{10}+F_{5\text{实}}$	0.874
	3	7	$Y=226.887+1.233X_{11}+F_{5\text{实}}+F_{6\text{实}}$	0.778
	4	8	$Y=168.033+0.796X_{12}-2.212X_{13}+2.934X_{14}+0.748X_{15}-0.217X_{16}-0.913X_{17}+1.915X_{18}-2.468X_{19}+0.81X_{11}-1.886X_{20}-0.3X_{21}+0.91X_9-0.583X_{22}+F_{5\text{实}}+F_{6\text{实}}+F_{7\text{实}}$	0.976

（4）大气环流预测模型（模型 D）。

利用当年 1 月至预报月前两个月及上年 7—12 月逐月的大西洋欧洲环流型 W、大西洋欧洲环流型 C、大西洋欧洲环流型 E、欧亚纬向环流指数、欧亚经向环流指数、亚洲纬向环流指数和亚洲经向环流指数与 $F(T)$ 进行相关分析，获得显著的因子与 $F(T)$ 进行了逐步回归分析，建立水稻热量指数的大气环流指数预测模型。黑龙江省与 $F(T)$ 相关显著的因子见表 7-26。

表 7-26 黑龙江省与 $F(T)$ 相关显著的环流因子

预测因子	物理意义	预测因子	物理意义
X_1	上年 9 月大西洋欧洲环流型 W	X_2	上年 7 月大西洋欧洲环流型 W
X_3	上年 10 月亚洲经向环流指数	X_4	上年 8 月大西洋欧洲环流型 W
X_5	上年 11 月大西洋欧洲环流型 W	X_6	上年 11 月欧亚纬向环流指数
X_7	上年 12 月大西洋欧洲环流型 E	X_8	上年 11 月亚洲纬向环流指数
X_9	上年 12 月大西洋欧洲环流型 C	X_{10}	当年 3 月欧亚经向环流指数
X_{11}	当年 4 月大西洋欧洲环流型 E	X_{12}	当年 3 月大西洋欧洲环流型 C
X_{13}	上年 12 月欧亚纬向环流指数	X_{14}	当年 5 月亚洲纬向环流指数
X_{15}	当年 4 月大西洋欧洲环流型 W	X_{16}	上年 9 月亚洲经向环流指数
X_{17}	当年 6 月大西洋欧洲环流型 W	X_{18}	当年 2 月大西洋欧洲环流型 C
X_{19}	当年 3 月亚洲纬向环流指数	X_{20}	当年 1 月欧亚经向环流指数
X_{21}	上年 9 月大西洋欧洲环流型 E	X_{22}	当年 2 月欧亚经向环流指数
X_{23}	当年 5 月欧亚经向环流指数		

黑龙江省东部、西部、全省水稻热量指数的大气环流预测模型见表 7-27。

表 7-27 黑龙江省水稻热量指数的大气环流预测模型

分区	模型	预报月	预测模型	相关系数（R）
东部	1	5	$Y=305.045-1.924X_4-1.448X_5+0.53X_6+1.709X_7$	0.640
	2	6	$Y=317.503-0.223X_8+F_{5\text{变}}$	0.392
	3	7	$Y=169.86-1.617X_9+1.549X_{11}+0.252X_{13}+0.836X_{12}+F_{5\text{变}}+F_{6\text{变}}$	0.731
	4	8	$Y=115.813-1.371X_9+1.456X_{17}+1.338X_{11}+0.269X_{13}-0.426X_{14}+0.861X_{18}+F_{5\text{变}}$ $+F_{6\text{变}}+F_{7\text{变}}$	0.833
西部	1	5	$Y=376.09-2.037X_5-1.301X_2+0.779X_3-1.159X_1$	0.660
	2	6	$Y=272.512-1.541X_5-1.724X_9+1.045X_2+0.747X_{10}+F_{5\text{变}}$	0.691

分区	模型	预报月	预测模型	相关系数（R）
西部	3	7	$Y=283.786-1.202X_9-1.333X_5-0.31X_{14}+F_{5爱}+F_{6爱}$	0.596
	4	8	$Y=108.923+0.338X_3+1.088X_{19}+1.334X_7-0.863X_{20}+0.523X_{13}+1.468X_{21}+1.174X_{18}-0.37X_{22}-0.524X_{23}+F_{5爱}+F_{6爱}+F_{7爱}$	0.913
全省	1	5	$Y=365.883-2.027X_1-1.52X_2+0.637X_3$	0.570
	2	6	$Y=334.807-0.295X_6+F_{5爱}$	0.372
	3	7	$Y=176.39-1.517X_9+1.497X_{11}+0.952X_{12}+0.22X_{13}+F_{5爱}+F_{6爱}$	0.717
	4	8	$Y=132.743+0.482X_3+1.37X_{15}+1.283X_{11}-1.068X_9-0.255X_{14}-0.359X_{16}+F_{5爱}+F_{6爱}+F_{7爱}$	0.804

吉林省环流指数与 F（T）相关显著的因子及吉林省水稻热量指数的环流因子预测模型分别见表 7-28、表 7-29。

表 7-28 吉林省与 F（T）相关显著的环流因子

预测因子	物理意义	预测因子	物理意义
X_1	上年 8 月欧亚纬向环流指数	X_2	上年 8 月欧亚经向环流指数
X_3	上年 11 月亚洲纬向环流指数	X_4	上年 8 月亚洲经向环流指数
X_5	当年 4 月大西洋欧洲环流型 C	X_6	上年 9 月大西洋欧洲环流型 E
X_7	当年 3 月亚洲纬向环流指数	X_8	上年 10 月欧亚经向环流指数
X_9	上年 12 月欧亚经向环流指数	X_{10}	当年 2 月亚洲经向环流指数
X_{11}	当年 3 月大西洋欧洲环流型 C	X_{12}	上年 12 月大西洋欧洲环流型 E
X_{13}	上年 12 月亚洲经向环流指数	X_{14}	当年 4 月大西洋欧洲环流型 W
X_{15}	上年 7 月欧亚纬向环流指数	X_{16}	当年 4 月亚洲纬向环流指数
X_{17}	上年 12 月亚洲纬向环流指数	X_{18}	上年 7 月亚洲纬向环流指数
X_{19}	上年 7 月大西洋欧洲环流型 W	X_{20}	上年 10 月大西洋欧洲环流型 W
X_{21}	当年 3 月欧亚纬向环流指数	X_{22}	上年 11 月亚洲经向环流指数
X_{23}	当年 1 月大西洋欧洲环流型 E	X_{24}	上年 12 月欧亚纬向环流指数
X_{25}	当年 5 月亚洲经向环流指数	X_{26}	当年 3 月大西洋欧洲环流型 W
X_{27}	当年 2 月欧亚纬向环流指数	X_{28}	上年 12 月大西洋欧洲环流型 W
X_{29}	上年 8 月大西洋欧洲环流型 E	X_{30}	当年 3 月大西洋欧洲环流型 E

预测因子	物理意义	预测因子	物理意义
X_{31}	上年10月大西洋欧洲环流型E	X_{32}	当年5月亚洲纬向环流指数
X_{33}	当年5月欧亚经向环流指数	X_{34}	当年5月大西洋欧洲环流型E
X_{35}	当年1月亚洲纬向环流指数	X_{36}	当年1月大西洋欧洲环流型C
X_{37}	当年4月欧亚经向环流指数	X_{38}	上年10月大西洋欧洲环流型C
X_{39}	上年12月亚洲经向环流指数	X_{40}	当年1月欧亚经向环流指数
X_{41}	上年8月大西洋欧洲环流型W		

表 7-29 吉林省水稻热量指数的大气环流预测模型

分区	模型	预报月	预测模型	相关系数（R）
东部	1	5	$Y=400.388-1.456X_1$	0.475
	2	6	$Y=292.695-1.207X_2+0.191X_3+F_{5实}$	0.594
	3	7	$Y=233.645-1.131X_4+1.087X_5+F_{5实}+F_{6实}$	0.731
	4	8	$Y=164.149-0.961X_4+1.048X_6-0.172X_7+F_{5实}+F_{6实}+F_{7实}$	0.833
西部	1	5	$Y=441.82-2.334X_1-0.768X_8+0.898X_9+0.577X_{10}$	0.815
	2	6	$Y=414.045-1.544X_2-0.811X_{11}-0.144X_7-0.487X_8-0.539X_{12}+0.33X_{13}+0.065X_3-0.541X_{14}+F_{5实}$	0.94
	3	7	$Y=410.372-0.337X_2-0.778X_8-0.359X_{12}-0.602X_{15}+0.139X_{16}-0.056X_{17}-0.329X_7+0.292X_{18}-0.82X_4-0.356X_{19}-0.741X20+0.169X_{21}-0.104X_{22}+0.171X_{23}-0.128X_{24}-0.115X_{25}-0.104X_{26}+F_{5实}+F_{6实}$	0.596
	4	8	$Y=243.706-1.098X_2-0.544X_8-1.169X_{12}-0.117X_{27}-0.598X_{29}+0.099X_{16}+F_{5实}+F_{6实}+F_{7实}$	0.913
全省	1	5	$Y=431.093-1.5X1$	0.612
	2	6	$Y=314.907-1.201X_2+0.147X_3+0.821X_{30}+F_{5实}$	0.772
	3	7	$Y=271.269-0.949X_4+1.002X_{28}-0.728X_{31}+0.646X_{30}-0.22X_{32}+F_{5实}+F_{6实}$	0.812
	4	8	$Y=243.049+0.172X_1-1.097X_{29}-0.381X_{32}-0.346X_{11}-1.184X_4-0.558X_8-0.58X_{33}+0.373X_{34}+0.07X_{35}+0.257X_2+0.102X_{36}+0.069X_{37}+0.267X_{38}+0.043X_{39}+0.074X_{22}+0.027X_7+0.036X_{40}+0.036X_{41}+F_{5实}+F_{6实}+F_{7实}$	1

辽宁省环流指数与 $F(T)$ 相关显著的因子及辽宁省水稻热量指数的环流因子预测模型分别见表 7-30、表 7-31。

表 7-30 辽宁省与 $F(T)$ 相关显著的环流因子

预测因子	物理意义	预测因子	物理意义
X_1	上年 9 月亚洲经向环流指数	X_2	当年 4 月亚洲纬向环流指数
X_3	上年 7 月大西洋欧洲环流型 W	X_4	上年 8 月欧亚经向环流指数
X_5	上年 10 月欧亚经向环流指数	X_6	当年 2 月大西洋欧洲环流型 W
X_7	上年 8 月大西洋欧洲环流型 C	X_8	上年 12 月大西洋欧洲环流型 E
X_9	当年 6 月欧亚经向环流指数	X_{10}	当年 2 月大西洋欧洲环流型 E
X_{11}	当年 3 月大西洋欧洲环流型 C	X_{12}	当年 5 月亚洲纬向环流指数

表 7-31 辽宁省水稻热量指数的大气环流预测模型

模型	预报月	预测模型	相关系数（R）
全省	1	5	
	2	6	$Y=366.219-0.8X_1+0.15X_2-0.554X_3+F_{5\,麦}$ 0.602
	3	7	
	4	8	$Y=254.418-0.458X_4-0.295X_5-0.957X_6+0.546X_7-0.524X_8-0.368X_9-0.542X_{10}-$ $0.377X_{11}-0.119X_{12}+F_{5\,麦}+F_{6\,麦}+F_{7\,麦}$ 0.887

（5）极涡面积、强度和位置预测模型（模型 E）。

利用当年 1 月至预报月前两个月及上年 7—12 月逐月的亚洲区极涡、太平洋区极涡、北美区极涡、大西洋欧洲区极涡、北半球极涡的面积指数、强度指数、北半球极涡中心位置（JW）和北半球极涡中心位置（JO）与 $F(T)$ 进行相关分析，获得显著的因子与 $F(T)$ 进行了逐步回归分析，建立水稻热量指数的极涡因子指数预测模型。获得与 $F(T)$ 相关显著的因子见表 7-32。

表 7-32 黑龙江省与 F（T）相关显著的极涡因子

预测因子	物理意义	预测因子	物理意义
X_1	上年 11 月大西洋欧洲区极涡强度指数	X_2	上年 10 月北半球极涡中心强度
X_3	上年 10 月北美区极涡强度指数	X_4	上年 10 月北美区极涡面积指数
X_5	上年 10 月北半球极涡中心位置	X_6	上年 8 月太平洋区涡强度指数
X_7	当年 1 月太平洋区极涡强度指数	X_8	上年 7 月北美区极涡面积指数
X_9	上年 7 月北半球极涡强度指数	X_{10}	上年 8 月亚洲区极涡面积指数
X_{11}	当年 4 月北半球极涡强度指数	X_{12}	上年 9 月北半球极涡中心位置

预测因子	物理意义	预测因子	物理意义
X_{13}	当年4月太平洋区极涡面积指数	X_{14}	当年1月北半球极涡强度指数
X_{15}	当年2月北半球极涡中心强度	X_{16}	上年7月大西洋欧洲区极涡强度指数
X_{17}	上年9月亚洲区极涡面积指数	X_{18}	上年12月大西洋欧洲区极涡强度指数
X_{19}	当年3月亚洲区极涡强度指数	X_{20}	当年3月亚洲区极涡面积指数
X_{21}	当年2月大西洋欧洲区极涡强度指数	X_{22}	上年9月大西洋欧洲区极涡面积指数
X_{23}	当年6月亚洲区极涡面积指数	X_{24}	当年1月北半球极涡中心位置
X_{25}	当年2月亚洲区极涡强度指数	X_{26}	上年10月太平洋区极涡强度指数
X_{27}	当年5月北半球极涡强度指数	X_{28}	上年9月北美区极涡面积指数
X_{29}	当年5月北半球极涡面积指数	X_{30}	上年9月太平洋区极涡强度指数
X_{31}	上年7月亚洲区极涡强度指数	X_{32}	当年5月北美区极涡强度指数
X_{33}	上年11月北半球极涡强度指数	X_{34}	当年6月北半球极涡面积指数
X_{35}	上年9月太平洋区极涡面积指数	X_{36}	上年8月北半球极涡面积指数
X_{37}	上年12月大西洋欧洲区极涡面积指数		

黑龙江省东部、西部、全省水稻热量指数的极涡预测模型见表 7-33。

表 7-33 黑龙江省水稻热量指数的极涡预测模型

分区	模型	预报月	预测模型	相关系数（R）
东部	1	5	$Y=389.376-1.143X_1+0.125X_5-2.549X_6-0.602X_7+0.912X_8$	0.781
	2	6	$Y=76.887-0.899X_1-1.262X_9+0.98X_{10}+2.415X_2-0.539X_{11}-0.135X_{12}+0.735X_{13}+0.473X_{14}+1.219X_{15}-1.934X_{16}+0.514X_{17}+0.586X_{18}+0.765X_{19}-0.257X_{20}-0.743X_6+0.294X_{21}+F_{5实}$	0.987
	3	7	$Y=241.521-0.719X_1-1.822X_{16}+0.376X_{22}+F_{5实}+F_{6实}$	0.633
	4	8	$Y=147.27-1.111X_{23}+0.115X_{24}-1.057X_{25}+2.034X_{26}-1.362X_{16}+0.322X_{10}-0.671X_{27}-0.049X_9+0.94X_{28}+0.058X_{29}+0.532X_{30}+0.228X_{25}+1.057X_{31}+0.347X_{32}+0.341X_1-0.312X_3-0.062X_{33}+0.044X_{34}+0.151X_{35}-0.04X_{36}+0.046X_{37}+F_{5实}+F_{6实}+F_{7实}$	0.945
西部	1	5	$Y=417.68-1.382X_1+1.508X_2$	0.624
	2	6	$Y=406.75-1.196X_1-1.379X_6+F_{5实}$	0.643
	3	7	$Y=259.614-0.812X_1+F_{5实}+F_{6实}$	0.442
	4	8	$Y=275.522-0.686X_{23}+0.07X_{24}-0.571X_{25}+F_{5实}+F_{6实}+F_{7实}$	0.681

分区	模型	预报月	预测模型	相关系数（R）
全省	1	5	$Y=483.804-1.297X_1+2.313X_2+1.034X_3-0.89X_4$	0.728
	2	6	$Y=399.461-1.19X_1-1.36X_6+F_{5变}$	0.630
	3	7	$Y=258.727-0.862X_1+F_{5变}+F_{6变}$	0.470
	4	8	$Y=274.154-0.694X_{23}+0.069X_{24}-0.562X_{25}+F_{5变}+F_{6变}+F_{7变}$	0.681

吉林省极涡因子与 $F(T)$ 相关显著的因子及吉林省水稻热量指数的极涡预测模型分别见表 7-34、表 7-35。

表 7-34 吉林省与 $F(T)$ 相关显著的极涡因子

预测因子	物理意义	预测因子	物理意义
X_1	上年 12 月北美区极涡面积指数	X_2	上年 7 月北美区极涡面积指数
X_3	当年 3 月北美区极涡面积指数	X_4	当年 1 月大西洋欧洲区极涡面积指数
X_5	当年 2 月北半球极涡中心强度	X_6	上年 12 月北美区极涡强度指数
X_7	上年 12 月北半球极涡强度指数	X_8	当年 1 月亚洲区极涡面积指数
X_9	当年 3 月北半球极涡面积指数	X_{10}	上年 10 月大西洋欧洲区极涡面积指数
X_{11}	当年 1 月北美区极涡强度指数	X_{12}	上年 9 月北美区极涡面积指数
X_{13}	上年 11 月北半球极涡中心强度	X_{14}	当年 2 月亚洲区极涡面积指数
X_{15}	上年 11 月大西洋欧洲区极涡面积指数	X_{16}	上年 10 月北半球极涡中心强度
X_{17}	上年 8 月北美区极涡强度指数	X_{18}	上年 10 月北美区极涡面积指数
X_{19}	上年 8 月北半球极涡强度指数	X_{20}	上年 9 月亚洲区极涡面积指数
X_{21}	上年 10 月北美区极涡强度指数	X_{22}	上年 7 月北半球极涡中心位置
X_{23}	当年 1 月大西洋欧洲区极涡强度指数	X_{24}	当年 1 月北半球极涡强度指数
X_{25}	上年 12 月亚洲区极涡面积指数	X_{26}	上年 9 月亚洲区极涡强度指数
X_{27}	当年 3 月亚洲区极涡强度指数	X_{28}	上年 10 月大西洋欧洲区极涡强度指数
X_{29}	上年 10 月北半球极涡强度指数	X_{30}	当年 2 月北半球极涡强度指数
X_{31}	上年 10 月太平洋区极涡面积指数	X_{32}	上年 9 月北半球极涡中心强度
X_{33}	上年 9 月太平洋区极涡强度指数	X_{34}	上年 11 月亚洲区极涡强度指数
X_{35}	当年 4 月大西洋欧洲区极涡强度指数	X_{36}	当年 1 月北美区极涡面积指数

预测因子	物理意义	预测因子	物理意义
X_{37}	上年12月太平洋区极涡强度指数	X_{38}	当年5月北半球极涡中心位置
X_{39}	上年11月北半球极涡中心位置	X_{40}	当年4月北半球极涡面积指数
X_{41}	上年7月北美区极涡面积指数	X_{42}	当年4月北美区极涡强度指数
X_{43}	上年12月北半球极涡中心强度	X_{44}	上年8月北半球极涡中心强度
X_{45}	当年2月亚洲区极涡强度指数	X_{46}	当年3月亚洲区极涡面积指数
X_{47}	上年10月太平洋区极涡强度指数	X_{48}	上年7月大西洋欧洲区极涡强度指数
X_{49}	上年12月大西洋欧洲区极涡强度指数	X_{50}	上年8月太平洋区极涡面积指数
X_{51}	当年5月亚洲区极涡强度指数	X_{52}	当年1月北半球极涡中心强度
X_{53}	上年12月北半球极涡面积指数	X_{54}	当年2月北美区极涡强度指数
X_{55}	当年5月北半球极涡强度指数	X_{56}	当年3月太平洋区极涡面积指数
X_{57}	上年7月太平洋区极涡强度指数	X_{58}	上年8月亚洲区极涡强度指数
X_{59}	当年5月亚洲区极涡面积指数	X_{60}	上年11月亚洲区极涡面积指数
X_{61}	上年8月北半球极涡中心位置	X_{62}	当年5月北半球极涡中心强度
X_{63}	上年6月北半球极涡面积指数	X_{64}	上年7月北半球极涡中心强度
$X65$	当年1月亚洲区极涡强度指数	X_{66}	上年11月北美区极涡强度指数
$X67$	上年12月亚洲区极涡强度指数	X_{68}	上年7月太平洋区极涡面积指数
$X69$	上年11月大西洋欧洲区极涡强度指数	X_{70}	上年10月亚洲区极涡面积指数
X_{71}	当年6月北半球极涡中心强度	X_{72}	当年3月北半球极涡强度指数
X_{73}	上年8月北半球极涡中心强度	X_{74}	当年5月北美区极涡强度指数
X_{75}	上年7月大西洋欧洲区极涡面积指数	X_{76}	上年10月北半球极涡面积指数
X_{77}	当年6月大西洋欧洲区极涡面积指数	X_{78}	上年9月大西洋欧洲区极涡面积指数
X_{79}	上年11月太平洋区极涡强度指数	X_{80}	当年4月北半球极涡中心强度
X_{81}	上年12月大西洋欧洲区极涡面积指数	X_{82}	上年9月太平洋区极涡面积指数
X_{83}	当年4月北美区极涡面积指数	X_{84}	11月北美区极涡面积指数
X_{85}	上年7月北半球极涡面积指数		

表 7-35 吉林省水稻热量指数的极涡预测模型

分区	模型	预报月	预测模型	相关系数（R）
东部	1	5	$Y=1059.594-0.237X_1-0.413X_9+0.505X_4-0.74X_{10}-1.401X_{11}-$ $1.191X_{12}+2.3X_{13}+0.88X_{14}-0.468X_{15}-0.502X_{16}-1.978X_7-2.301X_{17}-$ $0.476X_{18}+0.431X_{19}$	0.994
	2	6	$Y=408.259-0.828X_{12}+F_{5变}$	0.406
	3	7		
	4	8	$Y=139.135+1.147X_{23}-0.642X_{10}-0.05X_{39}-1.527X_{35}+1.326X_{58}-0.974X_{59}+0.603X_{60}-$ $0.024X_{61}-0.042X_{22}+0.796X_{62}+0.07X_{63}+0.455X_{64}+0.406X_{32}-$ $0.189X_{65}+0.058X_{66}+0.11X_{67}-0.36X_{68}-0.099X_{16}+0.054X_{69}+0.049X_{42}-$ $0.031X_{70}+0.035X_{71}+0.006X_{72}+0.003X_3-0.002X_{73}+F_{5变}+F_{6变}+F_{7变}$	1
西部	1	5	$Y=755.322-0.502X_1-0.803X_2-0.842X_8+0.289X_4$	0.794
	2	6	$Y=717.243-0.77X_{20}-0.575X_1-0.601X_{10}-1.062X_{21}-1.19X_{13}+0.037X_{22}-$ $0.102X_9+0.496X_{23}-0.155X_{24}+0.316X_{25}+0.389X_{26}+0.343X_{27}-$ $0.276X_{28}+0.094X_{29}+0.084X_{30}-0.123X_{31}-0.189X_{32}+F_{5变}$	0.999
	3	7	$Y=384.88-0.425X_{36}+0.057X_{38}-1.283X_{39}-2.051X_{17}+0.201X_{40}-0.64X_{41}-$ $0.443X_{42}+0.683X_{27}-0.526X_{43}-0.274X_{44}+0.203X_{45}-0.331X_{46}-0.372X_{47}+0.215X_{48}-$ $0.11X_{16}+0.029X_9+0.057X_{49}+0.054X_{50}+0.004X_{39}+0.009X_{40}-0.032X_{51}-0.017X_{28}-$ $0.01X_{52}+0.001X_{53}+0.002X_{54}+0.001X_{55}+F_{5变}+F_{6变}$	1
	4	8	$Y=548.406-0.956X_{73}+0.741X_{74}-0.685X_{43}-0.397X_{56}-0.862X_{32}+0.264X_{75}-$ $0.657X_{44}-0.191X_{76}+0.223X_{77}+0.088X_{78}+0.059X_{79}-0.163X_{15}-0.39X_{26}+0.218X_{80}-$ $0.035X_{81}-0.106X_{82}+0.02X_7-0.051X_{51}+0.052X_{52}-$ $0.009X_{83}+0.021X_{84}+0.001X_{85}+0.01X_{31}+0.003X_{69}-0.002X_{11}+F_{5变}+F_{6变}+F_{7变}$	1
全省	1	5	$Y=758.84-0.806X_1-0.655X_2-0.431X_3+0.404X_4-1.14X_5-0.383X_6-0.223X_7$	0.931
	2	6	$Y=224.209-0.998X_8+1.449X_{33}-0.651X_2+0.512X_{30}-0.712X_{21}+0.497X_{34}+0.41X_{18}-$ $0.776X_{35}+0.422X_{25}+F_{5变}$	0.939
	3	7	$Y=303.036-0.574X_{36}+0.319X_{37}+F_{5变}+F_{6变}$	0.575
	4	8	$Y=397.377-0.948X_{36}+0.062X_{38}-0.814X_{13}-0.467X_{56}+0.702X_{57}+F_{5变}+F_{6变}+F_{7变}$	0.835

辽宁省极涡因子与 F（T）相关显著的因子及辽宁省水稻热量指数的极涡预测模型分别见表 7-36、表 7-37。

表 7-36 辽宁省与 F（T）相关显著的极涡因子

预测因子	物理意义	预测因子	物理意义
X_1	上年 7 月太平洋区极涡面积指数	X_2	上年 10 月大西洋欧洲区极涡面积指数
X_3	上年 12 月北半球极涡中心位置	X_4	上年 8 月太平洋区极涡强度指数
X_5	当年 1 月北半球极涡中心强度	X_6	当年 3 月太平洋区极涡面积指数
X_7	上年 9 月北美区极涡强度指数	X_8	上年 7 月大西洋欧洲区极涡面积指数
X_9	上年 8 月亚洲区极涡强度指数	X_{10}	当年 2 月大西洋欧洲区极涡强度指数

预测因子	物理意义	预测因子	物理意义
X_{11}	上年 11 月太平洋区极涡强度指数	X_{12}	上年 9 月亚洲区极涡面积指数
X_{13}	当年 2 月北半球极涡面积指数	X_{14}	上年 10 月北半球极涡强度指数
X_{15}	上年 11 月亚洲区极涡强度指数	X_{16}	上年 10 月北半球极涡面积指数
X_{17}	当年 3 月太平洋区极涡强度指数	X_{18}	当年 5 月北美区极涡面积指数
X_{19}	上年 7 月亚洲区极涡面积指数	X_{20}	当年 5 月亚洲区极涡面积指数
X_{21}	当年 2 月北半球极涡强度指数	X_{22}	上年 10 月北美区极涡强度指数
X_{23}	当年 6 月大西洋欧洲区极涡面积指数	X_{24}	当年 1 月太平洋区极涡面积指数

表 7-37 辽宁省水稻热量指数的极涡预测模型

分区	模型	预报月	预测模型	相关系数（R）
全省	1	5	$Y=583.322-0.471X_1-0.409X_2+0.053X_3+0.417X_4-1.135X_5-0.327X_6-0.427X_7+0.205X_8$	0.889
	2	6	$Y=-280.373-0.201X_9-0.3X_{10}+0.684X_{11}-0.312X_{12}+0.171X_{13}+0.115X_6+F_{5要}$	0.819
	3	7	$Y=415.771-0.482X_{12}-0.318X_{14}+0.326X_{15}-0.151X_{16}+0.427X_{17}+0.199X_{18}+0.183X_{19}+0.175X_8-0.27X_{20}+0.09X_{21}+F_{5要}+F_{6要}$	0.924
	4	8	$Y=280.373-0.201X_{16}-0.3X_{22}+0.684X_{15}-0.312X_{12}+0.171X_{23}+0.115X_{24}+F_{5要}+F_{6要}+F_{7要}$	0.819

（6）副高北界预测模型（模型 F）。

利用当年 1 月至预报月前两个月及上年 7—12 月逐月的北半球副高、北非副高、北非大西洋北美副高、西太平洋副高、东太平洋副高、北美副高、南海副高、北美大西洋副高、太平洋副高北界与 $F(T)$ 进行相关分析，获得显著的因子与 $F(T)$ 进行了逐步回归分析，建立水稻热量指数的副高北界指数预测模型。黑龙江省与 $F(T)$ 相关显著的因子见表 7-38。

表 7-38 黑龙江省与 $F(T)$ 相关显著的副高北界因子

预测因子	物理意义	预测因子	物理意义
X_1	上年 11 月印度副高北界	X_2	上年 11 月南海副高北界
X_3	上年 10 月太平洋副高北界	X_4	上年 8 月北半球副高北界
X_5	上年 11 月大西洋副高北界	X_6	上年 10 月北美大西洋副高北界
X_7	当年 3 月北美副高北界	X_8	上年 7 月东太平洋副高北界

预测因子	物理意义	预测因子	物理意义
X_9	上年9月北美大西洋副高北界	X_{10}	上年7月东太平洋副高北界
X_{11}	上年7月西太平洋副高北界	X_{12}	上年8月北美大西洋副高北界
X_{13}	上年9月太平洋副高北界	X_{14}	当年4月北非大西洋北美副高北界
X_{15}	当年4月南海副高北界	X_{16}	当年4月北半球副高北界
X_{17}	上年11月北美副高北界	X_{18}	上年9月北美副高北界
X_{19}	上年11月北非副高北界	X_{20}	上年8月东太平洋副高北界
X_{21}	上年12月印度副高北界	X_{22}	上年12月北非副高北界
X_{23}	当年5月南海副高北界	X_{24}	当年4月东太平洋副高北界
X_{25}	上年11月大西洋副高北界	X_{26}	上年12月北半球副高北界
X_{27}	当年1月印度副高北界	X_{28}	当年4月大西洋副高北界
X_{29}	当年4月大西洋副高北界		

黑龙江省东部、西部、全省水稻热量指数的副高北界预测模型见表7-39。

表7-39 黑龙江省水稻热量指数的副高北界预测模型

分区	模型	预报月	预测模型	相关系数（R）
东部	1	5	$Y=589.699+1.861X_1-7.887X_4-4.261X_5+2.597X_6+2.645X_7-1.659X_8+1.695X_2$	0.844
	2	6	$Y=346.85+4.795X_1+2.216X_2-3.249X_9-3.718X_{13}+4.417X_{16}-2.57X_{15}+F_{5实}$	0.854
	3	7	$Y=332.699-2.603X_{18}-1.93X_{20}+3.597X_{21}-2.147X_{22}+F_{5实}+F_{6实}$	0.802
	4	8	$Y=69.021+2.127X_{23}+1.504X_1+F_{5实}+F_{6实}+F_{7实}$	0.560
西部	1	5	$Y=730.031+3.254X_1-3.843X_9+1.358X_2-2.661X_{10}+1.449X_6-2.442X_5-2.75X_{11}-7.369X_4+3.064X_{12}$	0.920
	2	6	$Y=373.853+4.39X_1-4.019X_{13}+3.096X_{16}+2.059X_2-2.767X_9-1.512X_{17}+F_{5实}$	0.883
	3	7	$Y=205.333+1.599X_1+2.258X_{23}-1.789X_{18}-2.501X_{22}+1.268X_{24}-0.988X_{25}+1.364X_{26}+0.6X_6+F_{5实}+F_{6实}$	0.900
	4	8	$Y=143.582+1.498X_1+1.819X_{23}-3.105X_{22}+2.786X_{29}-1.696X_{18}+F_{5实}+F_{6实}+F_{7实}$	0.817
全省	1	5	$Y=383.443+4.192X_1+1.7938X_2-3.908X_3$	0.693
	2	6	$Y=367.405+4.675X_1+2.16X_2-3.094X_9-4.032X_{13}+3.542X_{14}-1.887X_{15}+F_{5实}$	0.876
	3	7	$Y=274.386-2.175X_{18}+2.139X_1-2.422X_{19}+0.999X_6+1.039X_2-2.068X_{13}+2.039X_{14}+F_{5实}+F_{6实}$	0.912
全省	4	8	$Y=145.163+1.326X_{27}+1.888X_{23}-2.93X_{22}-1.752X_{18}+2.539X_{28}+F_{5实}+F_{6实}+F_{7实}$	0.777

吉林省副高北界与 $F(T)$ 相关显著的因子及吉林省水稻热量指数的副高北界预测模型分别见表 7-40、表 7-41。

表 7-40 吉林省与 $F(T)$ 相关显著的副高北界因子

预测因子	物理意义	预测因子	物理意义
X_1	上年 8 月西太平洋副高北界	X_2	当年 2 月北非大西洋北美副高北界
X_3	当年 2 月北非副高北界	X_4	当年 2 月大西洋副高北界
X_5	上年 12 月西太平洋副高北界	X_6	上年 8 月北非大西洋北美副高北界
X_7	上年 12 月北半球副高北界	X_8	上年 12 月北非副高北界
X_9	上年 12 月南海副高北界	X_{10}	上年 11 月印度副高北界
X_{11}	上年 10 月南海副高北界	X_{12}	上年 7 月太平洋副高北界
X_{13}	上年 11 月太平洋副高北界	X_{14}	上年 8 月太平洋副高北界
X_{15}	上年 10 月北美副高北界	X_{16}	当年 1 月印度副高北界
X_{17}	当年 1 月北美副高北界	X_{18}	上年 8 月北半球副高北界
X_{19}	当年 3 月北美副高北界	X_{20}	上年 9 月大西洋副高北界
X_{21}	上年 9 月北美大西洋副高北界	X_{22}	当年 2 月北半球副高北界
X_{23}	当年 2 月北美大西洋副高北界	X_{24}	当年 1 月北非副高北界
X_{25}	当年 2 月太平洋副高北界	X_{26}	上年 8 月北美大西洋副高北界
X_{27}	当年 2 月印度副高北界	X_{28}	当年 2 月西太平洋副高北界
X_{29}	上年 11 月北非副高北界	X_{30}	上年 7 月东太平洋副高北界
X_{31}	上年 7 月西太平洋副高北界	X_{32}	上年 11 月北半球副高北界
X_{33}	当年 1 月北半球副高北界	X_{34}	当年 3 月西太平洋副高北界
X_{35}	上年 11 月西太平洋副高北界	X_{36}	上年 8 月东太平洋副高北界
X_{37}	当年 3 月北半球副高北界	X_{38}	当年 4 月太平洋副高北界
X_{39}	当年 4 月北半球副高北界	X_{40}	上年 7 月北美大西洋副高北界
X_{41}	上年 9 月北美副高北界	X_{42}	当年 2 月北美副高北界
X_{43}	上年 10 月北非副高北界	X_{44}	当年 5 月东太平洋副高北界
X_{45}	上年 9 月东太平洋副高北界	X_{46}	当年 5 月太平洋副高北界
X_{47}	上年 9 月太平洋副高北界	X_{48}	上年 9 月北半球副高北界

预测因子	物理意义	预测因子	物理意义
X_{49}	当年 3 月北非大西洋北美副高北界	X_{50}	上年 7 月南海副高北界
X_{51}	上年 12 月东太平洋副高北界	X_{52}	当年 5 月西太平洋副高北界
X_{53}	当年 4 月北非副高北界	X_{54}	当年 5 月北非副高北界
X_{55}	上年 11 月北非大西洋北美副高北界	X_{56}	上年 8 月北美副高北界
X_{57}	上年 8 月北非副高北界	X_{58}	上年 8 月南海副高北界
X_{59}	当年 1 月大西洋副高北界	X_{60}	当年 3 月南海副高北界
X_{61}	当年 4 月北非大西洋北美副高北界	X_{62}	当年 5 月南海副高北界
X_{63}	当年 1 月东太平洋副高北界	X_{64}	当年 5 月北美大西洋副高北界
X_{65}	上年 7 月北半球副高北界	X_{66}	当年 5 月大西洋副高北界
X_{67}	当年 4 月西太平洋副高北界	X_{68}	当年 6 月北非大西洋北美副高北界
X_{69}	当年 6 月北半球副高北界	X_{70}	当年 5 月北非大西洋北美副高北界

表 7-41 吉林省水稻热量指数的副高北界预测模型

分区	模型	预报月	预测模型	相关系数（R）
东部	1	5	$Y=381.355+2.224X_1+12.156X_2-9.395X_3-6.716X_4-3.025X_5$	0.856
	2	6	$Y=454.261+4.79X_1-7.587X_{19}-0.75X_{15}+2.59X_{20}-2.284X_{21}-2.654X_{14}-10.787X_{22}+3.841X_{23}-2.843X_{24}+4.963X_{25}-4.21X_{26}+2.314X_{27}+2.597X_{28}+1.423X_{29}+0.844X_{11}-0.215X_{30}-0.316X_9-0.282X_{31}+0.473X_{32}+0.458X_{33}-0.23X_{34}+F_5{}_{实}$	1
	3	7	$Y=260.798+1.62X_1-6.075X_{19}-2.138X_{35}+2.599X_{42}-2.134X_{43}+0.674X_{44}+1.75X_{45}+F_5{}_{实}+F_6{}_{实}$	0.922
	4	8	$Y=260.404-3.521X_{35}+2.203X_9-3.021X_{49}+F_5{}_{实}+F_6{}_{实}+F_7{}_{实}$	0.820
西部	1	5	$Y=92.112+11.041X_6-4.699X_{22}-2.835X_7+4.37X_8-2.912X_9+1.206X_{10}$	0.886
	2	6	$Y=11.488-2.505X_{35}+0.476X_{36}+9.589X_6-5.694X_{37}+2.856X_{34}+1.393X_{12}+1.487X_{29}-1.134X_{11}-1.743X_{38}+1.677X_{19}+2.727X_{39}-0.792X_{24}-0.919X_{40}+F_5{}_{实}$	0.883
	3	7	$Y=374.788-3.934X_{35}+0.82X_{36}-1.895X_{46}-1.819X_{47}+1.458X_{29}+F_5{}_{实}+F_6{}_{实}$	0.852
	4	8	$Y=-230.782-2.204X_{35}+1.825X_{36}+3.918X_{50}+2.802X_{26}+1.046X_{10}+8.56X_{51}-2.033X_{52}+1.111X_{53}-0.561X_{54}-0.569X_{55}+0.542X_{56}-1.102X_{57}+0.596X_{17}+0.376X_{58}+0.897X_{59}-0.225X_{60}+0.242X_{61}+0.145X_{62}-0.26X_{63}+0.032X_{64}-0.025X_{65}+0.006X_{66}-0.007X_8+0.004X_{67}+0.002X_5+F_5{}_{实}+F_6{}_{实}+F_7{}_{实}$	1
全省	1	5	$Y=160.383+7.594X_6-2.486X_{11}+3.415X_{12}-2.758X_{13}-4.843X_{14}-0.837X_9-2.579X_{15}-2.613X_{16}-2.187X_{17}+6.848X_{18}$	0.977
	2	6	$Y=391.205-4.759X_{35}-2.582X_{41}-2.886X_{11}+5.806X_6-2.94X_{19}-0.002X_{16}+F_5{}_{实}$	0.920

分区	模型	预报月	预测模型	相关系数（R）
全省	3	7	$Y=423.916-4.62X_{35}-2.537X_{46}+2.137X_{29}-2.532X_{48}+F_{5实}+F_{6实}$	0.810
	4	8	$Y=191.659-3.437X_{35}-4.849X_{68}+2.21X_6-2.556X_{49}-$ $1.069X_{52}+1.726X_9+4.864X_{69}+0.409X_{44}-1.341X_{70}+F_{5实}+F_{6实}+F_{7实}$	0.958

辽宁省副高北界与 $F（T）$ 相关显著的因子及辽宁省水稻热量指数的副高北界预测模型分别见表 7-42、表 7-43。

表 7-42 辽宁省与 $F（T）$ 相关显著的副高北界因子

预测因子	物理意义	预测因子	物理意义
X_1	上年 11 月大西洋副高北界	X_2	当年 3 月北半球副高北界
X_3	上年 8 月北非大西洋北美副高北界	X_4	上年 12 月北非副高北界
X_5	当年 1 月北非大西洋北美副高北界	X_6	上年 11 月印度副高北界
X_7	上年 10 月印度副高北界	X_8	上年 7 月太平洋副高北界
X_9	上年 11 月北美大西洋副高北界	X_{10}	上年 7 月大西洋副高北界
X_{11}	上年 7 月东太平洋副高北界	X_{12}	上年 11 月北非副高北界
X_{13}	当年 2 月西太平洋副高北界	X_{14}	上年 12 月太平洋副高北界
X_{15}	当年 2 月北半球副高北界	X_{16}	上年 8 月西太平洋副高北界
X_{17}	上年 9 月北非副高北界	X_{18}	上年 12 月北美大西洋副高北界
X_{19}	当年 3 月南海副高北界	X_{20}	当年 1 月大西洋副高北界
X_{21}	当年 1 月北半球副高北界	X_{22}	上年 7 月北半球副高北界
X_{23}	当年 1 月北非副高北界	X_{24}	上年 7 月北非大西洋北美副高北界
X_{25}	当年 1 月南海副高北界	X_{26}	当年 3 月北美大西洋副高北界
X_{27}	上年 11 月北美副高北界	X_{28}	当年 2 月印度副高北界
X_{29}	上年 11 月北半球副高北界	X_{30}	当年 1 月北美大西洋副高北界
X_{31}	上年 11 月西太平洋副高北界	X_{32}	上年 9 月大西洋副高北界
X_{33}	上年 7 月北美大西洋副高北界	X_{34}	上年 8 月北非副高北界
X_{35}	上年 8 月北美副高北界		

表 7-43 辽宁省水稻热量指数的副高北界预测模型

分区	模型	预报月	预测模型	相关系数（R）
全省	1	5	$Y=159.961-0.09X_1-2.645X_2+6.806X_3+2.931X_4-1.424X_5+1.644X_6-0.973X_7+2.715X_8-0.663X_9-0.732X_{10}-1.442X_{11}-0.404X_{12}+2.994X_{13}-1.333X_{14}-2.83X_{15}+0.277X_{16}+1.241X_{17}+0.541X_{18}+0.719X_{19}-0.347X_{20}-0.499X_{21}+1.397X_{22}-0.378X_{23}-0.75X_{24}+0.222X_{25}-0.067X_{26}-0.402X_{27}+0.045X_{28}$	1
	2	6	$Y=271.931-3.159X_2+4.63X_3-1.437X_{29}-0.851X_{30}+F_{5均}$	0.804
	3	7	$Y=206.988-2.308X_2+3.215X_3-1.23X_{31}+F_{5均}+F_{6均}$	0.738
	4	8	$Y=124.194-2.092X_2+1.739X_3+0.389X_{32}-2.413X_{33}-1.151X_{31}+1.801X_{34}-0.488X_{30}+0.681X_8+1.071X_{35}+F_{5均}+F_{6均}+F_{7均}$	0.925

3、热量指数的均生函数预测模型。

首先热量指数均生函数的计算，应用下列方法得到黑龙江省东部、西部、全省 F5 ~ F8 的均生函数。

设热量指数序列为：

$F(t)\{F(1), F(2), \cdots, F(n)\}$ $1 \leq t \leq n$。

n 为样本数。$F(t)$ 的算术平均值：

$$\overline{F} = \frac{1}{n}\sum_{i=1}^{n} F(t) \qquad (7.3)$$

拓展（7.3）式，定义 $F(t)$ 的均值生成函数为：

$$\overline{F}(l, i) = \frac{1}{n_l}\sum_{j=0}^{n_l-1} F(i + jl) \qquad (7.4)$$

其中 i=1，2，3，$\cdots$，l。$1 \leq t \leq m$，n_l = Int（n/l），m=Int（$n/2$）。Int 表示取整。

可以得到 m 个均生函数：

$\overline{F}$

$\overline{F}(2,1)$，$\overline{F}(2,2)$

$\overline{F}(3,1)$，$\overline{F}(3,2)$，$\overline{F}(3,3)$

$\qquad \vdots$

$\overline{F}(m,1)$，$\overline{F}(m,2)$，$\cdots$，$\overline{F}(m, m)$

可见，均生函数是由时间序列按一定的时间间隔计算均值而派生的，对 $\overline{F}(l, i)$ 做周期性延拓：$X(l, t)$= $\overline{F}(l, i)$，其中 t=1,2,3,$\cdots$,n 且 t=i[mod(l)]，这里的 mod 表示同余，即表示 mod=($t-i, l$)。

由此构造出热量指数的均生函数延拓矩阵：

$$X = \begin{bmatrix} \overline{F} & \overline{F}(2,1) & \overline{F}(3,1) & \cdots & \overline{F}(m,1) \\ \overline{F} & \overline{F}(2,2) & \overline{F}(3,2) & \cdots & \overline{F}(m,2) \\ \overline{F} & \overline{F}(2,1) & \overline{F}(3,3) & \cdots & \cdots \\ \overline{F} & \overline{F}(2,2) & \overline{F}(3,1) & \cdots & \vdots \\ \cdots & \cdots & \cdots & & \overline{F}(m,m) \\ \vdots & \vdots & \vdots & & \vdots \\ \overline{F} & \overline{F}(2,i_2) & \overline{F}(3,i_3) & \cdots & \overline{F}(m,i_m) \end{bmatrix}$$

式中 $\overline{F}(2,i2)$ 表示顺序取 $\overline{F}(2,1)$、$\overline{F}(2,2)$ 之一，$\overline{F}(3,i3)$ 表示取、顺序取 $\overline{F}(3,1)$、$\overline{F}(3,2)$、$\overline{F}(3,3)$ 之一，以此类推。

$X1$ 是序列 $F(t)$ 的均值，它是由 n 个数据相加求平均而成，随机性最小；$X2$ 是由 $[n/2]$ 个数据相加求平均而成，当 n 充分大时，随机性亦小；当 m 取为 Int($n/2$) 时，Xm 是由两个数据相加平均而成，随机性较大。

均生函数计算完成后，构建预报模型。将均生函数视为备选因子，原始序列作为预报量，依照通常的逐步回归步骤进行计算。为了能选取随机性较小、稳健性较大的均生函数建立方程，在方差贡献上添加"罚"惩系数。

设长度为 Z 的均生函数的方差贡献为 Ut，则令 $Vl=\alpha lUl$，$l=2,3,\cdots,n/2$。

当 l 较小时，αl 较大，即对方差贡献施加较大权较重。随着 l 不断增大，αl 逐渐变小，以期筛选出隐含于序列中的周期，进行 F 检验时，再将方差贡献复原。

设作 g 步预报，将入选的均生函数作 q 步外延，则得到预报方程：

$$Y = b_0 + \sum_{j=1}^{k} b_j x_j(n+q) \tag{7.5}$$

式中：$q = 1, 2, \cdots$，Y 为热量指数预测值；b_0 和 b_j 为逐步回归技术估计的系数；xj 为入选的延拓均生函数。

利用历年的热量指数资料从 5 月份开始逐月建立模型（表 7-44），并作 10 步外延，开展预测。

表 7-44 黑龙江省水稻逐月预报模型

分区	预报月	预测模型	相关系数（R）
黑龙江省东部	5	$Y=-1059.5348+0.7035X_3+0.2489X_7+0.4819X_8+0.4149X_9+0.0.7301X_{13}+0.6673X_{19}+0.7396X_{20}$	0.9177
	6	$Y=-304.1093+0.5273X_7+0.4324X_{15}+0.3757X_{16}+0.3669X_{19}+0.3619X_{20}+F_{5实}$	0.9062
	7	$Y=-531.5192+0.6851X_7+0.3467X_8+0.3082X_9+0.9406X_{11}+0.6224X_{20}+F_{5实}+F_{6实}$	0.9132
	8	$Y=-330.4879+0.6686X_7+0.3040X_8+0.2993X_9+0.2664X_{11}+0.7869X_{13}+0.5684X_{19}+0.6225X_{20}+F_{5实}+F_{6实}+F_{7实}$	0.9255
黑龙江省西部	5	$Y=-855.7441+0.7359X_8+0.3378X_9+0.7975X_{10}+0.7549X_{14}+0.6877X_{19}$	0.8504
	6	$Y=-635.6580+0.5577X_7+0.4362X_8+0.4206X_9+0.4900X_{15}+0.6991X_{19}+0.5290X_{20}+F_{5实}$	0.8690
	7	$Y=-662.8880+0.6419X_3+0.7468X_7+0.7703X_8+0.5622X_{10}+1.3036X_{19}+F_{5实}+F_{6实}$	0.8404
	8	$Y=-287.0939+0.7939X_8+0.8989X_9+0.8951X_{10}+0.05411X_{19}+F_{5实}+F_{6实}+F_{7实}$	0.8632
黑龙江省全省	5	$Y=-1214.4160+0.8123X_3+0.6846X_7-0.1166X_8+0.8515X_{10}+0.8971X_{13}+1.2228X_{20}$	0.8891
	6	$Y=-490.3742+0.5411X_7+0.4718X_8+0.4928X_{15}+0.6152X_{19}+0.5590X_{20}+F_{5实}$	0.8835
	7	$Y=-370.3104+0.6248X_3+0.3021X_{14}+0.6336X_{16}+0.3606X_{19}+0.7958X_{20}+F_{5实}+F_{6实}$	0.8899
	8	$Y=-300.1344+0.4790X_7+0.4902X_8+0.4078X_9+0.8088X_{10}+0.6386X_{19}+0.4305X_{20}+F_{5实}+F_{6实}+F_{7实}$	0.9078
吉林省东部	5	$Y=-506.5943+0.7099X_3+0.3192X_7+0.5234X_{16}+0.3705X_{19}+0.5362X_{20}$	0.8867
	6	$Y=-164.0774+0.6177X_3+0.9712X_{16}+F_{5实}$	0.7913
	7	$Y=-95.8061+0.5638X_{12}+0.9062X_{16}+F_{5实}+F_{6实}$	0.8322
	8	$Y=-248.0051+0.5485X_5+0.6621X_8+0.3899X_{11}+0.3075X_{13}+0.5189X_{18}+0.2932X_{19}+0.3046X_{20}+F_{5实}+F_{6实}+F_{7实}$	0.9088
吉林省西部	5	$Y=-1040.7143+0.6567X_3+0.655X_7+0.638X_8+0.3112X_{13}+0.3304X_{15}+0.3847X_{19}+0.591X_{20}$	0.9138
	6	$Y=-507.1458+0.539X_7+0.5732X_8+0.3971X_{15}+0.4578X_{19}+0.594X_{20}+F_{5实}$	0.8688
	7	$Y=-488.3812+0.6553X_6+0.579X_7+0.7551X_8+0.3253X_{19}+0.7153X_{20}+F_{5实}+F_{6实}$	0.8597
	8	$Y=-276.3532+0.595X_7+0.6337X_8+0.5286X_9+0.3328X_{19}+0.7236X_{20}+F_{5实}+F_{6实}+F_{7实}$	0.8928
吉林省全省	5	$Y=-1252.2307+1.1673X_3+0.901X_7+0.8046X_8+0.6254X_{13}+0.8295X_{20}$	0.8743
	6	$Y=-260.9395+0.6144X_5+0.5629X_{13}+0.6874X_{16}+F_{5实}$	0.7838
	7	$Y=-92.7274+0.4873X_5+0.93X_{16}+F_{5实}+F_{6实}$	0.7525
	8	$Y=-533.7485+1.2865X_3+0.841X_5+0.6128X_7+0.6601X_8+0.3685X_{11}+0.4851X_{13}+0.6295X_{19}+F_{5实}+F_{6实}+F_{7实}$	0.8798

分区	预报月	预测模型	相关系数（R）
辽宁省全省	5	$Y=-653.9351+0.585X_8+0.5899X_9+0.5473X_{10}+0.7863X_{19}$	0.8326
	6	$Y=-603.7724+0.545X_8+0.732X_9+0.5819X_{10}+0.3395X_{17}+0.5378X_{19}+F_{5实}$	0.8823
	7	$Y=-437.1323+0.5651X_8+0.6761X_9+0.6321X_{10}+0.3547X_{17}+0.45X_{19}+F_{5实}+F_{6实}$	0.8711
	8	$Y=-557.2105+0.7833X_5+0.7982X_7+0.6626X_8+0.4461X_9+0.4379X_{11}+0.5351X_{13}+0.641X_{19}+F_{5实}+F_{6实}+F_{7实}$	0.8997

注：x 下标即表示周期长度，如 x3 表示周期长度为 3 年的热量指数的延拓均生函数。

利用大气环流资料建立的 6 个热量指数预测模型预测黑龙江省水稻生长季热量指数的模型，对于模型 A、模型 B、模型 D、模型 E 有较高的精度，稳定性较好，可以应用；模型 C、模型 F 精度略差，稳定性略差，可以参考使用。预测模型预测吉林省水稻生长季热量指数的模型，对于模型 A、模型 C、模型 D 有较高的精度，稳定性较好，可以应用；模型 F 精度略差，稳定性略差，可以用于参考。预测模型预测辽宁省水稻生长季热量指数的模型，对于模型 A、模型 B、模型 C、模型 F 有较高的精度，稳定性较好，可以应用；模型 E 精度略差，稳定性略差，可以用于参考。利用均生函数建立的热量指数预测模型对东北地区预测水稻延迟型冷害准确率较高，稳定性较强，应用时可以根据资料的获取情况和预报精度选择合适的预测模型。

（二）基于 ≥10℃活动积温距平的预测技术

选取国家标准《北方水稻低温冷害等级（GB/T 34967–2017）》中规定的水稻生长季内关键发育期冷害指标（表 7–2）开展预测，根据积温学说原理，≥10℃积温距平能够很好表征水稻移栽至各个发育期是否遭遇持续低温的影响，其计算公式为：

$$H = \sum_{i=1}^{n} t_i - \bar{H} \quad (7.6)$$

式中 H 为某年某研究站点计算时段内日平均气温 ≥10℃积温距平（℃·d），t_i 为计算时段内第 i 日的 ≥10℃日平均气温（℃），n 为计算时段内的日数，$\bar{H}$ 计算时段内日平均气温 ≥10℃活动积温的常年平均值。

如上，（7.6）式中利用日平均气温进行计算，而天气预报产品并不预报日平均气温，因此本研究对数值预报产品的数据进行相应处理，根据以往研究成果，采用以下公式计算日平均气温：

$$t_i = \frac{t_{1i} + t_{2i}}{2} \quad (7.7)$$

式中 t_i 为预报年某研究站点计算时段内日平均气温，t_{1i} 为预报年某研究站点计算时段内预报的日最高气温，t_{2i} 为预报年某研究站点计算时段内预报的日最低气温。

在实际应用中，受预报数据的限制，一般从水稻抽穗前 30 d 开始，利用预报年数值预报产品、历年数据，采用公式（7.6）、（7.7）进行计算分析，结合冷害指标（表 7–2），对低温冷害进行判识、预报，后期可以根据实际的 ≥10℃ 活动积温数据和更新的预报数据修正前期预报结果，进而实现水稻移栽—成熟期冷害的动态滚动预测。

二、水稻障碍型低温冷害预测

（一）基于日平均气温的预测技术

选取国家标准《北方水稻低温冷害等级（GB/T 34967—2017）》中规定的水稻障碍型冷害指标（表 7–5）开展预测。水稻障碍型低温冷害预测技术与水稻障碍型低温冷害诊断过程相同，孕穗期和开花期之前，利用日平均气温预测数据代替实际数据，可直接对水稻障碍型冷害进行预报。首先根据当年水稻发育期观测数据和历年水稻孕穗期、开花期所处时间段，判断当年水稻孕穗期和开花期所处时间段，收集计算日平均气温预测数据、历年 ≥10 ℃ 活动积温数据，日平均气温预测数据按照 7.7 式进行计算，在预判的发育期时段内，采用 Excel 软件，分别计算当年孕穗期 15 ℃、16 ℃、16.5 ℃、17 ℃、17.5 ℃ 及开花期 16 ℃、17 ℃、17.5 ℃、18 ℃、18.5 ℃、19 ℃、19.5 ℃ 的持续日数。然后根据历年 ≥10 ℃ 活动积温确定早熟区、中熟区、晚熟区。最后利用各级别气温及持续日数计算结果根据水稻障碍型冷害指标预测是否发生轻度、中度、严重冷害或无冷害。

（二）基于热量指数的预测技术

利用温度、低温持续天数和水稻不同发育期三基点温度理论构建障碍型冷害热量指数（也称温度适宜度）模型，采用 K—means 聚类分析法获取适用于东北水稻障碍型冷害的指标，并实现定量化预报（纪瑞鹏，2017）。K—means 算法的原理是，首先随机选择 k 个对象，每个对象代表一个簇的初始平均值，计算剩余每个对象到这些簇中心的距离，并将它分配到最相似的聚类中，然后重新计算每个簇的新均值，重复上述过程，直到准则函数收敛。K—means 算法的准则函数为：

$$E = \sum_{i-1}^{k} \sum_{p \in C_i} \left| p - m \right|^2 \tag{7.8}$$

其中，E 为数据集中所有对象的误差平方和，p 为指定对象，m 为聚类簇 C_i 的平均值。

利用日平均气温 19℃ 进行计算，计算孕穗期和开花期的温度适宜度 $S(t)$ 为 0.54，以连续 3 d $S(t)<0.54$ 为判断依据，对水稻孕穗期（7 月 11 日—31 日）和开花期（8 月 1—20 日）的障碍型冷害进行诊断。

利用日平均气温和水稻发育期数据，计算逐日温度适宜度，将 $S(t)<0.54$ 作为确定持续日数 SD 的判断依据，计算 $S(t)<0.54$ 的低温持续日数 SD。当 $S(t)\geq0.54$ 或 $SD<3$ 时，令 $ST=1$，RSCDI=1；当有连续 3 d 或 3 d 以上的 $S(t)<0.54$ 时，将 $S(t)$ 作标准化处理，令 $ST=S(t)/0.54$。根据标准化的温度适宜度（ST）与低于某一适宜度阈值的持续天数(SD)构建水稻障碍型冷害指数，公式如下：

$$RSCDI = \frac{\sum_{i=1}^{n} ST}{SD} \quad (7.9)$$

式中，RSCDI 为水稻障碍型冷害指数，ST 为归一化温度适宜度，SD 为低于某适宜度值的持续日数，n 为日数。其中，RSCDI 的值域取值范围 RSCDI $\in$ [0,1]；SD 为 $S(t)<0.54$ 的持续日数；$n=SD$。

计算开花期水稻障碍型冷害指数（RSCDI），利用指数序列值诊断冷害发生日期，将 50 年间冷害日的 RSCDI，利用 K—means 聚类分析法进行划分。首先确定障碍型冷害分轻度、中度、重度 3 个等级，聚类数设置为 3，输入对应 RSCDI 序列。然后，利用 K—means 算法进行聚类，根据距离最小的原则，不断迭代计算每类中各个变量的均值，直到聚类中心不再变化，聚类过程结束，RSCDI 序列被划分为 3 簇数据。将这 3 簇数据的起始数值分别作为 3 个冷害等级对应的 RSCDI 数值范围，得到结果：当 0≤RSCDI＜0.44 时，为重度冷害；当 0.44≤RSCDI＜0.70 时，为中度冷害；当 0.70≤RSCDI＜1 时，为轻度冷害。利用该指标和预报数据即可开展水稻轻度、中度、重度障碍型冷害预测。

（三）基于冷积温的预测技术

冷积温是指水稻在不同发育阶段发生低温期间与平年常温对照温差之和，是低温强度和低温持续时间的集成。低温冷害发生时低温强度越强，持续时间越久，冷积温值越大（中本和夫等，2007；马树庆等，2019）。本团队的前期研究表明，不同耐冷水稻品种对冷积温的反应不同，耐冷性较弱的品种垦稻 10 号，冷积温每增加 1 ℃·d，结实率降低 1.90 %；而耐冷性较强的龙稻 3 号，冷积温每增加 1 ℃·d，结实率降低 0.02%（中本和夫等，2007）。马树庆等（2019）研究表明，水稻结实率与日间冷积温和日最高冷积温间关系密切，日间冷积温在 30 ℃·d 以上或日最高冷积温在 35 ℃·d 以上，空瘪率可达到 10～15 %。我们团队与中科院合作开展了冷积温与孕穗期和开花期冷害间的关系模型构建研究，建立了水稻不育和产量对冷积温的响应曲线（图 7-1）。不实率的斜率随冷积温的增加而越来越陡峭，表明更高的冷积温对障碍型冷害的作用更显著。此外，我们观察到不同水稻品种之间存在显著差异，随着冷积温的增加，不同品种的曲线斜率也不同。例如，耐冷的品种松粳 6 是反应较弱的品种之一，而不耐冷的吉粳 511 是最易感的品种之一（图 7-1）。这种反应也体现为一种品种特性，在冷害预测中可以作为品种参数加以考虑。对于一些品种（例如，吉粳 511），我们观察到更高的冷积温导致更显著的产量损失率，而一些品种（例如松粳 6）则表现出更线性的关系（Zhang et al., 2021）。

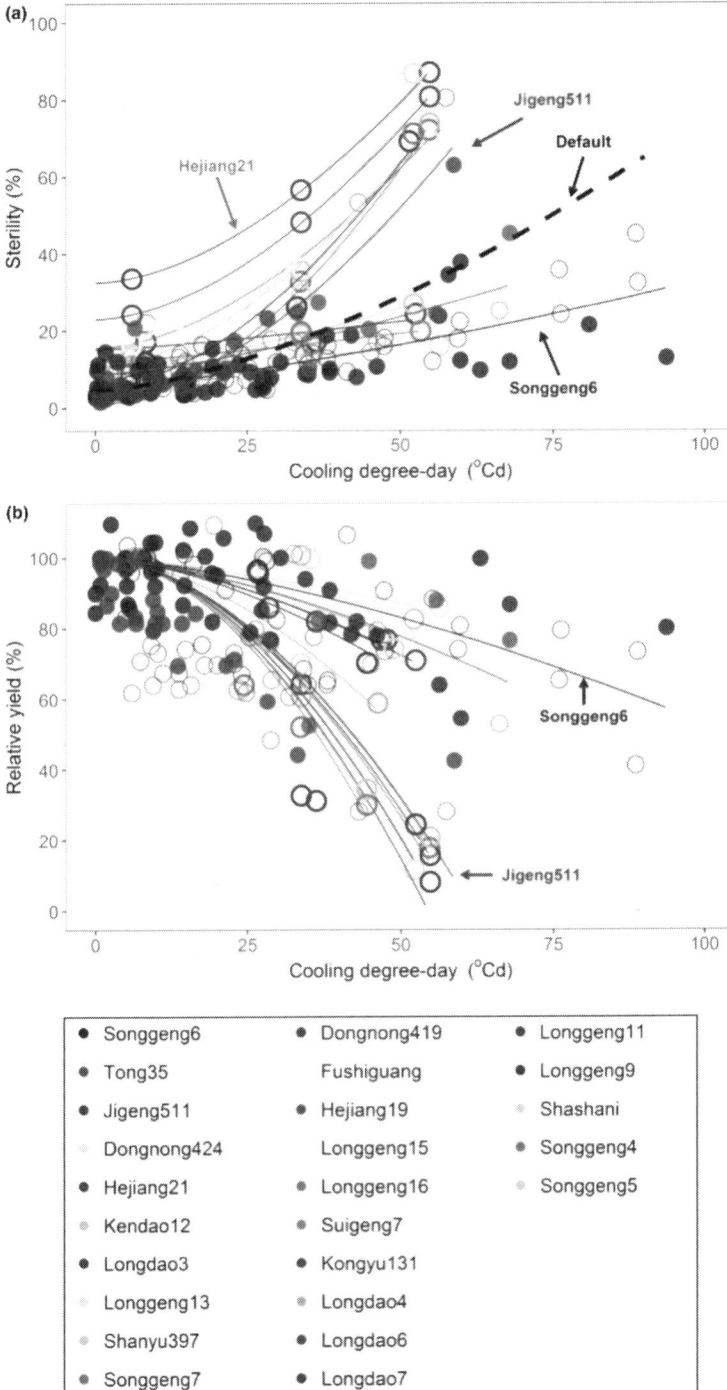

图 7-1 水稻不实率和产量对冷积温的响应曲线

参考文献

[1]霍治国，马树庆.QX/T101—2009:水稻、玉米冷害等级.北京：气象出版社，2009.

[2]马树庆，陈正洪，王琦，等.QX/T182—2013水稻冷害评估技术规范.北京:气象出版社，2013.

[3]马树庆，马力文，袭祝香，等.2017.QX/T 34967—2017北方水稻低温冷害等级.北京:气象出版社.

[4]马树庆，袭祝香，马力文，等.北方水稻低温冷害指标持续适用性检验与比较.气象，2015，486(6):778-785.

[5]杜春英，姜丽霞，等.寒地水稻低温冷害监测预警技术.北京:气象出版社，2017，76-182.

[6]刘丹，于成龙，杜春英.基于遥感的东北地区水稻延迟型冷害动态监测.农业工程学报，2016，292(15):157-164.

[7]孔锋，孙劭.透视中国地表温度极端值的空间格局演变特征.干旱区资源与环境，2021，280(12): 44-51.

[8]郭建平，马树庆，张玉书，等.农作物低温冷害监测预报理论和实践.北京:气象出版社，2009，38-39.

[9]姜丽霞，季生太，李帅.黑龙江省水稻空壳率与孕穗期低温的关系.应用生态学报，2010，21(7): 1725-1730.

[10]马树庆，王琪.水稻障碍型冷害损失评估及预测动态模型研究.气象学报，2003，61(4): 207-512.

[11]纪仰慧，王晾晾，姜丽霞，等.黑龙江省2009年水稻障碍型冷害评估.气象科技，2009，39(3): 374-378.

[12]王连敏.黑龙江水稻冷害VI寒地水稻障碍型冷害鉴定过程的启发.黑龙江农业科学，2010，2: 20-21.

[13]阮仁超，陈惠查，游俊梅.籼型杂交水稻低温障碍型耐冷性研究.西南农业学报，2007，20(6): 1157-1161.

[14]叶昌荣，熊建华，戴陆园，等.水稻花药在耐寒性鉴定上的应用.西南农业学报，1996，9(1): 1-4.

[15]王萍，李帅，姜丽霞，等.2014.DB 23/T 1550—2014水稻障碍型冷害气象指标.哈尔滨:气象标准化委员会.

[16]郭建平，田志会，左旭.东北地区水稻热量指数预测模型.自然灾害学报，2004，3: 138-145.

[17]王秋京，马国忠，王萍，等.黑龙江省三种水稻热量指数预测方法的对比研究.中国农学通报，2020，548(5): 1-7.

[18]纪瑞鹏，于文颖，冯锐，等.寒地水稻障碍型冷害指数构建及应用—以辽宁省为例.地理科学进展，2017，36(4): 437-445.

[19]中本和夫，李宁辉，矫江，等.黑龙江水稻生产与风险经营.北京：中国农业科学技术出版社，2007.

[20]马树庆，李秀芬，金龙范，等. 东北粳稻不同开花阶段冷积温对结实的影响及冷害指标. 自然灾害学报，2019，28（2）：153-159.

[21]Zhang T, Guo E, Shi Y, et al. Modelling the advancement of chilling tolerance breeding in Northeast China. Journal of agronomy and Crop Science, 2021, 207(6):984-994.

（姜丽霞、闫平、姜树坤）

第八章 水稻低温冷害的减灾关键技术

导致水稻遭受低温冷害的原因，一方面是天气气候原因，出现低温年和短时的异常低温。另一方面则是人为原因，即作物品种结构和生产措施不当所致。据此，防御低温冷害的主要技术措施包括：充分认识气候变化规律，科学安排水稻种植计划，合理利用气候资源；依照当地气候、土壤状况，合理选择品种，搞好品种布局；同时加强水、肥管理，采取适当的技术措施，提高水稻抗冷能力，减轻灾害损失。

水稻抗冷减灾关键技术主要包括两大类，第一类是在水稻播种前的防御技术，也称主动防御技术，这类技术主要包括水稻品种的合理搭配、水稻关键生育时期的科学设计等；第二类是在水稻生长过程中使用的技术，也称应急防御技术，主要包括用各种促进水稻生长发育的化控物质，以及在低温来临前采取的各种物理方法以及栽培措施，以减轻低温对水稻的危害。

第一节 寒地水稻的设计栽培

一、日本东北及北海道地区的设计栽培

关于寒地水稻计划栽培的概念，最早是由日本农艺学家根据稻作生产的多年长期生态反应而制定的水稻栽培方案。日本的东北地区受地理环境的影响，低温冷害是该地区的主要限制因素。而温度是该地区稻作高产稳产的主要影响因子，根据水稻不同生育阶段对温度的反应，整理出水稻的安全温度和临界温度，再将这些数据与日本东北地区各地的温度特征进行匹配分析，并以此为基础提出了日本东北地区的计划栽培法（坪井八十二，1986）。

（一）水稻设计栽培的不同时期温度要求

1. 成熟期间的温度要求

水稻安全成熟的温度要求主要体现在两个方面，一是基本条件：抽穗后 15 日的日均温积温要达到 350℃·d 以上，以此为基础确定的抽穗期为安全抽穗期；二是必要条件：抽穗后 45d 的日均温积温要达到 880℃·d 以上，以此为依据计算的抽穗期为临界抽穗期。将这些条件与日本东北地区各地的气温变化进行比较计算，确定了各地的安全抽穗期，藤坂为 8 月 13 日，黑石和盛冈为 8 月 19 日，秋田为 8 月 22 日，岩沼、山形、郡山为 8 月 25 日；各地的临界抽穗期依次分别为 8 月 19 日、8 月 24 日、8 月 21 日、8 月 27 日、8 月 24 日、8 月 25 日和 8 月 27 日。即从安全成熟的角度来考虑，在日本东北地区要保证在 8 月 10—25 日之间抽穗。

2. 抽穗开花期的温度要求

抽穗期前后 20 日（抽穗前 14 日和抽穗后 5 日）是水稻减数分裂和开花受精的时期，尽量保证此期间处于高温阶段是很重要的。在日本东北地区，各地夏季的最高气温时期均在 8 月 10—20 日。

3. 幼穗形成至抽穗前的温度要求

幼穗形成期至抽穗前的最低温度要求为 17 ℃，也就是孕穗期冷害发生的最低温度，这一期间一般在 7 月 10—25 日。

4. 插秧-返青期的温度要求

插秧期-返青期的界限温度与水稻品种和秧苗素质密切相关，一般而言，旱育苗相对耐冷，下限温度为 13.0 ~ 13.5 ℃；水育苗的下限温度为 15.0 ~ 15.5 ℃。因此，出现上述温度的日期，即可认为是早插秧的临界日期。从这个日期往前推 40 ~ 45 d 就是播种的临界期。就日本东北部来看，平均温达到 14 ℃，在北部一般是 5 月下旬，南部是 5 月上旬。

后来，随着关于水稻生态反应研究的进展，人们对提案中的温度指标也有了更为清晰的认识，对一些指标进行了修正和更新。

（二）日本东北地区的水稻设计栽培模式

在《地域标准技术体系水田作第 7，8，16，28》中介绍了日本东北地区各地不同的设计栽培方法，图 8-1 是以这种方法为基础的，坪井八十二进行修订的日本东北地区水稻设计栽培方案（坪井八十二，1986）。其具体步骤如下：

1. 气象数据收集

首先要收集当地各旬的平均气温及平均最低气温，再以时间为横轴将相关温度数据绘制成线型图（图 8-1）。

2. 成熟期晚限的确定

以秋季最低气温曲线通过 10 ℃的日期作为成熟期晚限（图 8-1①）。

3. 抽穗期晚限和安全抽穗期晚限的确定

从成熟期晚限向前反推 40 d 即为抽穗期晚限（图 8-1②）。同样，向前反推 45 d 就是安全抽穗期晚限（图 8-1③）。

4. 减数分裂期早限、抽穗期早限和安全抽穗期早限的确定

初夏的最低气温曲线通过 19 ℃的日期（相当于 17℃的最低气温出现的频率为 10~20 %的日期），即为减数分裂期早限（图 8-1④）；从这天起后延 15 日即为抽穗期早限（图 8-1⑤）；20d 为安全抽穗期早限（图 8-1⑥）。

所求出的安全抽穗期早限和晚限之间的时期，即为安全抽穗期。

5. 插秧期早限的确定

按照不同育苗类型的返青期最低温度要求，计算出插秧期的早限：中苗和大苗的最低返青温度为 14 ℃；小苗为 13 ℃，分别计算上述温度的日期即为相应秧苗类型的插秧早限（图 8-1⑦⑧）。

6. 播种期的确定

小苗、中苗和大苗的播种期分别按照，小苗秧龄 25 ~ 30 d；中苗 30 ~ 35 d；大苗 35 ~ 40 d 的标准进行计算，依次反推相应日数即可（图 8-1⑨）。

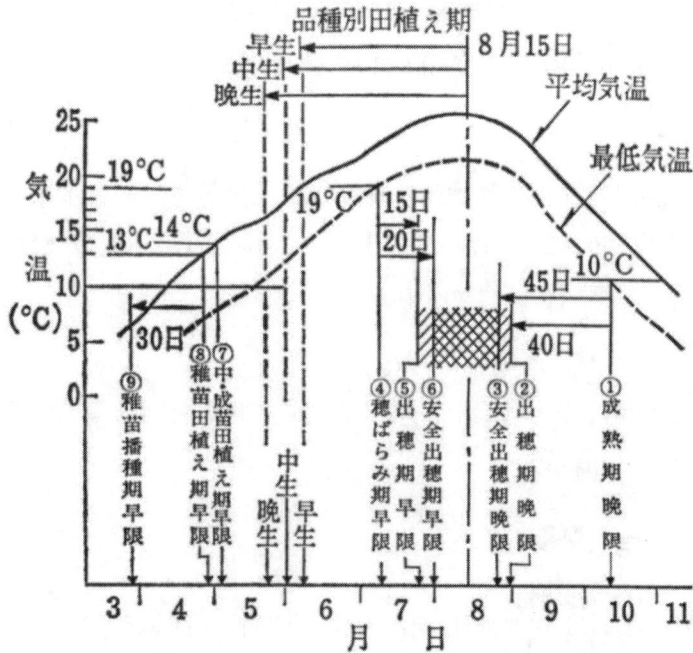

图 8-1 日本东北地区的水稻计划栽培图（坪井八十二）

（三）日本北海道地区的水稻设计栽培模式

北海道的平均气温低于东北地区，水稻栽培的操作空间相对紧凑，因此，安全栽培期的变动范围也受到限制。而且在北海道进行稻作生产，品种的耐寒性也远强于东北地区，所以确定栽培时间节点的其后指标也略有不同。

根据北海道地区的长期研究可知，抽穗前后 30 d 的平均气温若在 20.5 ℃以下，则孕穗期障碍性冷害加重，而 21.5 ℃则较安全。若抽穗后 40 d 的平均气温在 18.8 ℃以下，则成熟障碍加重，20 ℃以上则障碍减轻。基于上述认识设计了日本北海道地区的水稻设计栽培方案（坪井八十二，1986）。步骤如下：

1. 气象数据收集

收集当地 7、8、9 月的多年平均气温推移曲线图（图 8-2）。

2. 抽穗期早限和安全抽穗期早限的确定

对 7 月 20 日至 8 月 25 日的逐日平均气温数据，计算前后 30 d（抽穗前 24 d 和抽穗后 5 d）的平均气温，绘制平均气温滑动曲线，将达到 20.5 ℃的日期作为抽穗期早限，达到 21.5 ℃的日期作为安全抽穗期早限。按图 8-2 所示，则抽穗期早限为 7 月 24 日，安全抽穗期早限为 8 月 1 日。

3. 抽穗期晚限和安全抽穗期晚限的确定

采用第 2 步的方法，计算抽穗日后 40 d 的平均气温滑动曲线，将平均气温下降到 18.8 ℃的日期作为抽穗期晚限，下降至 20 ℃的日期作为安全抽穗期晚限。按图 8-2 所示，则抽穗晚限为 8 月 19 日，安全抽穗期晚限为 8 月 11 日。

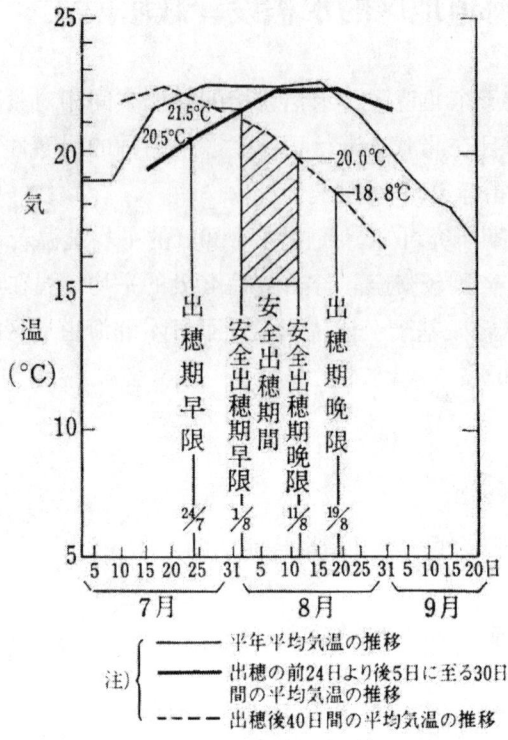

图 8-2 日本北海道地区的水稻计划栽培图

二、黑龙江省寒地稻区不同积温带的设计栽培

黑龙江是我国最重要的粮食产区，也是我国最重要的稻谷产区。但是由于黑龙江位于世界稻作的最北端，纬度分布较日本的北海道地区更高，地理生态环境与日本的东北地区有一定的相似性。因此，我们参照日本东北地区和北海道地区分别设计了黑龙江省东北部（抚远）和南部（五常）的设计栽培方案。

（一）黑龙江省南部（五常）的水稻设计栽培方案

1.气象数据收集

收集了 1981—2010 年五常的逐日平均气温及平均最低气温的多年平均值，再以时间为横轴将相关数据绘制成线型图（图 8-3）。

2.成熟期晚限的确定

以秋季最低气温曲线通过 10 ℃的日期作为成熟期晚限（图 8-3①），即为 9 月 15 日。

3. 抽穗期晚限和安全抽穗期晚限的确定

从成熟期晚限向前反推 40 d 即为抽穗期晚限（图 8-3②），即为 8 月 5 日。同样，向前反推 45 d 就是安全抽穗期晚限（图 8-3③），即为 8 月 1 日。

4. 减数分裂期早限、抽穗期早限和安全抽穗期早限的确定

初夏的最低气温曲线通过 17 ℃的日期为减数分裂期早限（图 8-3④），即 6 月 28 日；从这天起后延 15 日为抽穗期早限，即 7 月 13 日（图 8-3⑤）；20 d 为安全抽穗期早限（图 8-3⑥），即 7 月 18 日。

安全抽穗期早限（7 月 18 日）和晚限（8 月 1 日）之间为安全抽穗期。

5. 插秧期早限的确定

按照不同插秧方式的返青期最低温度要求，计算出插秧期的早限：机插秧的最低返青温度为 14 ℃；手插秧为 13 ℃，分别计算上述温度的日期即为相应插秧方式的插秧早限（图 8-3⑦⑧），手插秧为 5 月 10 日，机插秧为 5 月 14 日。

6. 播种期的确定

向前反推 30 日的标准计算，即可确定育苗期早限为 4 月 10 日（图 8-3⑨）。

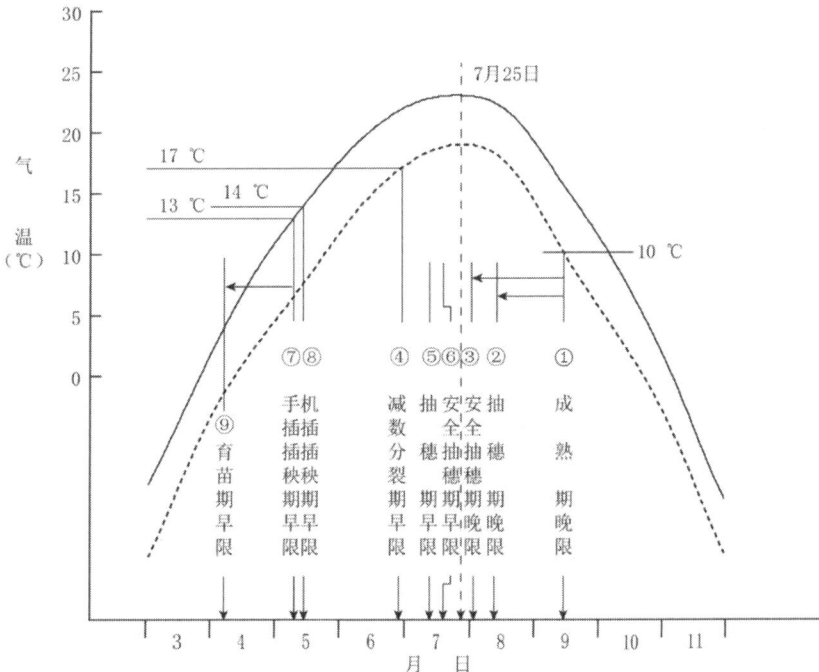

图 8-3 黑龙江省南部（五常）的水稻计划栽培图

（二）黑龙江省东北部（抚远）的水稻设计栽培模式

抚远位于三江平原东北角，是我国东北大面积水稻种植区域中温度条件最差的区域，水稻栽培的时间节点十分吃紧，该地区的水稻种植安排可以参考日本北海道地区进行设计。其具体步骤如下：

1. 气象数据收集

收集抚远 7、8 月的多年平均气温推移曲线图（图 8-4）。

2. 抽穗期晚限和安全抽穗期晚限的确定

计算抽穗日后 40 日的平均气温滑动曲线，将平均气温下降到 18.8℃ 的日期作为抽穗期晚限，下降至 20℃ 的日期作为安全抽穗期晚限。按图 8-4 所示，则抽穗晚限为 8 月 6 日（图 8-4①），安全抽穗期晚限为 7 月 30 日（图 8-4②）。

3. 抽穗期早限和安全抽穗期早限的确定

计算抽穗前后 30d（抽穗前 24d 和抽穗后 5d）的平均气温，绘制平均气温滑动曲线，将达到 20.5℃ 的日期作为抽穗期早限，达到 21.5℃ 的日期作为安全抽穗期早限。按图 8-4 所示，则安全抽穗期早限为 7 月 14 日（图 8-4③），抽穗期早限为 7 月 6 日（图 8-4④）。

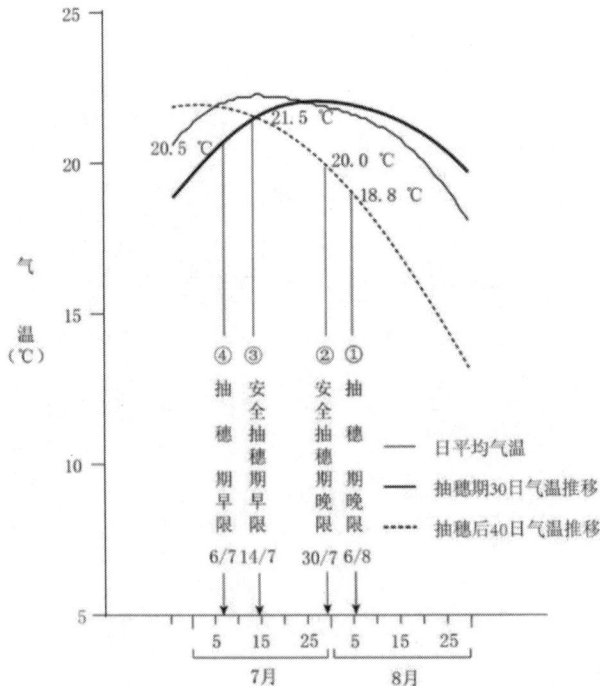

图 8-2 黑龙江省东北部（抚远）的水稻计划栽培图

第二节 寒地水稻耐冷品种的培育以及耐冷育苗技术

一、寒地水稻耐冷品种的选育

多年的生产和育种实践表明，培育抗冷品种是解决冷害问题的最有效途径。同步的农业气象学研究也表明，冷害年份的减产情况主要受水稻品种的影响，种植耐冷水稻品种是防御寒地低温冷害最重要的主动技术手段之一（陈书强等，2012；王绍武等，2009）。按照上一节的计划栽培方案，根据稻作的生长发育对气象条件的反应所推算出的安全抽穗期的范围越往北越窄，所以在北方寒地水稻品种的选择也局限在很小的范围内，选择的品种应该以耐冷性强的品种为主。已有研究表明，品种之间的耐低温性存在差异，耐冷性强的品种为 15～17℃，抗寒性弱的品种为 17～19℃（李亚飞等，2010）。自 2003 年黑龙江省开展农业良种化工程建设以来，加速了优质、耐冷、抗病、早熟品种的选育推广进程，在减轻低温冷害方面起到了积极作用（潘国君等，2007）。通过在省内黑龙江省农业科学院佳木斯水稻研究所、绥化分院、耕作栽培研究所和黑龙江省农垦科学院水稻研究所、东北农业大学农学院等各水稻育种单位建设短期冷水串灌设施，加强育种材料的耐冷性选择。同时在水稻品种审定时增加了耐冷性的"一票否决权"，使得选育出了一系列耐冷的品种，如龙粳 20、龙粳 26、空育 131 和龙稻 5号等，在 2009 年冷害大发生年表现较为突出。对黑龙江省 30 个主栽品种的耐延迟型冷害鉴定结果表明，苗期耐冷性≤1 级的有 4 个，分别为龙稻 4 号、龙粳 23 号、东农 426 号、东农427 号；萌发期与分蘖期耐冷性较强的主栽品种有松粳 12 号、龙稻 6 号、绥粳 9 号、龙粳 16号、龙粳 18 号和龙粳 22 号；孕穗期耐冷性极强（低温处理后空壳率不超过 10%）的水稻新品种有龙粳 21、龙粳 31、龙稻 5 号、空育 131、东农 428 等（陈书强等，2012）。

品种合理布局是防御冷害的另一种策略，在易发生冷害地区最安全的生产办法就是降低晚熟品种的种植比例，以早、中熟为主栽品种，品种搭配应考虑熟期和抗冷害的能力。因此，选择耐冷性强的早中熟品种 2～3 个同时种植，可以保证常温年高产，低温年稳产。这样既利用了品种耐冷性，又利用了不同熟期的水稻品种在一定程度上对冷害的回避作用，特别是对预防障碍型冷害较为有效。黑龙江省根据生产实际，提出高温年份主栽品种占 70%～80%，搭配 20%～30%偏晚熟品种（≥10℃的活动积温比主栽品种多 100℃·d）；常温年全部种植主栽品种；低温年主栽品种占 20%～30%，搭配 70%～80%早熟品种。根据当地的热量条件，选定本生态区适宜栽培的品种，并根据品种全生育期所需积温合理安排安全播种期、安全抽穗期和安全成熟期，以回避低温冷害。黑龙江积温偏差 ±300℃，属于积温不稳定型。因此，就要选用在低温早霜年份也能正常成熟的耐低温的早熟高产优质品种，即种植的品种所需积温与当地的无霜期相差 10d，与当地积温相差 200℃·d（王连敏等，2008；陈书强等，2012；薛桂莉等，2004）。

二、不同秧苗素质与耐冷栽培的关系

秧苗素质是水稻生产管理中的一个重要指标，谚语"秧好半年粮"也从侧面证实了秧苗素质与水稻产量形成的密切关系。秧苗素质好，根系活力高，移栽后返青快、缓苗期短，有时甚至无需缓苗期，表现出分蘖早、分蘖多，提前出穗，提早成熟，对低温冷害的抵抗能力也较强（房玉军，2008；邵玺文等，2002；郭丽颖等，2017）。研究表明，通过培育壮苗提高秧苗素质，增加其主茎的茎基宽，有助于积累较多的干物质，增加秧苗的抗寒性。高素质秧苗提早出穗 5 d，籽粒灌浆高峰的时间早 10 d、持续时间长（普双有等，1997；邵玺文等，2002）。生产上利用大棚旱育苗技术，培育壮秧，早施分蘖肥，早晒田，早控肥，促进水稻的正常生育进程，能够增加水稻的抗寒和耐冷能力（赵振东，2015）。20 世纪 80 年代以来，塑料薄膜旱育秧早插技术开始应用于水稻生产，从而增加了有效积温，使水稻产量大幅度提高。至此，塑料薄膜旱育秧成为寒地稻作区一项防御苗期冷害的技术措施。农场大面积调查表明，钢骨架大棚比中小棚减少昼夜温差 2.4 ~ 4.4 ℃，平均温度比中棚高 1.1 ℃，比小棚高 2.3 ℃。大棚育苗保暖性显著好于中小棚，大棚育苗中三膜覆盖要好于二膜覆盖。棚内扣小棚，可有效增加旱育期间积温，提高棚温、地温，增强防御早春霜冻的能力，利于早播，旱育壮苗。秧苗素质明显好于二膜覆盖，出苗期三层膜覆盖比常规育苗提前 10d，带蘖率高 20%。大棚育秧可抢积温早育苗，一般比小棚育苗提早 7 ~ 10d，秧苗素质好，株高低，不易徒长，秧苗弹性强。同时具有提高和改善秧田管理水平，使秧苗素质好，育苗标准高，成苗率高，节省秧田面积等许多优点（严光彬等，1989；宋涛等，2012；陈书强等，2012；孟令君等，2015；郭丽颖等，2017）。

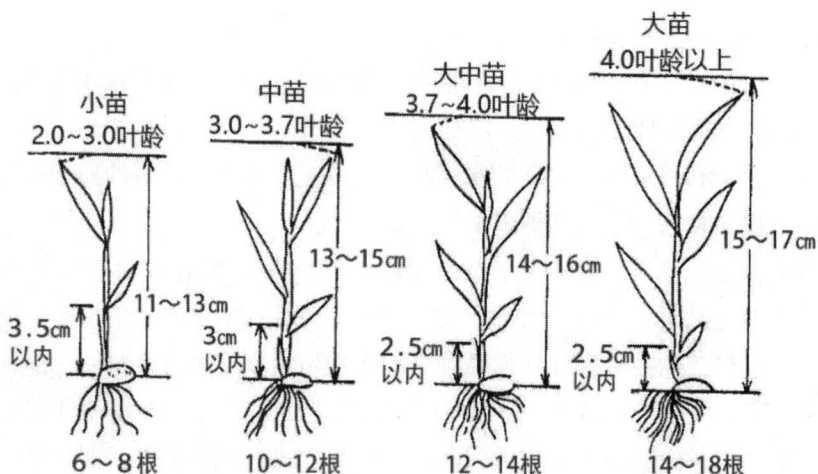

图 8-5 不同移栽秧龄的秧苗状态

薛桂莉等（2004）研究表明，育苗移栽是一项开发利用光热资源、战胜低温冷害的有效增产措施。旱育秧比水育秧稻株短而硬，干物质量多，含氮、碳多，抗旱耐冷，在低温下养分吸收力强，插秧后几乎不缓苗，适于早插，初期分蘖能力强，对冷害的抵抗力：大苗 > 中苗＞小苗（图8-5）。秧苗管理上要坚持宁干勿湿、宁冷勿热的原则。

第三节 寒地水稻耐冷减灾的肥水管理技术

一、寒地水稻耐冷的肥料管理与运筹

肥料管理与运筹虽然不是直接调控水稻的耐冷性，但它通过影响水稻植株的生长发育状态间接影响水稻的耐冷性。研究表明，即使是同一个品种，也因栽培方法的不同而不同，大量施氮则弱，施硅酸或加有机质则抗寒性增强（西山岩男，1985；和田定，1992）。培养提高稻田土壤肥力，避免过分依靠化肥及追肥是抵御低温的基础，高肥力土壤能对气象变动起到一定的缓冲作用。提高土壤肥力的主要途径是改善排水条件、施有机肥、加深耕层。稻田施用腐熟有机肥有利于根层土壤的保温和促进水稻根系的发育，提高稻株的抗寒、抗病性能。施用草木灰或秸秆还田不仅有利于土层保温，还可供应钾营养，有利于水稻植株健壮，提高抗寒和抗病能力。另外，施腐殖酸有机肥可提高水温，促进生育进程。深耕也是构成土壤肥力的一个重要因素，特别是在高肥栽培条件下。低温条件下，高产稻田土壤的基本特点是下层土壤结构良好，透水性适中，耕作层深度一般大于15 cm，土壤肥沃且各种养分的供给能力强，土壤中的速效氮特别是氨态氮始终保持较高的浓度，尤其是在幼穗分化后，与一般稻田有显著区别。高产田的氧化还原电位在最高分蘖期到幼穗分化期最低，其后上升，而普通田抽穗期前后多数是最低的（李景蕻2009；李跃娜，2011；郭丽颖等，2017）。

测土配方施肥、控制氮肥施用、增施磷钾硅肥是从肥料应用角度防御低温冷害的技术手段。房玉军（2008）研究结果表明，在寒冷稻作区的低温年一般增加氮肥用量，抽穗期、成熟期都会延迟，产量构成因素中的颖花量会增加，结实率下降，更重要的是还会削弱低温敏感期对低温抵抗力。在寒冷稻作区的冷害年，切忌在水稻二次枝梗分化期施用氮肥。因为在寒冷稻作区水稻幼穗分化始期处于最高分蘖期之前，这时追施氮肥，会增加后期分蘖，延迟生长发育，使抽穗开花变晚且参差不齐，降低结实率和千粒重而减产（元东林等，2005）。因此，在冷害年份要采取测土配方施肥，控制氮肥施用量及时期，增磷钾肥并合理配比，提高肥料利用率（徐希德，2003）。黑龙江省低温冷害年份施氮量应比正常年份减少20～30％，余量中的70～80％做底肥和蘖肥，穗肥根据天气情况施用，如果天气晴好气温高，可施用10%～20%穗肥；如果阴雨天气，则不施用。在施氮肥同时配施磷钾肥，能使稻株健壮，抗逆性增强，提前成熟。磷能提高水稻体内可溶性糖的含量，从而提高水稻的抗寒能力，同时还有促进早熟的作用。低温冷害年，土壤中的溶解性磷释放量少，阻碍水稻对磷的吸收，必须增施一定量的磷肥补充土壤中释放的不足，以提高稻体抗寒能力。由于磷肥在土壤中移动性小，不易流失，与二价铁结合成可溶态的磷酸亚铁，可被水稻直接吸收利用。因此，磷肥应作基肥一次施入到根系密集的土层中，便于水稻吸收，并可防御低温冷害（郭丽颖等，2017）。有人认为，在生殖生长期间，高氮肥处理增施钾肥可以减轻低温的影响。所以增加钾肥施用量，使氮钾比达到2：1.8，钾肥比磷肥移动性大，比氮肥移动性小，应将60％做为基肥，

40 %为追肥（魏喜陆等，2003；全成哲等，2006）。硅肥为水稻生长发育所必须的元素，可使植株硅质化，促进水稻的新陈代谢，增强水稻的抗冷能力。低温年尽量施一些硅肥，减轻冷害的发生。

二、寒地水稻耐冷的水分管理技术

水稻生长在土壤和水中，不可避免地受水温影响，因此要采取增温措施。在增温措施中包括工程设施增温和技术增温措施。黑龙江省井灌区面积逐年增加，特别是垦区大部分水稻都是井水灌溉，抽出井水温度只有 8.0 ℃，因此井水灌区必需有井水增温设备。井水增温以小白龙、晒水池、加宽浅式灌渠覆膜及滚水埂增温等综合增温技术效果好，可把水温提高到 17 ℃以上，把井水冷凉对水稻生长的不利影响降到最低程度。工程设施增温是保障，灌水管水技术则是核心。灌水时间尽量安排在天亮之前，此时水温和气温温差最小，对提高水温、减少冷害有明显效果。保证入田水温（6 月份 15 ℃以上，7—8 月份 17 ℃以上），坚持浅水管理，缩小泥温水温差距。勤换灌排水口，加宽垫高水口，提高水温、地温。采用"浅湿干"间歇灌溉。插秧时灌花达水，插秧后及时灌水到苗高 2/3 水层，增加泥温促进扎根返青。当 50%以上植株叶尖早晚吐水，发出新根进入返青时撤浅水层至 3cm，以浅水增温促蘖，早生快发。至有效分蘖临界叶位撤水晾田 3~5 d，控制无效晚生分蘖，及时转入生育转换期，为壮根及茎粗进一步打下基础。进入长穗期以后，实行间歇灌溉，即灌 3~4 cm 浅水层后停灌，任其自然渗干，直至地表无水、脚窝尚有浅水时再灌 3~4cm 水层停灌，如此反复。此外，"江水单排单灌"为好，因为低温下的"窜水灌溉"降低了土壤温度，加剧了冷害。为防御障碍型冷害，当前最有效的办法就是进行深水灌溉，冷害危险期幼穗所处位置一般距地表 15 cm，灌水深 17~20 cm 基本可防御障碍型冷害。为了确保是否深灌，最重要的是掌握低温危害的指标，在孕穗期以连续 3 日平均气温 17℃作为可能发生障碍型冷害的临界期。根据气象预报在寒潮来临时深灌，气温回升时可继续间歇灌溉。出穗前 3~4 d 晾田 1~2 d，进入出穗期保持浅水。齐穗后由浅水层转入间歇灌溉，到出穗后 30d 以上进入蜡熟末期停灌，到黄熟初期排干，避免过早停灌影响品质和产量。通过加强田间水管理，为水稻生长发育创造良好的环境条件，增强其抗御自然灾害的能力（王连敏等，2008；陈书强等，2012；薛桂莉等，2004；郭丽颖等，2017）。

第四节 寒地水稻耐冷的化控技术

研究表明，在苗期喷施防寒药剂，秧苗的叶绿素含量、可溶性糖含量增加，根系的脱氢酶活性明显增加，苗期耐冷性显著提高。用海藻糖或高效唑、烯效唑、DA-6 等植物激素浸种，也可以显著提高水稻幼苗的抗寒性。主要是由于细胞电解质渗漏率降低、丙二醛及脯氨酸积累减少、可溶性糖含量增高，维持细胞结构的稳定性，保护细胞的酶反应系统及物质平衡，从而提高水稻幼苗的抗寒性（邓如福等，1991；李方远和翟兴礼，2002；梁颖，2003）。

Tajimaet al.（1973）指出外源施加胆固醇可以提高作物苗期的抗冷能力，胆固醇是调控生物膜流动性的要素之一，同时也是膜流动性的调节剂。有机大分子物质的胆固醇，能被植物根部和叶片吸收，影响膜的结构和功能（宗学风等，2002）。适当浓度的氯化胆碱对遭受低温胁迫的水稻幼苗起到了保护作用，氯化胆碱通过提高 SOD、CAT 和 POD 等膜保护系统的活性，清除活性氧自由基来发挥作用，同时提高受低温胁迫稻苗中可溶性糖、脯氨酸和可溶性蛋白质等含量，起到保护幼苗的作用（梁煜周等，1999）。低温条件下，外源施加 ABA 脂肪酸 18:3 有增加的趋势，确保脂肪酸含量趋于正常值，同时 ABA 能降低电解质的相对外渗率，进而提高水稻的抗冷能力（付翀，1992）。但是要想从本质上提高水稻苗期耐低温冷害能力，需要从品种遗传基础的改良入手，这就需要在水稻品种选育过程中进行耐冷性状的选择。

参考文献

[1]坪井八十二.気象と農業生産.東京:養賢堂,1986.

[2]陈书强,杨丽敏,赵海新,等.寒地水稻低温冷害防御技术研究进展.沈阳农业大学学报,2012,43(6):693-698.

[3]王绍武,马树庆,陈莉,等.低温冷害.北京:气象出版社,2009.

[4]李亚飞,王连敏,曹桂兰,等.不同低温胁迫下粳稻耐冷种质的孕穗期耐冷性比较.植物遗传资源学报,2010,11(6):691-697.

[5]潘国君,刘传雪.黑龙江省优质超级稻研究进展与展望.沈阳农业大学学报,2007,38(5):756-763.

[6]王连敏,王春艳,王立志,等.寒地水稻冷害及防御.哈尔滨:黑龙江科学技术出版社,2008.

[7]薛桂莉,唐文俊,刘治权,等.低温冷害对农作物的危害及防御措施.农业与技术,2004,1:85-86.

[8]房玉军.浅谈水稻栽培条件与冷害的关系.现代化农业,2008,8:43-44.

[9]邵玺文,孙长占,孙彤,等.播期和播量对水稻生育性状及产量的影响.吉林农业大学学报,2002,4:11-14,18.

[10]普双有,董广,宋令荣,等.秧苗素质对水稻物质分配和产量形成的影响.云南农业科技,1995,6:5-7.

[11]赵振东.分蘖期不同天数冷水胁迫下寒地粳稻产量形成机理的研究.哈尔滨:东北农业大学,2015.

[12]孟令君,李彦利,韩康顺,等.不同大小棚旱育苗方式对棚温及秧苗素质的影响.中国农学通报,2015,31(20):233-238.

[13]严光彬,赵世龙,许哲鹤.水稻早熟品种分蘖生产力的初步分析第Ⅰ报 在普通栽培条件下各节位分蘖生产力.吉林农业科学,1989,4:50-53,59.

[14]宋涛,曹海珺,田奉俊,等.不同育苗方式下温度及秧苗素质的试验分析.安徽农学通报,2012,17:70-71.

[15]西山岩男.イネの冷害生理学.札幌:北海道大学图书刊行会,1985.

[16]和田定.水稲の冷害.东京:養賢堂株式會社,1992.

[17]李跃娜.低温胁迫下不同磷素营养水平对水稻生理特性及产量的影响.长春:吉林大学,2011.

[18]李景蕻.高海拔生态区氮肥运筹和增温措施对水稻生长发育的影响及高产栽培技术研究.南京:南京农业大学,2009.

[19]房玉军.浅谈水稻栽培条件与冷害的关系.现代化农业,2008,8:15-17.

[20]元东林,玄英实,程正海,等.水稻低温冷害综合技术对策研究-冷害年氮肥施用量、施肥时期与结实率的关系.延边农业科技,2005,1:1-5.

[21]徐希德.低温冷害对黑龙江水稻的影响及其防御对策.中国农学通报,2003,19(5):135-136.

[22]魏喜陆，郑新峰. 三江平原腹地水稻低温冷害问题分析. 现代化农业，2003，3: 15-17.

[23]全成哲，金成海，金京花，等. 延边地区水稻冷害及其防御技术. 延边大学农学学报，2006，28(3): 172-176.

[24]邓如福，裴炎，王瑜宁，等. 海藻糖对水稻幼苗抗寒性的研究. 西南农业大学学报，1991，13(3): 347-350.

[25]李方远，翟兴礼. 高效唑浸种对水稻幼苗抗低温能力的影响. 河南农业科学，2002，10: 4-6.

[26]梁颖. DA-6 对水稻幼苗抗冷性的影响. 山地农业生物学报，2003，22(2): 95-98.

[27]Tajima K. Shimizu N. Effect of sterol, alcohol and dimethyl sulfoxide on sorghum seedling damaged by above-freezing low temperature. Proc Crop Sci Japan, 1973, 42: 220-226

[28]宗学凤，王三根. 胆固醇对水稻幼苗抗冷性的影响. 中国水稻科学，2002，16(3): 285-287.

[29]梁煜周，何若天. 氯化胆碱对低温胁迫下稻苗的保护作用. 中国水稻科学，1999，13(1): 31-35.

[30]付翀，郭绍川. 低温胁迫下 ABA 对杂交稻幼苗膜脂肪酸含量和抗冷性的影响. 植物生理学通讯，1992，5: 364.

（姜树坤、李明贤、李忠杰、李锐）